FALKEN BÜCHEREI

Dietmar und Reinhard Lochner

Schiffsmodelle selber bauen

FALKEN VERLAG

Für unsere Mutter,
ohne deren Geduld,
Verständnis und Unterstützung
vor vielen Jahren
das wichtigste
– das erste –
Schiffsmodell
niemals entstanden wäre.

CIP-Kurztitelaufnahme der Deutschen Bibliothek

Lochner, Dietmar:
Schiffsmodelle selber bauen / Dietmar u. Reinhard Lochner. –
Niedernhausen/Ts.: Falken-Verlag, 1980.
(Die Falken-Bücherei)
ISBN 3-8068-0500-8
NE: Lochner, Reinhard:

ISBN 3 8068 0500 8

Zeichnungen: Dietmar Lochner, Hamburg
Konzeption und Text: Reinhard Lochner, Hamburg
Gesamtherstellung: DVG, Darmstadt

817 2635 4453 6271

Inhalt

Vorwort

Jeder kann sofort mitmachen, beim großen Spiel mit kleinen Schiffen für alle. Hier geht es nicht um Modelle, zu deren Herstellung wir Kunsttischler sein müßten. Auch begeisterte Anfänger ohne viele Kenntnis können sich gleich mit einem der vielen Modelle, die für unterschiedliche Geschicklichkeitsstufen entworfen sind, an die Arbeit machen. Dies ist ohne aufwendigen Hobbykeller und mit einfachen Werkstoffen und Werkzeugen, die ohnehin im Hause sind, möglich, ganz gleich, ob als Freizeitbeschäftigung, aus Freude am Basteln, Spielen, Werken, um endlich einmal selbst ein Modell herzustellen, das es in dieser Art kein zweites Mal auf der Welt gibt – oder einfach aus Interesse an Schiffen.
Unsere Konsumgesellschaft produziert so viel an Wegwerferzeugnissen und Massenwaren aus Plastik. Ist es da nicht reizvoll, wenn wir uns, geradezu nostalgisch, ans Selbermachen wagen, mit schönen, einfachen Werkstoffen? Und gibt es etwas Schöneres als Holz? Aber auch aus Papier, Karton, Sperrholz und Papiermasse können wir Modelle herstellen. Dieses Buch bietet Anregungen für jeden, auch Ermutigung zum Weitermachen.
Und womit man beginnen sollte? Mit dem Durchblättern dieses Buches natürlich, und dann am besten mit dem Basteln des ersten Modells. Dann lassen wir uns behutsam von Modell zu Modell weiterführen. In jedem Kapitel lernen wir etwas dazu. Das Besondere an diesem Buch ist, daß die Zeichnungen so leicht verständlich gehalten sind, daß man nach ihnen, vielleicht geradezu ohne jeden Text, vorgehen könnte. Aber besser ist es sicherlich, wenn wir vor jedem Bauprojekt Text und Bilder aufmerksam studieren. Mit leicht beschaffbarem Material und vorhandenen Werkzeugen kann jeder mitmachen, denn die genaue Anleitung beschreibt jede Bauphase.
Und was wir alles herstellen können: Eine Vielfalt verschiedener Modelle, vom Papierschiff bis zu ganzen Flotten mit Häfen, Aktionsmodelle für Badewanne und Teich, Schiffe mit Batterieantrieb und Gummimotor, tauchende U-Boote, und schließlich eine große Segeljacht.

Diese Schiffsmodelle werden wir für uns selbst bauen oder vielleicht – als Spielzeugschiffe – als Geschenk für Geschwister, Kinder oder Enkel.
Die meisten Baupläne lassen unserem Tatendrang, unseren Talenten, der Handfertigkeit und dem Erfindungsreichtum viel Freiheit und Ausweitungsmöglichkeit. Jedes Modell kann so einfach wie dargestellt oder so kompliziert hergestellt werden, wie unsere Phantasie und Kunstfertigkeit es verbessern.
Die Hauptsache aber ist eines: Anfangen! Ohne erste Gehversuche geht es in der wunderbaren Welt der Schiffsmodelle nicht, wie auf allen anderen Gebieten auch.
Wir würden uns sehr freuen, wenn uns Leser aller Altersstufen ihre Bauerfahrungen mit Abwandlungen der in diesem Buch gemachten Modellbauvorschläge oder auch andere Bauanregungen mitteilen würden.
Und nun – so tief im Binnenland, wie wir auch wohnen mögen – Schiff Ahoi!

Dietmar und Reinhard Lochner

Warum Schiffsmodelle bauen?

Seit tausenden von Jahren, so erklären uns die Archäologen, gibt es auf der Welt Schiffe und Boote. Auch die Typenzahl geht in die Tausende. Die Arten der Aufbauten, des Antriebs, der Takelage und des Verwendungszwecks sind unzählbar.

Für viele ist es der Zauber maritimer Romantik, der sie zur Beschäftigung mit Schiffsmodellen bringt. Andere sind von der imponierenden modernen Technik großer Seeschiffe fasziniert. Immer größer wird der Kreis der jungen und älteren Menschen aller Berufe, die sich in ihrer wachsenden Freizeit mit dem Schiffsmodellbau beschäftigen, der früher einmal Künstlern oder pensionierten Seeleuten vorbehalten war.

Schiffsmodelle! Denken wir dabei nicht unwillkürlich an die prachtvollen Kunstwerke herrlich ausgeführter und detaillierter historischer Segelschiffe, wie wir sie in Museen, Rathäusern und auch Kirchen bewundern können? Denken wir nicht an die in ihrer technischen Detailkunst bestechenden, von professionellen Metallkunsthandwerkern gefertigten Großmodelle von Dampfern, Baggern, Tankern und Containerschiffen in Glaskästen, wie sie in den feierlichen Kontorräumen von Werften und Reedereien stehen? So etwas schaffen wir nie, werden Anfänger denken, wenn sie mit dem Wort Schiffsmodell gleich solche Höhepunkte an Sachkunde, kunsthandwerklicher Fertigkeit und Präzision verbinden. Aber auch jeder dieser Künstler, deren Werke wir jetzt so bewundern, hat einmal ganz von vorn angefangen. Er hat erst einmal mit eigenen einfachen Arbeiten das lebendige Wesen erfassen lernen müssen, was das Ergebnis jahrtausendelanger menschlicher Erfahrung ist: Das Wesen eines Schiffes, an dem jede kleinste Form und Einzelheit zweckbestimmt, nicht zufällig angebracht, sondern aus gutem Grund vorhanden ist. Auch dies zu lehren bemüht sich dieses Buch.

Am Schiffsmodell vereinigen sich drei wichtige und überaus interessante Faktoren, die immer mehr Menschen in ihren Bann ziehen.

● Einmal ist es die Freude, unter der Arbeit der eigenen Hände etwas Ureigenes entstehen zu sehen. Das selbstgebaute Holzmodell ist eben viel eindrucksvoller, und uns selbst zugehöriger, individueller, als das perfekteste Schaumodell, das wir aus vorgefertigten Teilen »nur« zusammengeklebt und bemalt haben. (Womit wir natürlich nichts gegen die hervorragenden Plastikmodellbaukästen gesagt haben möchten; denn sie richtig zusammenzubauen, präzise zu bemalen und zu takeln bedarf auch einer besonderen Fertigkeit.)

● Zweitens haben die Menschen schon immer die Faszination der Miniatur verspürt. Warum finden wir junge Tiere so niedlich? Oder kleine Modelle von Autos, Flugzeugen, Eisenbahnen, Baugeräten? Warum sind in Museen immer wieder auch die kleinen Modelle, z. B. von Häfen, Bahnhöfen und Flughäfen von Zuschauern umlagert? Weil sie auf kleinstem Raum ein Stück Welt abbilden. Zum Modell, insbesondere z. B. einer Küstenlandschaft oder eines Hafens und der dazugehörigen Schiffe, tritt zu der Schönheit der Einzelstücke noch der Vorteil des gleichen Maßstabs (also der Vergleichbarkeit), der die Größenverhältnisse der Einzelteile deutlich macht und ein ganz neues Raumverhältnis und ungeahnte Vorstellungsdimensionen entstehen läßt. So, als wenn wir z. B. die Entdeckerflotte des Christopher Columbus Seite an Seite stehen sehen neben der großen Startrampe und der Rakete, die die Raumfahrerkapsel zum Mond gebracht hat, oder einmal ein Jumbo-Düsenverkehrsflugzeug neben einem Fährschiff, einen Supertanker neben einem U-Boot, einen Flugzeugträger neben einem Wikingerschiff oder ein Bäderschiff neben einer Hansakogge. Hier wirkt die Faszination des gleichen Maßstabs, denn es sind dies alles Dinge, die wir in Wirklichkeit niemals nebeneinander sehen werden.

● Und schließlich, drittens, haben wir uns ja Schiffe zu Vorbildern unserer Modelle gewählt. Und das Wasser hat den Menschen in seiner langen Geschichte immer angezogen. Wasserfahrzeuge – Boote und Schiffe – gehören zu den ältesten Transportmitteln des Menschen. Die Vielfalt ist ungeheuer: Kein anderes Verkehrsmittel hat eine solche Typen- und Formvielfalt entwickelt, keines hat eine längere oder bewegtere Geschichte.

Im Schiffsmodellbau verbinden sich diese Faktoren mit unserer eigenen Schaffenskraft. Ein wenig davon den vielen zu vermitteln, die sich noch nicht mit Schiffen und deren Modellen befaßt haben, ist auch ein Anliegen des Textes und der Zeichnungen dieses Buches. Und keine Angst: Wie alles, kann auch der Schiffsmodellbau gelernt werden. Er ist nicht unüberwindlich schwierig, wenn wir wissen, wie man es anfängt. Mit einiger Geduld und Übung wird es auch An-

fängern gelingen, nach den Anleitungen dieses Buches Modelle herzustellen, die Freude bringen und auch Stolz, weil sie eben nicht in Serien in der Fabrik hergestellt wurden, sondern etwas unverwechselbar Eigenes sind.
Und noch eines: Aus jedem Fehlschlag und jedem Mißerfolg lernen wir fast mehr, als beim Bau eines Modells, das uns in jeder Beziehung und von Anfang an gelingt. Ein erfahrener Modellbauer hat einmal gesagt: »Schiffsmodellbau, das ist kein Ziel, sondern ein Weg.« Auf diesen Weg wollen wir uns nun machen.

Aller Anfang ist relativ leicht

Da haben wir nun dieses Buch gekauft – oder als Geschenk erhalten – und wollen gleich anfangen, ein Schiffsmodell selbst zu bauen, wie es der Titel verspricht. Wir sind ein wenig ungeduldig, da wir schon das Buch durchgeblättert und Anregungen für viele schöne und interessante Modelle gesehen haben. Am liebsten würden wir gleich mit der großen Segeljacht beginnen. Sie soll jedoch als unser Gesellenstück erst am Ende stehen, wenn wir das ganze Buch mehr oder weniger systematisch durchgearbeitet haben. Sicher, wenn wir schon im Umgang mit Werkzeugen und Holz, Klebern und Plänen »erfahren« sind, wenn wir also schon einige Modelle – vielleicht sogar von Schiffen – gebaut haben, dann können wir uns aus dem Buch gleich ein komplizierteres Modell heraussuchen, das uns gefällt und dem wir bereits handwerklich »gewachsen« sind.

Sind wir aber Anfänger – und darüber sollten wir uns ganz ehrlich Rechenschaft ablegen – dann ist es besser, wenn wir uns behutsam Schritt für Schritt durch Text und Bilder in dieses aufregende Hobby einführen lassen. Und aufregend ist es schon, wenn unter unseren eigenen Händen etwas Neues entsteht, das so ganz uns gehört, weil wir es selbst geschaffen haben. Und für eben diese Anfänger, die bisher nur wenig Bastelerfahrung besitzen – und auch für »Landratten«, die es mit Schiffsmodellen noch nicht versucht haben – ist dieses Buch vor allem gedacht.

Es ist also gut, wenn wir unsere Ungeduld etwas zügeln. Wer sich zu schnell und ungeübt an schwierige Arbeiten heranmacht, wird bestimmt große Enttäuschungen erleben, weil nichts Rechtes herauskommen kann, wenn man mit unzureichenden Mitteln (handwerkliche Fähigkeiten, Verständnis für Werkzeuge, Material und Baupläne) an zu schwierige Vorhaben herangeht. Schöne Dinge brauchen in der Entwicklung eben Zeit. Sie müssen langsam wachsen und sachgemäß betreut werden. Wenn wir z. B. heute das gekaufte Samenkorn in einen Blumentopf pflanzen, dann dauert es eine ganze Weile, bis die vom Prospekt zugesagte schöne Sonnenblume zur stolzen, blühenden Pflanze geworden ist.

Auch unsere Talente und Kunstfertigkeiten müssen langsam wachsen, vom Kleinen zum Großen, vom Einfachen zum Komplizierten. Wichtig aber ist, daß wir einmal anfangen, uns anleiten lassen und bei Mißerfolgen nicht den Mut verlieren. Wenn uns eines der gezeigten Modelle nicht gelingen sollte, dann machen wir es eben noch einmal, bevor wir den nächsten Schritt gehen.
Also fangen wir einmal an, ganz von vorn, mit Papier. Sonst brauchen wir zunächst gar nichts.

Das klassische Papier-Faltschiff

Papier kann man nicht nur beschreiben, bedrucken, bemalen oder zum Einpakken verwenden, man kann auch Modelle daraus basteln. Unser erstes Schiff ist also aus Papier. Dieses Material ist eine Erfindung der Ägypter (etwa Anfang des 3. Jahrtausends vor unserer Zeitrechnung, d. h. vor etwa 5000 Jahren!), eben jenes Volkes, das auch die ältesten uns bekannten Schiffe gebaut hat. Beides bestand aus dem gleichen Material, das zuerst aus dem entrindeten Stempelmark der Papyrusstaude gefertigte Papier und die aus Bündeln von Papyrussträuchern bestehenden ersten Boote, die bald zu von Balken und Seilen raffiniert zusammengehaltenen großen Nilschiffen wurden.
Doch nicht von solchen Papyrusbooten, nach Art der »Raa« des bekannten norwegischen Forschers Thor Heyerdahl, ist hier die Rede, sondern vom guten, alten und immer wieder lustigen und aufregenden Papierschiff. Vom Werkstoff Papier werden in der Welt alljährlich über 150 Millionen Tonnen hergestellt. Davon haben wir sicher ein paar Blätter im Hause. Papier gibt es ja überall. Ein Blatt Papier im Format DIN A4 oder ein gleichgroßes Stück Packpapier finden wir bestimmt. Sonst tut es auch ein Stück Zeitung. (Aber Vorsicht: Vaters Zeitung erst dann wegnehmen, wenn sie ausgelesen ist!)
Mit unserer ersten Arbeit stellen wir ein kleines Schiffchen her und lernen gleichzeitig auch etwas über das Papierfalten, das heute nicht nur im Werkunterricht beliebt und ein weitverbreitetes Hobby ist, sondern eine vielgeliebte Kunst, für die es in vielen Ländern sogar internationale Wettbewerbe gibt. Vielleicht macht uns der Umgang mit Papier so viel Spaß, daß wir auch andere Dinge aus Papier falten möchten, nicht nur Schiffe. Anleitungsbücher dafür gibt es genug.

DAS PAPIER – FALTSCHIFF BILD 1

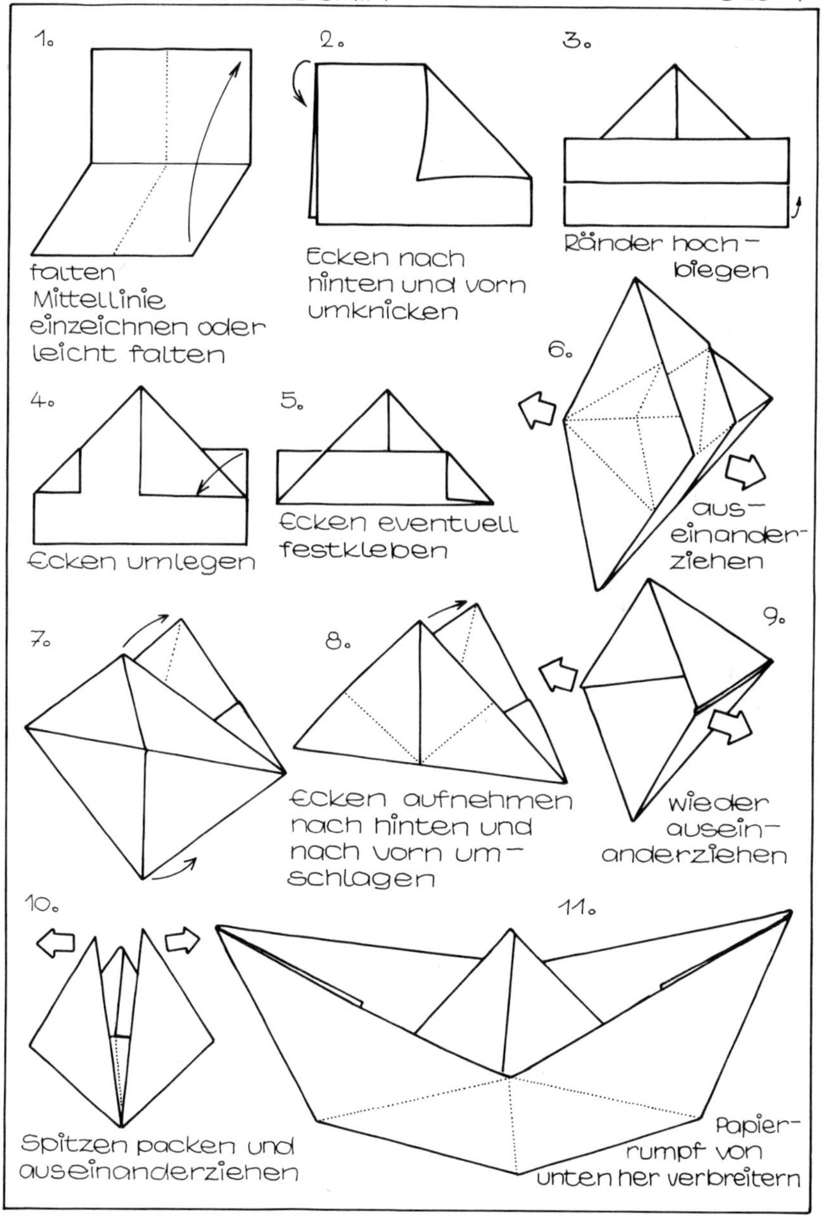

Aber zum Papierfalt-Champion wollen wir es zunächst gar nicht bringen. Wir halten uns an Bild 1 und gehen so vor: Wir nehmen ein rechteckiges Blatt Papier (etwa DIN A4) und falten es um die Mittellinie der Längsseite. Dann drehen wir das Blatt um 90°. Als Markierung falten wir das Blatt noch einmal, biegen es aber wieder zurück. Von einem Mittelpunkt der entstandenen Faltkanten aus knicken wir eine Ecke – so daß ein Rand stehen bleibt – nach oben, drehen das Blatt um und falten die entsprechende andere Ecke nach der anderen Seite um. Nun kniffen wir die beiden Endkanten nach oben. Wenn wir die Ecken jetzt mit etwas Kleber oder auch nur durch Umfalten befestigen, können wir die Arbeit beenden, wenn wir einen Papierhelm haben wollen. Unser Ziel ist aber ein Schiff. Daher müssen wir noch etwas weiterarbeiten. Wir greifen mit den Daumen von unten in den Helm, den wir frei in der Luft drehen. Jetzt legen wir die beiden Spitzen aufeinander und drücken das entstandene Quadrat auf einer Unterlage (Tisch) glatt. Dann falten wir die Spitze um die Diagonale des Quadrats nach oben. Wir drehen das Ergebnis um und biegen auch diese Spitze nach oben. Mit dem Daumen greifen wir in die Mitte hinein, drehen unser Werk, ziehen die Daumen seitlich auseinander und legen erneut die beiden Spitzen übereinander. Das jetzt entstandene, kleiner gewordene Quadratgebilde drücken wir flach auf den Tisch. Nun ergreifen wir die oberen Spitzen und ziehen das fertige Schiffchen auseinander. Es ist tatsächlich fertig. Diese Beschreibung des Herstellungsvorgangs, nur durch Worte, hört sich natürlich viel komplizierter an, als er in Wirklichkeit ist. Das Arbeiten nach dem Bild ist spielend einfach.
Damit unser Schiffchen gut steht oder auf dem Wasser schwimmt, weiten wir es jetzt von unten etwas aus.
Natürlich gibt es ältere Bastler, die jetzt sagen werden: »Das ist etwas für den Kindergarten.« Weit gefehlt. Denn wie gesagt ist das Papierfalten in der Welt zu großer Kunst entwickelt worden; nicht umsonst gibt es an Kunsthochschulen Meisterklassen für Papierfalten. Papier hat viele Vorteile. Es ist billig, überall zu haben, auch Abfälle (Altpapier, Zeitungen, beschriebene Geschäftsbogen) können verwendet werden. Papier ist formbar, leicht und nachgiebig. Es läßt sich leicht schneiden. Man kann es denkbar einfach kleben oder ineinanderstecken. Vor allem kostet es uns fast gar nichts. Wenn also das Modell nicht auf Anhieb gelungen ist, nehmen wir einfach ein neues Blatt, und wieder ein neues, bis wir den Trick dabei herausgefunden haben und beherrschen.
Was können wir nun mit unserem Papierschiffchen anfangen? Wir können es in der Badewanne, im Swimming-Pool, auf dem Teich oder auf dem Bach schwim-

men lassen. Wir können es farbig, z. B. mit Faserstiften bemalen. Wasserfarben vermeiden wir lieber, denn wir wissen, wie häßlich wellig und unansehnlich leichtes Papier durch Wasser wird; wir können unser Schiffchen auch dekorieren, indem wir oben ein oder mehrere Streichhölzer als Masten ankleben. An die Masten kommen kleine Fähnchen. Auf unserem Bach können wir das Schiffchen langsam mit dem Strom talabwärts schwimmen lassen, auch ohne den standhaften Zinnsoldaten aus Andersens schönem Märchen. Mit den Geschwistern und Freunden können wir auf dem Teich oder in der Badewanne einen Wettbewerb veranstalten. Jeder markiert »sein« Papierschiff. Welches wird nun zuerst untergehen? Gewonnen hat natürlich der, dessen Schiff am längsten schwimmt. Dabei müssen die Schiffe aber aus dem gleichen Material und gleich groß sein. Auch Wettfahrten (Regatten) können wir veranstalten, indem wir unsere Schiffchen durch Pusten antreiben. Dabei geht es natürlich um die Schnelligkeit.
Wir können die Schiffe auch weiter verzieren, indem wir bemalte »Aufbauten« rechts und links an seine Innenzacke ankleben; oder aber wir versuchen, mit immer gröberem Papier immer größere Schiffchen zu falten. Die niedlichsten Ergebnisse aber zeitigt der Miniaturisierungs-Wettbewerb: Durch Verwendung von immer dünnerem Papier (kein knitterndes Seidenpapier, aber sogenanntes Luftpostpapier) versuchen wir herauszubekommen, wer das kleinste Papierschiffchen bauen kann.
Wie klein oder wie groß auch unser schönes Papierschiffchen geworden ist – ganz sicher hat uns die »Arbeit« Spaß gemacht. Ohne sonstige Hilfsmittel haben wir schnell und kostenlos unser erstes Schiff gebaut.

Das chinesische Schiffs-Puzzle. Zwar kein Schiffsmodell, aber …

Schiffe kann man in vielfältiger Form darstellen. Wir versuchen es einmal mit einem Legespiel. Wir nehmen ein quadratisches Stück möglichst farbiger Pappe und schneiden es mit der Schere in sieben Stücke, wie in Bild 2 gezeigt. Eine gute Größe ist 20 × 20 cm oder 25 × 25 cm. (Ein »Quadrat« ist übrigens ein Viereck, dessen Seiten alle gleich lang und dessen vier Ecken sogenannte rechte Winkel von 90° sind.) Die entstandenen sieben Stücke können wir auch, wenn wir weißen Karton verwendet haben, mit Filzstift bunt bemalen.

Wenn wir etwas aufwendiger sein wollen, nehmen wir ein quadratisches Stück Sperrholz. Auch anderes Holz ist brauchbar; Sperrholz ist aber besser, weil es sich nicht »wirft«, d. h. planeben bleibt. Auf das Holz zeichnen wir mit Lineal und Bleistift die Trennlinien aus dem Bild auf. Mit der Laubsäge zersägen wir das Holz schön gerade in seine sieben Teile. Danach bearbeiten wir die Kanten mit feinem Sandpapier (Glaspapier), damit keine häßlichen Sägefusseln an den Rändern hängenbleiben. Das Holz können wir beizen, lackieren, bunt anmalen oder so lassen wie es ist.
Auch mit anderen Werkstoffen können wir arbeiten: Aus Aluminium-Blech können wir unser Zauberquadrat ebenso schneiden wie aus Spiegelglas oder Plastik, je nachdem, mit welchen Werkstoffen wir vertraut sind und welche Werkzeuge wir haben.
Wir haben jetzt tatsächlich ein Zauberquadrat. Denn wie in unserem Bild 2 unten gezeigt ist, können wir die Stücke zu Schiffsfiguren zusammenlegen. Einige wenige Beispiele sind auf dem Bild zu sehen. Wir werden aber sicherlich noch viele andere Formen finden. Natürlich lassen sich aus diesem klassischen Formenvorrat der sieben Stücke auch viele andere Gebilde zusammenlegen. Wir haben nämlich das chinesische Denk- und Formenpuzzle »Tangram« hergestellt, das schon so alt ist, daß nur noch eine chinesische Legende an seine Entstehung erinnert:
Es lebte einmal ein armer chinesischer Handwerker, der seinem Mandarin (so hießen früher chinesische Fürsten) eine schöne quadratische Platte aus besonders wertvollem Marmor schenken wollte. Auf dem Wege zum Palast aber stolperte der arme Mann, die Platte fiel zu Boden und zersprang in sieben Stücke. Aber so oft der Chinese nun diese Platte auch wieder zusammensetzen wollte, es kamen immer wieder andere aufregende Formen heraus: Gestalten und Gebilde aus der Fantasiewelt, aber auch Blumen, Tempel, Brücken, Symbole, Vögel, Drachen und andere Tiere und vor allem Schiffe, Dschunken und Sampane, wie sie in den fernöstlichen Häfen heißen. Der Mann erkannte, daß er durch Zufall ein Denkspiel »erfunden« hatte. Dies schenkte er nun seinem Mandarin, der davon so begeistert war, daß er den armen Handwerker reich belohnte. Das Puzzlelegen wurde zum beliebten Zeitvertreib der vornehmen Chinesen. Seither sind viele Jahrhunderte verstrichen. Wertvolle Tangram-Puzzles aus Elfenbein, Ebenholz, Jade und anderen geschliffenen Halbedelsteinen, in allen Größen, dekoriert und undekoriert, einfarbig und bunt, kauften Seeleute aus aller Herren Länder als Andenken in fernöstlichen Häfen. Die Spiele gelangten nach

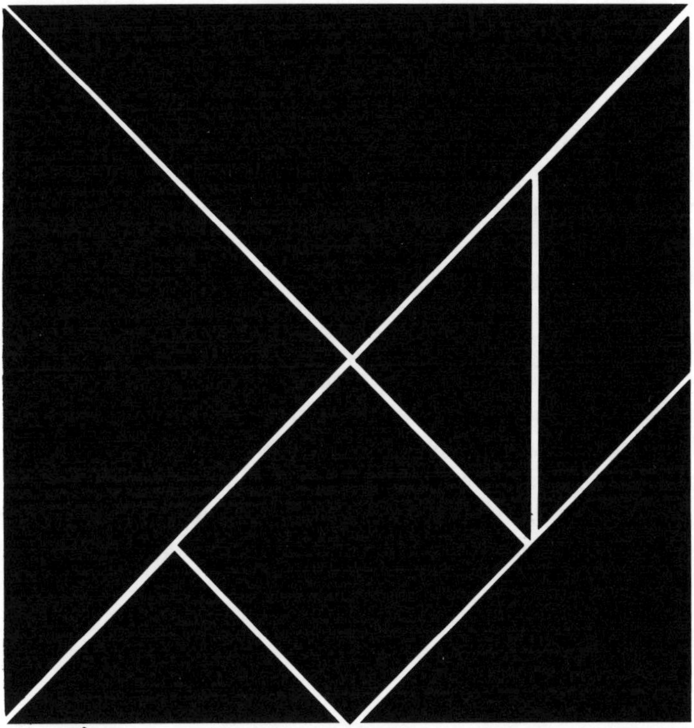

In gleicher Grösse– oder bis doppelt so gross

Beispiele für Tangram-Schiffsfiguren

Es müssen immer alle sieben Teile verwendet werden

Europa und Amerika, wo sie zu Anfang des 19. Jahrhunderts ein wahres »Tangram«-Fieber verursachten. Selbst Napoleon war ein begeisterter Tangram-Fan. Die Bezeichnung »Tangram« bedeutet übrigens soviel wie »Die Schlauen Sieben«.
Mit unserem siebenteiligen Zauber-Puzzle haben wir zwar kein schwimmfähiges Schiffsmodell gemacht, aber ein tausendfältiges Denkmodell, das unsere Fantasie anregt. Auch lassen sich vielfache Wettbewerbe ausdenken: Wer erfindet ein neues Tangram-Schiff? Damit man die Formen, wenn man sie einmal gefunden hat, nicht wieder vergißt, zeichnet man die Umrißlinien auf ein Blatt Papier auf. (Die Verfasser freuen sich jedenfalls schon jetzt über jedes neue Tangram-Schiff, das ihnen mitgeteilt wird.) Je nach Geschick und Absicht machen wir unser Puzzle größer oder kleiner. Auch die Ehefrau, Mutter, Großmutter, die Tanten und Schwestern, die sonst so selten für Schiffe zu interessieren sind, finden sicher Gefallen an unserem fernöstlichen Schiffspuzzle.
Aber die Hauptsache hätten wir beinahe vergessen. Für das Legen des Schiffspuzzles (oder auch anderer Formen) gilt nur eine Regel: Gültig ist eine neugefundene Tangram-Form nur dann, wenn alle sieben Stücke für sie verwendet wurden, nicht mehr und nicht weniger. – Und nun recht viel Freude und Fantasie beim Ersinnen immer neuer fernöstlicher Tangram-Boote!

Das Schiff aus Karton

Ganz so leicht wie bei unserem Papierfaltschiff geht es jetzt nicht mehr zu. Wir brauchen einige Grundbegriffe über unser Material: Papier, Karton, Pappe. Karton ist zwar ein sogenanntes »schnelles« Material. Mit ihm können wir ein mittelgroßes, kompliziertes Modell aus einem Modellbaubogen in wenigen Stunden bauen, das – wäre es aus Holz – Wochen und Monate dauern würde. Aber wir wollen zunächst auch Selbstkonstruieren lernen. Wie wäre es, wenn wir zuerst einen einfachen Würfel oder einen Quader kleben würden? Oder ein einfaches Haus? So erfahren wir etwas über Grundfaktoren wie Materialfestigkeit, das Verarbeiten von Kleber und über die Wichtigkeit von Klebelaschen und deren richtige Anbringung.
Und noch ein Wort zum Material Karton. Natürlich kann man aus altem Karton viel machen. Aber dieses Material ist nicht immer geeignet. Die besten Ergebnisse

erzielen wir mit Modellkarton, den es in vielen Farben und Stärken im Fachgeschäft gibt. Aber warum immer alles »kaufen«? Vielleicht eignen sich doch die Pappen und Kartons, die wir zu Hause finden. Wir müssen nur aufpassen, daß wir stets genug Material von der erforderlichen Sorte haben, denn »zusammengestückelte« Arbeiten aus verschieden gefasertem Material sehen nicht so gut aus. Im Inneren eines Modells können wir natürlich beliebiges Material verwenden.

Beim Kartonmaterial achten wir auf die »Laufrichtigkeit«, d. h. die Richtung, in der Karton oder Pappe hergestellt worden sind. In Laufrichtung lassen sich Pappe oder Karton am besten falten und knicken. Das ist für viele Arbeiten wichtig. Die andere Richtung unseres Materials ist die sogenannte »Querrichtung«. In dieser Richtung dehnt sich das Material zum Beispiel aus, wenn es feucht wird. In Laufrichtung reißt das Material glatt durch, in Querrichtung dagegen fasert es und bricht leicht auseinander. Wenn wir die Kante über den Daumennagel ziehen und die Pappen oder der Karton sich stark wellen, dann ist dies die dehnbare Querrichtung. Aber nicht für alle Konstruktionen sind Lauf- und Querrichtung wichtig. In Laufrichtung orientieren wir aber möglichst alle »tragenden« Teile einer Konstruktion.

Wir wollen ein einfaches Bootsmodell bauen. Die Größe unseres Modells ist natürlich von der Stärke des Materials abhängig. Aus dünnem Kartonmaterial machen wir es etwa 20 cm lang. Die Spanten können wir mit Laschen ankleben oder in Stumpfklebeweise. Bei starkem Karton von 4 mm Dicke kann das Modell sogar 40 cm und länger werden.

Aber zunächst noch einige technische Hinweise. Dickeres Papier und Pappe – besonders lange, gerade Kanten – schneiden wir nicht mit der Schere, sondern mit dem Messer. Unsere Schneidwerkzeuge sollen gut, sauber und scharf sein. Natürlich läßt sich auch mit der Küchenschere etwas Grobes zurechtschnippeln. Aber eine gute Arbeit entsteht eben nur mit guten Werkzeugen. Daran wollen wir uns von Anfang an gewöhnen.

Wir schneiden immer auf den vorgezeichneten Konstruktionslinien, nicht daneben (wie beim Holzbau, wo wir immer noch etwas nacharbeiten müssen). Beim Arbeiten mit Papier und Karton muß jeder Schnitt sitzen. Sonst muß das Teil noch einmal gemacht werden. Gerade Schnitte machen wir stets auch mit einem Lineal. Es muß deshalb aus Stahl sein, weil das scharfe Messer sonst Kerben in den Holz- oder Kunststoffkörper des Lineals schneidet. Das Schneidlineal braucht keine Zentimeter- oder Millimeter-Einteilung aufzuweisen. Die haben

wir ja auf unserem durchsichtigen Kunststofflineal und -winkel, mit denen wir uns zu zeichnen gewöhnen.
Stumpfe Messer und Scheren schneiden nicht sauber, sondern »zermatschen« das Material durch Zerfasern oder Zerdrücken. Klar ist übrigens auch, daß wir stets eine glatte, saubere Unterlage zum Schneiden nehmen. Schnitte in das schöne Furnierholz auf dem Eßtisch oder Vaters Schreibtisch ziehen nur »Probleme« nach sich. Karton oder Pappe wollen wir nie wieder mit der Schere schneiden; dann werden die Schnittkanten nämlich unsauber und wellig. Immer mit der Schneide, nie mit der Spitze des Messers schneiden. Wenn das Material sehr dick ist, lieber mehrere Schnitte machen, als zu stark aufzudrücken. Auch Messer können »matschen«. Pappe und Karton müssen auch gefaltet werden. Ohne eine entsprechende »Rillung« würden aber die Kanten brechen.
Um richtig zu rillen, falzen, kniffen und zu knicken, müssen wir Pappe und Karton vorrillen oder vorritzen. Das macht man am besten mit einer starken Nadel, nicht mit dem Messer, mit dem man zu leicht gleich ganz durchschneidet.
Soll das Karton- oder Pappstück zur Rückseite hin gefaltet werden, legen wir die Rill-Linien auf der Vorderseite an, d. h. die Rillung kommt immer dorthin, wohin wir knicken wollen. Dort haben wir allerdings keine gezeichnete Führungslinie. Die Enden der Linien können wir aber durch Durchstechen mit einer feinen Nadel markieren. Die Rille wird dann mit dem Lineal von Punktstich zu Punktstich gezogen, denn auch das Rillen oder Ritzen machen wir bei geraden Linien mit dem Lineal. Wenn wir dann Umknicken oder Umfalten, legen wir ebenfalls das Lineal an und kanten den Karton auf den gewünschten Winkel.
Wenn wir nicht stumpf kleben können (mit oder ohne Versteifungswinkel), dann brauchen wir Klebelaschen (bei Papier immer). Laschen sind überstehende, ausreichend breite Materialteile, die wir je nach Bauteil gefalzt oder ungefalzt zum Kleben verwenden. Stumpf kleben heißt, ein Pappteil mit seiner dünnen Seite (ohne Lasche) dort aufzukleben, wo die Festigkeit von der Querkonstruktion kommen muß. Zur Vermeidung von Problemen, die dann entstehen, wenn unsere geklebten Bauteile immer wieder aufgehen, nehmen wir einen guten Alleskleber. Dieser hat den einzigen Nachteil, daß alles, was einmal geklebt ist, so gut wie sofort fest sitzt und nicht mehr korrigiert werden kann.
Bild 3 zeigt eine einfache Konstruktion eines Schiffsmodells aus Karton. Spanten und Kiel stellen wir aus einer festen Pappe her. Die Spanten stecken wir in den Kiel und kleben sie mit Pritt Alleskleber stumpf an. Den Rumpf beplanken wir aus Kartonblättern oder -streifen, die wir über die Spanten kleben. Jetzt können wir

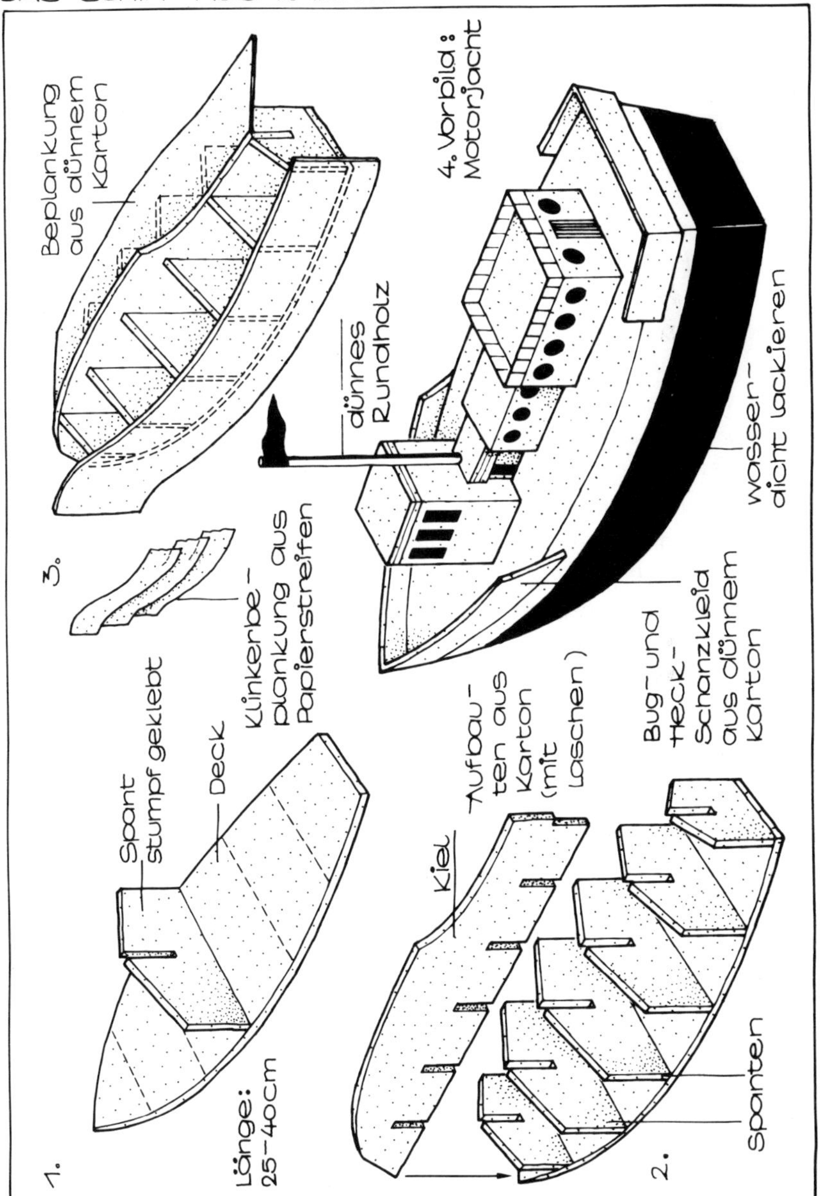
1.
Länge: 25-40cm
Spant stumpf geklebt
Deck
3.
Klinkerbe-plankung aus Papierstreifen
Beplankung aus dünnem Karton
2.
Kiel
Aufbau-ten aus Karton (mit Laschen)
Spanten
Bug- und Heck-Schanzkleid aus dünnem Karton
dünnes Rundholz
4. Vorbild: Motorjacht
wasser-dicht lackieren

die Form der Spanten nachfühlen und die Außenhaut anzeichnen und ausschneiden. Da unser Kartonschiffchen schwimmfähig sein soll, müssen wir noch alle Klebekanten mit dünnen Papierstreifen gut abdichten. Den ganzen Rumpf überziehen wir mehrfach mit wasserdichtem Lack.
Bei der Konstruktion merken wir uns, daß stark gekrümmte Rumpfformen nach Klinkerbauweise gefertigt werden, wobei ein Streifen den anderen überlappt. Mit schmalen Papierstreifen können wir eine saubere Beplankung herstellen.
Das Deck bringen wir ebenfalls durch Stumpfkleben an. Die Aufbauten sind aus dünnerem Karton mit Klebelaschen gemacht. Aus einem dünnen Wurst-Speil oder einem ähnlichen leichten Rundholz machen wir für unser einer Motorjacht nachempfundenes Modell einen Mast. Wenn wir mit farbigem Karton gearbeitet haben, brauchen wir das Schiff nicht anzumalen. Sonst aber Vorsicht: Papier und Pappe verziehen sich, wenn wir Wasserfarben nehmen. Größere Flächen müssen möglichst vor dem Zusammenbau mit einer nicht sehr feuchtenden Farbe bestrichen werden. Wollen wir Fenster, Türen, Bullaugen usw. auf unser Schiff malen, so tun wir dies auch schon vor dem Kleben; denn sonst drücken wir nur zu leicht die dünnen Flächen ein, und das Freihandzeichnen auf das fertige Modell wird auch zu unregelmäßig.
Wenn wir gern mit Papier arbeiten, das Selbstkonstruieren von Papier- und Kartonschiffen uns aber zu mühsam ist, greifen wir zu den schönen Modellbaubogen verschiedener Firmen, die jedes Fachgeschäft führt und die in reicher Auswahl, vom einfachen bis zum komplizierten, vom kleinen bis zum großen Kriegs- und Handelsschiff in verschiedensten Typen erhältlich sind.

Die legendäre Nußschale

»Auf unserem Schiff fühlten wir uns inmitten des großen Ozeans wie in einer Nußschale.« – »Wie eine Nußschale zerschellte das Segelschiff an den Klippen.« – »Neben dem Schnelldampfer nahm sich unser Schoner wie eine Nußschale aus...« Ungezählt sind die Beispiele aus der Literatur aller Sprachen, in denen Schiffe und Boote mit einer Nußschale verglichen werden. In der Tat, die Nußschale gilt seit legendären Zeiten als Inbegriff für jede kleinere Boots- oder Schiffsform. Ein Nußschalen-Schiffchen wollen wir nun selbst herstellen.
Wir nehmen große, schöne französische Walnüsse, die wir an der hellen Farbe und der länglichen Form erkennen. Die kleinen gelben Walnüsse sind nicht so

NUSS-SCHALEN-SCHIFFE BILD 4

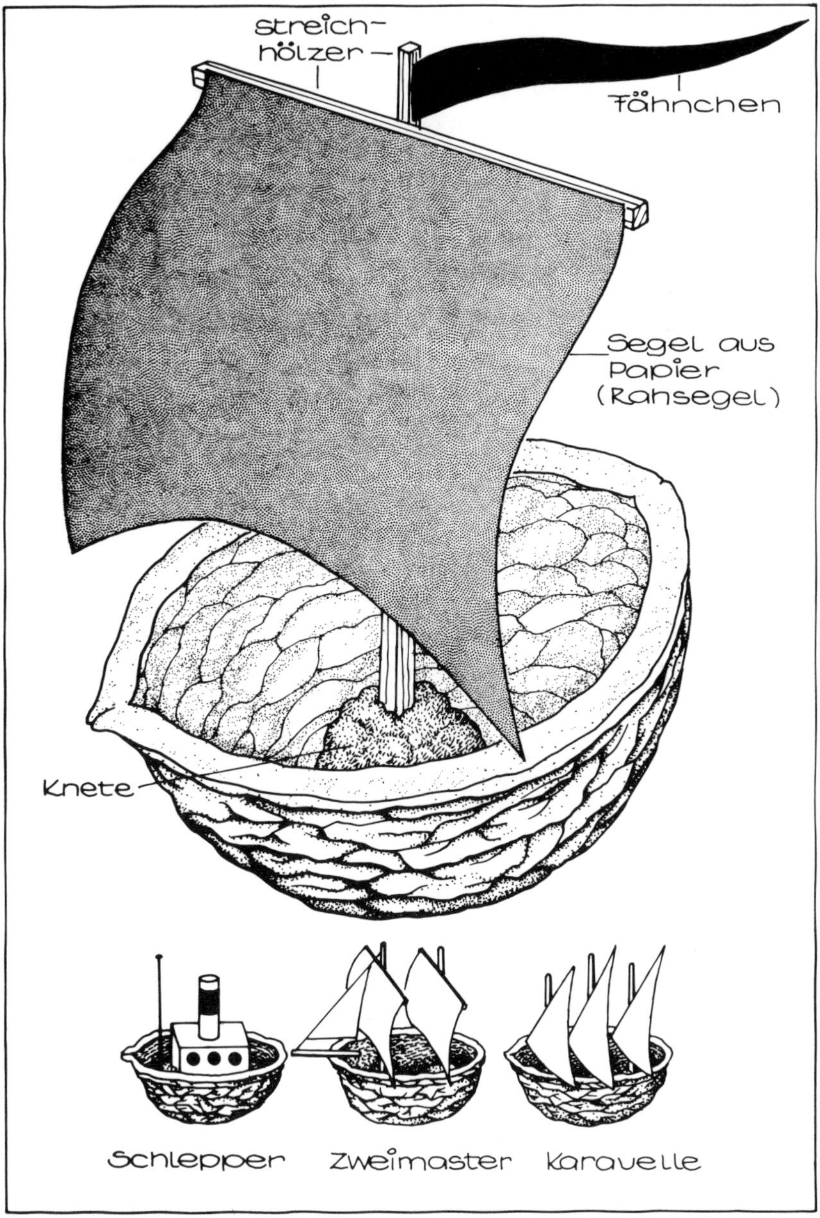

gut geeignet, weil ihre Schalen fester geschlossen sind und beim Öffnen zumeist unregelmäßig zerbrechen. Die großen, hellen Nüsse aber gehen leicht auf. Wir öffnen die Nuß vorsichtig mit einem Messer an dem unteren, dickeren Nußende. (Messerspitze vorsichtig in den weichen Innenteil der Nuß drücken.) Jetzt merken wir sehr schnell, ob wir die richtige Sorte Nüsse haben. Die Schalenhälften müssen sich leicht und sauber trennen. Mit dem Nußknacker können wir in diesem Fall nichts anfangen, denn wir brauchen ja unbeschädigte Schalenhälften. Die Nußkerne essen wir erst einmal auf. Mit einem scharfen Messer entfernen wir dann vorsichtig das dunkelbraune Stützgerüst im Inneren der Nußschale, möglichst restlos. Nun tropfen wir unten in die Schalenhälfte Wachs hinein oder nehmen Knete. Die Masse dient nicht nur zur Anbringung des Mastes, sondern sorgt auch als Ballast für eine gute Schwimmfähigkeit. Wieviel Knete oder Pritt-Hafties wir nehmen müssen, das bekommen wir schnell heraus. Als Mast dient ein Streichholz, das wir am unteren Ende in Alleskleber tauchen. Aus Papier schneiden wir ein Rahsegel und ein Fähnchen. Wenn wir unser erstes Nußschalenschiff fertig haben, wissen wir, wie leicht es sich herstellen läßt.
Nun gehen wir an die Ausstattung. Natürlich streichen wir die Einheiten unserer Flotte mit verschiedenen Farben an. Wir können auch stolze mehrmastige Karavellen herstellen, wie auf der Zeichnung gezeigt ist. Auch bunte Seitenschilder könnten wir anbringen. Aus Leichtknetmasse (Schwimmknete von Pelikan) können wir Aufbauten formen und ein Stück Rundholz oder Röhrchen dient als Schornstein, wenn wir einen Dampfer haben wollen. Unserer Fantasie sind keine Grenzen gesetzt. Beispiele zeigt das Bild 4.
Die ganze Flotte können wir in der Badewanne schwimmen lassen und mit Erbsen beschießen. Auch kleine Schleppzüge können wir machen: Die erste Nußschale wird als Schleppdampfer ausgestaltet, die Schleppkähne sind »beladene« Nußschalen, die wir mit einem dünnen Faden anbinden. Wir können Wettfahrten anstellen, indem wir in die Segel blasen, und zu Weihnachten stellen wir kleine dünne Kerzen in unsere Nußschiffchen und lassen sie schwimmen. Gewonnen hat, wessen Licht am längsten brennt. Die Kerzen müssen natürlich gleich lang und gleich dick gewesen sein, versteht sich.

Die Silhouetten-Flotte

Das Schwierigste am Silhouetten-Schiff ist die Schreibweise dieses Wortes. Woher stammt es eigentlich? Es geht zurück auf den französischen Finanzminister Etienne de Silhouette (1709–1757), der sich durch seine Steuer- und Finanz-Maßregeln im ganzen Land so verhaßt gemacht hatte, daß man ihn überall lächerlich zu machen suchte und alles Ärmliche, Sparsame und Knappe dadurch rügte, daß man sagte, die Sache ist »à la Silhouette«, d. h. »auf die billigste Tour gemacht«. Schattenbilder als Profilumriß des menschlichen Gesichts oder von Gestalten galten damals als armseliger Ersatz für die üblichen kolossalen Ölporträts, die sich wenig begüterte Familien nicht leisten konnten. Da Paris damals in Sachen Mode tonangebend war, trat der Begriff »Silhouette« für den Schattenriß seine Reise um die ganze Welt und in alle Sprachen an.
Eine Silhouette ist also ein Schattenriß, ein Umriß, ein Profil. Unsere Silhouetten-Flotte nennen wir so, weil wir die Umrisse der Schiffe mit der Laubsäge aussägen. Achtung, wir müssen die Schiffe so aufzeichnen, daß das Hirnholz der Sperrholzmittelschicht nach oben zeigt. Warum, das sehen wir später, wenn wir die Masten und Ladebäume einsetzen wollen. Damit die Schiffe stehen, sägen wir für jedes auch eine Bodenplatte als Ständer, etwa in der Form einer Schiffsdraufsicht, aus. Am Schiff lassen wir vorn und hinten eine entsprechende Lasche stehen.
Wenn wir eine Lasche in der Mitte vorsehen (dies ist im Bild nicht gezeigt), müssen wir in unsere Bodenplatte einen langen und der Dicke des Holzes entsprechend breiten rechteckigen Schlitz sägen. Wir wissen wie: In die Fläche des auszusägenden Schlitzes bohren wir zunächst mit einem dicken Drillbohrer ein Loch. Nun spannen wir das Laubsägeblatt durch dieses Loch ein und sägen den rechteckigen Schlitz aus. Wenn die Lasche noch nicht hineinpaßt, dann müssen wir eben mit einer dünnen Feile den Schlitz etwas weiter machen. Aber Vorsicht, der Schlitz darf nicht zu lang und nicht zu breit werden, denn die Lasche soll stramm passen und auch ohne Kleber sitzen. Wenn das nicht gelingt, müssen wir die Lasche später doch mit Profix Spezial-Kleber Modellbau einkleben.
Vor dem endgültigen Einpassen und Festkleben streichen wir die Bodenplatte, d. h. den Fuß oder Ständer, meeresblau an. Jetzt können wir auch unser Schiff anmalen. Vorher überziehen wir es jedoch mit einem matten Lack, denn auf dem rohen Holz verläuft die Zeichentusche. Rümpfe machen wir schwarz, grau, dunkelblau, dunkelgrün, mennigrot oder weiß. Die Aufbauten werden weiß. Die

Schornsteine können eine beliebige Farbe erhalten. Nun können wir mit schwarzen bzw. weißen Punkten die Reihen von Bullaugen (mit dem Lineal, damit sie gerade werden) und die Ankerklüsen aufmalen, desgleichen Fensterreihen, auch die Rettungsboote und andere Einzelheiten. Mit der Zeit bekommen wir richtig Übung darin.
Nun zur Bemastung: In der Silhouette haben wir nur Rumpf, Aufbauten und Schornsteine zusammengefaßt. Schiffe haben aber auch Masten. Dazu nehmen wir Stecknadeln, deren Köpfe wir mit der Zange vorher abgezwickt haben. Die Nadeln klopfen wir vorsichtig von oben an den richtigen Stellen in das Hirnholz der mittelsten Sperrholzschicht, der mittleren Schicht dieses »Sandwich«-Holzes. Jetzt wissen wir auch, warum dieses »Hirnholz« an der Oberkante der Modelle liegen muß. Wenn die Maserung dieser Sperrholzschicht nämlich in Längsrichtung verläuft, spaltet sich das Sperrholz.
Als Mastmaterial für unsere Schiffe kommen Stecknadeln in Frage, wenn die Modelle etwa im Maßstab 1 : 1000 gezeichnet wurden. Bei größeren Silhouetten nehmen wir stärkeren, geraden Draht, für den wir vorsichtig kleine Löcher gebohrt haben. Auch die Ladebäume stellen wir so her. Wir müssen sie nur biegen. Natürlich sieht es echter aus, wenn die Masten aus dickeren Nadeln gemacht werden als die Ladebäume. Die Schornsteine können wir durch Feilen und Schmirgeln auch abrunden, wenn wir wollen.
Vorlagen für unsere Silhouettenflotte finden wir überall. Im Lexikon gibt es sicher eine Tafel mit Schiffen. Aber es gibt ja auch so viele schöne Bücher über Schiffe mit vielfältigen Anregungen.
Wir können nicht nur Handelsschiffe, Passagier-Liner, plumpe Autofähren, Kreuzfahrtschiffe, weiße elegante Kühlschiffe, große Containerschiffe, Tanker, Walfangmutterschiffe usw. herstellen, sondern auch Kriegsschiffe wie Flugzeugträger, Kreuzer, Zerstörer, Fregatten, Landungsschiffe, Versorger, U-Boote.
Wir müssen nur alles im richtigen Maßstab zeichnen; geeignet ist vor allem der Maßstab 1 : 1000. Er ist nicht zu groß und nicht zu klein. Um alles aussägen zu können, müssen wir auch die Details entsprechend vereinfachen. Wie weit wir mit der Genauigkeit gehen, das hängt allein von unserer Geschicklichkeit ab. Wichtig ist auch, daß unsere Bildvorlagen das Schiff fast genau »querab« (von der Seite), zeigen, denn sonst erhält unser Schiff eine Verzerrung, d.h. es scheint von uns weg zu fahren oder auf uns zuzukommen. Aber auch das kann reizvoll sein.

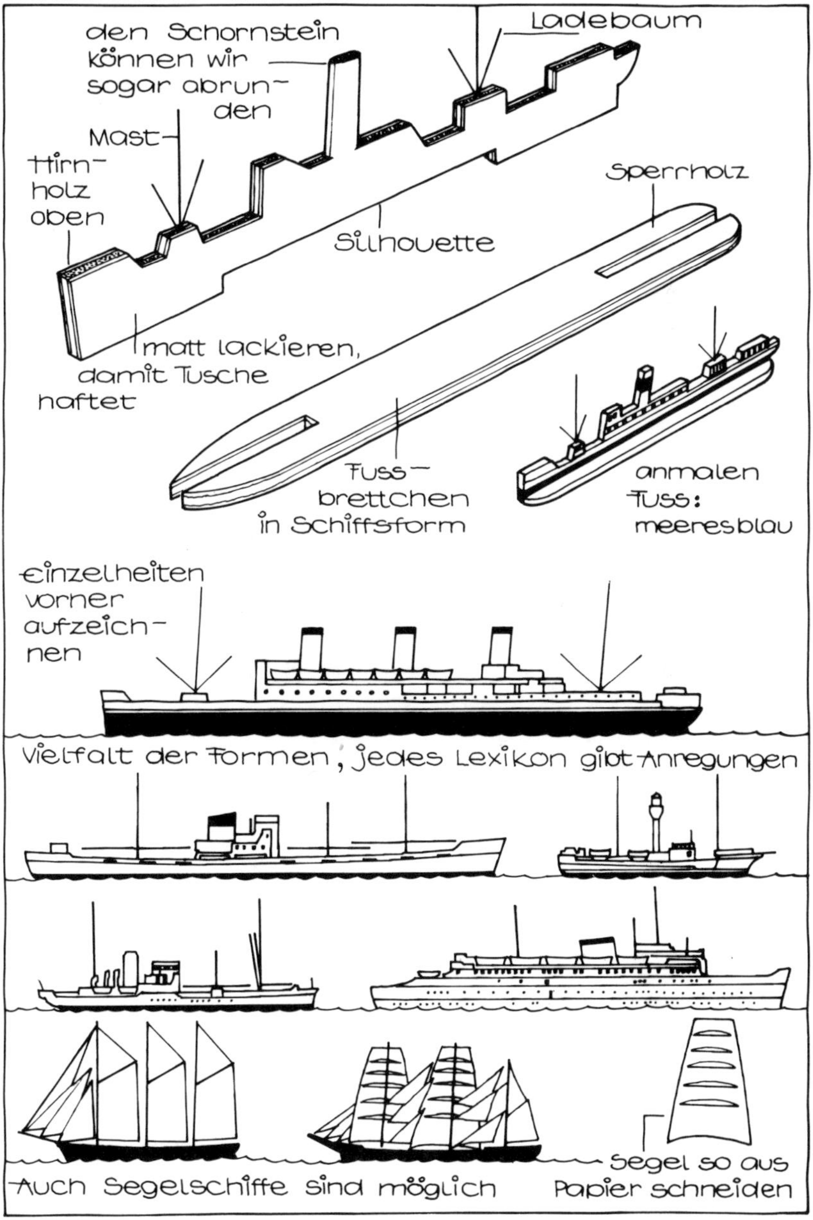
den Schornstein
können wir
sogar abrun-
den
Ladebaum
Mast
Hirn-
holz
oben
Sperrholz
Silhouette
matt lackieren,
damit Tusche
haftet
Fuss-
brettchen
in Schiffsform
anmalen
Fuss:
meeresblau
Einzelheiten
vorner
aufzeich-
nen
Vielfalt der Formen, jedes Lexikon gibt Anregungen
Auch Segelschiffe sind möglich
Segel so aus
Papier schneiden

Auch Zubehör können wir als Silhouette aussägen, z. B. Leuchttürme, Hafenmolen, Wale, Eisberge oder Inseln.
Schließlich lassen sich auch Segelschiffe verschiedenster Takelungen so bauen. Dazu entwerfen wir nur etwa vier verschiedene Rumpfformen, je eine für große, eine für mittlere, eine für kleine Segelschiffe und eine für Jachten. Die Masten machen wir wie bei den Motorschiffen. Die Segel schneiden wir aus Papier. Mit dem verschiedenen Zuschnitt der Papiersegel können wir alle Takelungsarten darstellen: Vollschiffe, Barken, Schoner usw. Takelageeinzelheiten finden wir in vielen Büchern. Bei Fischereifahrzeugen können wir den Segeln schöne bunte Farben geben. Segel müssen nicht nur weiß sein. Auch bunte historische Schiffe wie Wikinger-Drachen, Hansa-Koggen und Kreuzfahrer lassen sich so herstellen und wunderschön bemalen.
Am schönsten ist eine solche Silhouettenflotte, wenn sie in einem einheitlichen Maßstab gemacht und nur einem Thema gewidmet ist. So z. B. ein Hafen – ein Kampfverband von Kriegsschiffen – alle Segeljacht-Takelungen – alle Segelschiffs-Takelungen – ein Walfangmutterschiff mit seinen Fangbooten und Walen inmitten einer Eislandschaft – die Entwicklung des Dampfschiffes und vieles mehr. Am besten geeignet ist, wie gesagt, ein Maßstab von etwa 1 : 1000, weil die Fahrzeuge dann die richtige Größe zum Aussägen und Bemasten haben.
Natürlich können wir auch solche Schiffe beidseitig bemalen, wenn wir damit spielen wollen. Wir können auch den Maßstab verkleinern, um ganze Schlachten darzustellen.
Schließlich sei gesagt, daß sich solche Flotten auch aus Papier oder Karton machen lassen. Dann brauchen die Schiffe unten Laschen, mit denen wir sie mit Pritt Alleskleber auf den Untergrund aufkleben können, damit sie stehen. Mit Geschick können wir uns schnell eine große, bunte Flotte schaffen, die, wenn sie vollplastisch als Wasserlinien-Modellschiffe gebaut würden, uns viele Monate beschäftigt halten würde.

Spielzeugschiffe – Schlepper mit Schute

Das Besondere an unseren Spielzeugschiffen, die wir jetzt als erste plastische Modelle aus Holz machen, ist darin zu sehen, daß sie in verschiedensten Stufen handwerklichen Könnens ausgeführt werden können. Wenn die allgemeine Geschicklichkeit noch nicht sehr stark entwickelt ist – Hobeln, Sägen, Feilen, Boh-

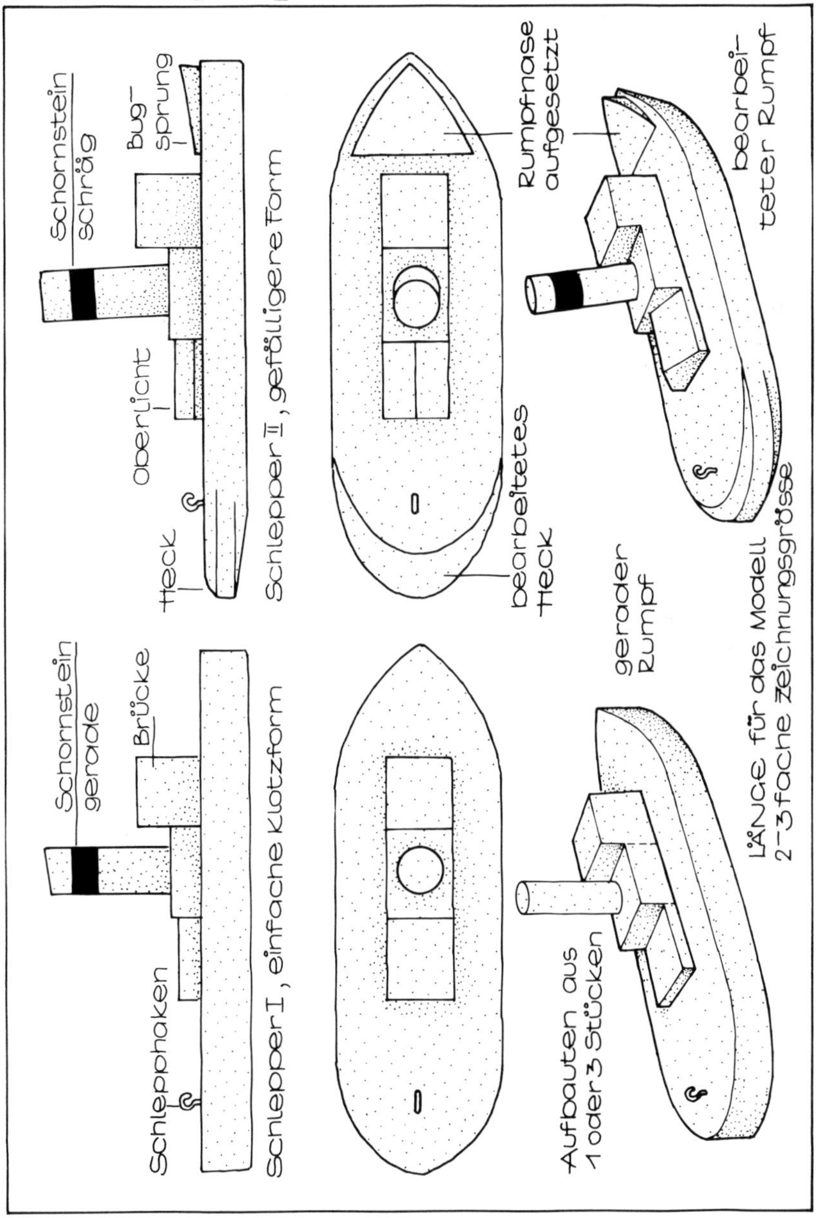
Schornstein gerade
Brücke
Schlepphaken
Schlepper I, einfache Klotzform
gerader Rumpf
Aufbauten aus 1 oder 3 Stücken
LÄNGE für das Modell 2-3fache Zeichnungsgrösse
Schornstein schräg
Bug-sprung
Oberlicht
Heck
Schlepper II, gefälligere Form
Rumpfnase aufgesetzt
bearbeitetes Heck
bearbei-teter Rumpf

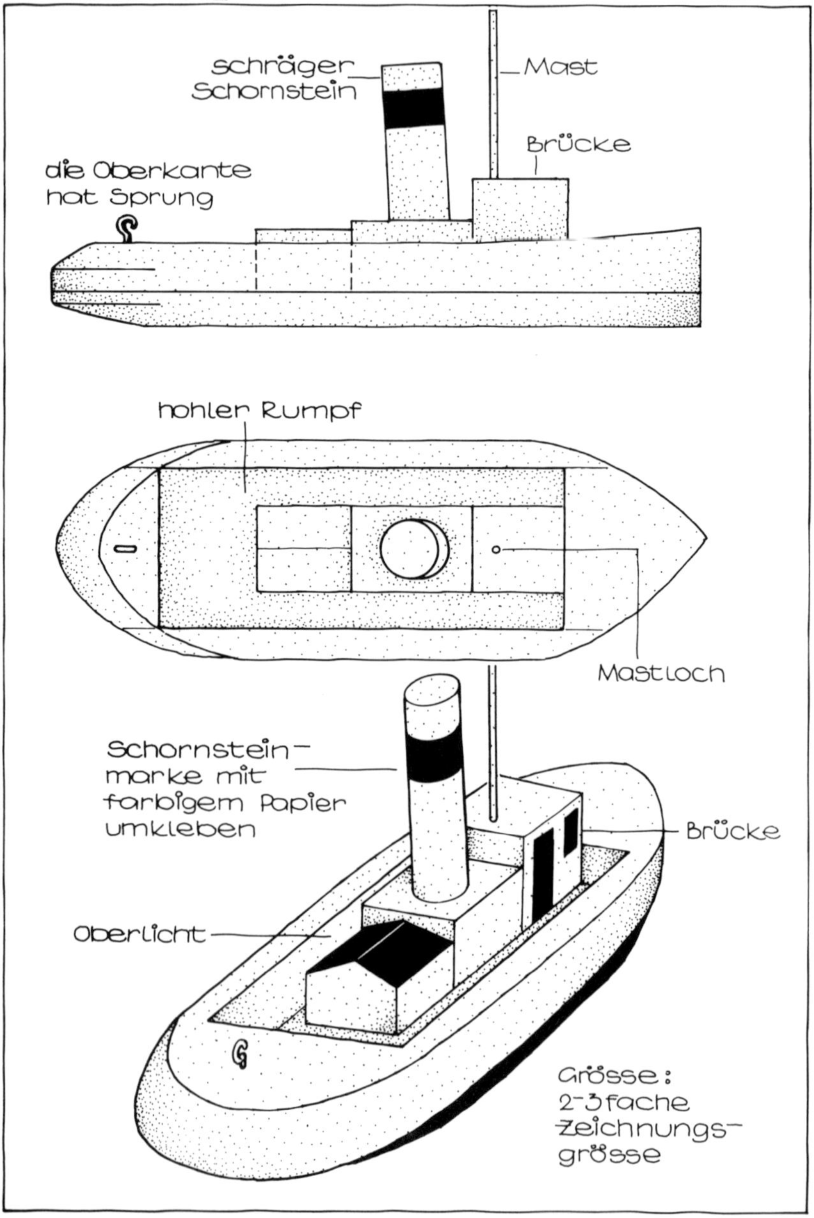
schräger Schornstein
Mast
Brücke
die Oberkante hat Sprung
hohler Rumpf
Mastloch
Schornstein-marke mit farbigem Papier umkleben
Brücke
Oberlicht
Grösse: 2-3fache Zeichnungs-grösse

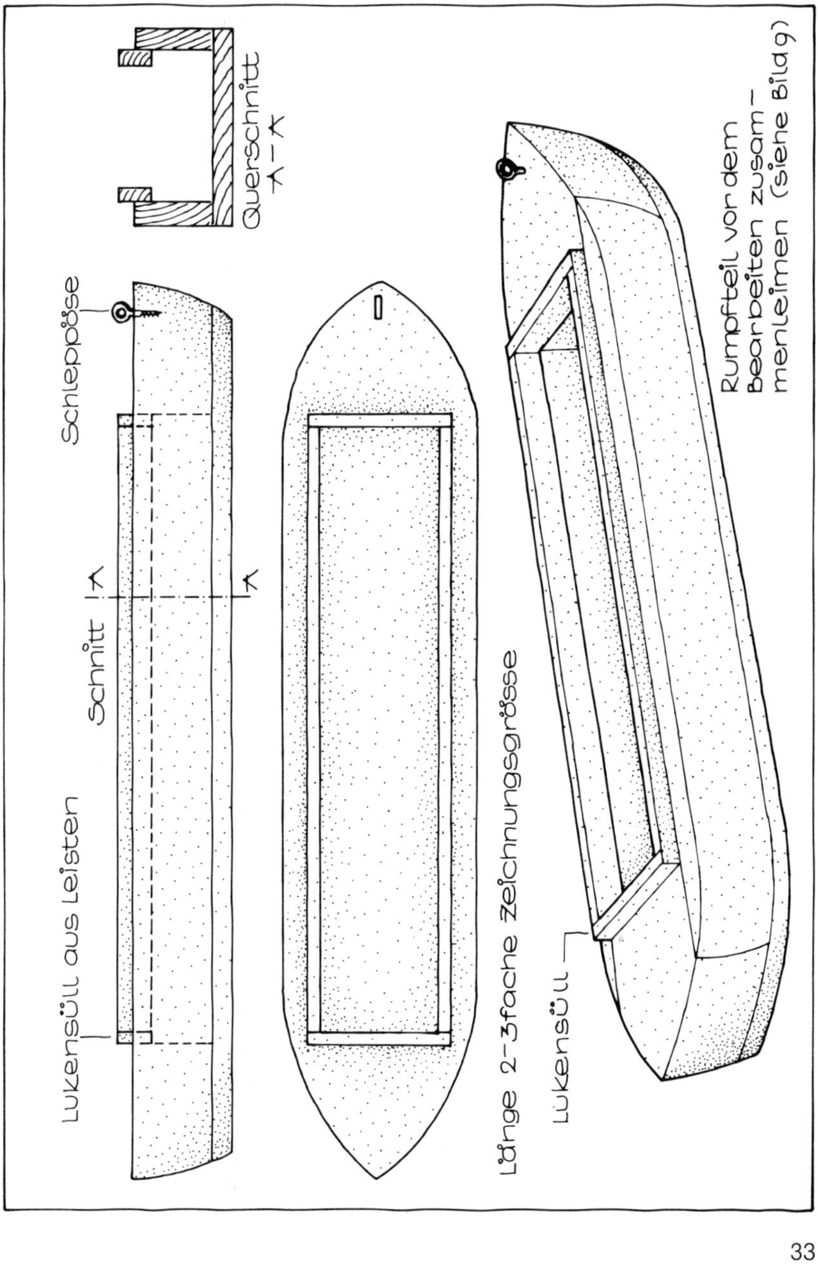
Querschnitt
A – A
Schleppöse
Schnitt
A
A
Lukensüll aus Leisten
Länge 2-3fache Zeichnungsgrösse
Lukensüll
Rumpfteil vor dem
Bearbeiten zusam-
menleimen (siehe Bild 9)

ren und Sandpapierschleifen haben wir wohl inzwischen gelernt – dann brauchen wir nur leichte Handfertigkeiten und wenige und einfache Werkzeuge. Gehobelte Bretter und Leisten, Sperrholz, Buchen- und Kiefernrundholz und Profix Spezial-Kleber Modellbau sind die wichtigsten Werkstoffe. Zum Ablängen der Leisten benutzen wir die bewährte Laubsäge oder eine Feinsäge. Schwieriger ist es, aus einer Leiste ein Dachprofil, z. B. für Deckshäuser, Oberlichter oder andere Schiffsaufbauten herzustellen. Wenn wir solche handwerklichen Aufgaben (noch) nicht lösen können oder wollen, oder auch keine entsprechenden Hilfsgeräte haben, besorgen wir uns die fertigen Profile.
Zum Kleben können wir den erforderlichen Preßdruck durch Ansetzen von Schraubzwingen, Wäscheklammern oder durch Nageln erreichen. Um die Nägel wieder herausziehen zu können, müssen wir die Nagelköpfe mit Pappscheiben unterlegen. Damit zwei Arbeitsstücke beim Verkleben nicht gegeneinander verrutschen, schlagen wir in das eine Brett oder in eine Leiste zwei kleine Nägel, die wir so weit abkneifen, daß sie nur noch 1 mm aus dem Holz herausstehen. Nun drücken wir die Arbeitsstücke mit dem dazwischen aufgebrachten Kleber zusammen. Jetzt ist ein Verrutschen unmöglich.
Wenn wir den Schiffskörper aus einem vollen Block herausarbeiten oder die Schichtbauweise anwenden wollen, brauchen wir eine »Helling« zum Einspannen. Einfache Befestigungsklötze (als Zulagebrett) mit Ausschnitten für den Bug und das Heck setzen schon eine Werkbank voraus. Ein Hellingsbrett, das sich an der Hobelbank, im Schraubstock und auch an einem festen Arbeitstisch befestigen läßt, muß verhältnismäßig stark sein. Das Hellingbrett wird zuerst hochkant auf das Deck des ausgesägten Schiffes geschraubt, wenn wir die äußere Schiffsform bearbeiten wollen. Um den Schiffskörper auszuhöhlen, schrauben wir das Hellingbrett dann wie eine Kielflosse unter das Schiff. Die Schrauben müssen tief versenkt werden, und die Wölbung der Kiellinie muß im Brett ausgespart bleiben. Wir benutzen immer dieselben Schraubenlöcher, die wir nach Beendigung der Arbeit entweder mit einem Dübel verschließen oder – je nach Modell – für die Befestigung der Kielflosse verwenden können.
Für Schornsteine eignen sich Rundhölzer aus Kiefern- oder Buchenholz. Die Befestigung eines dicken Schornsteins in einer als Decksaufbau dienenden Leiste ist nicht einfach; denn wird die Leiste in voller Stärke des Rundholzes durchbohrt, so kann sie sich leicht spalten. Besser ist es, aus dem vollen Schornstein sorgfältig einen runden Zapfen herauszuarbeiten, der in ein Bohrloch eingeklebt wird. Etwas leichter ist es, den Schornstein mit einem Dübel zu befestigen. Dazu

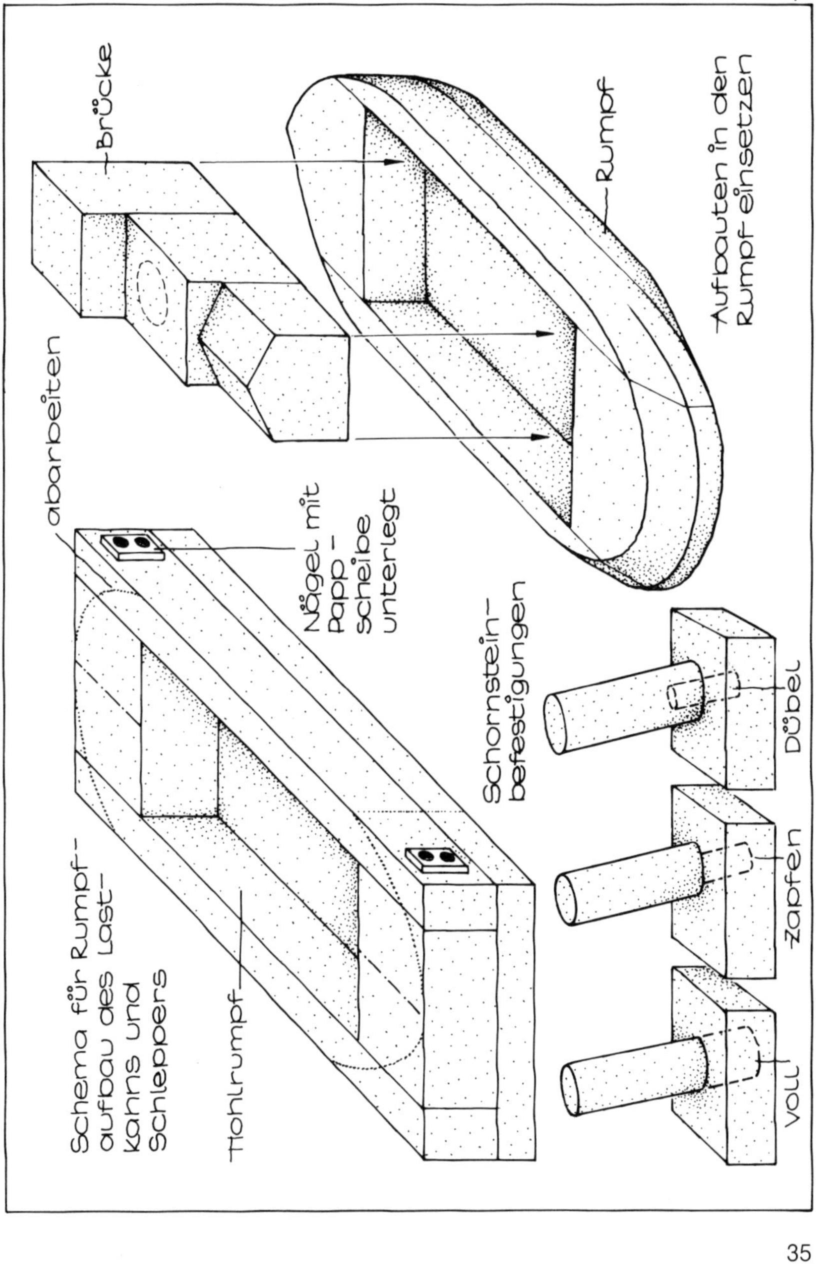
Schema für Rumpf-
aufbau des Last-
kahns und
Schleppers
Hohlrumpf
abarbeiten
Nägel mit
Papp-
scheibe
unterlegt
Brücke
Rumpf
Aufbauten in den
Rumpf einsetzen
Schornstein-
befestigungen
Voll
Zapfen
Dübel

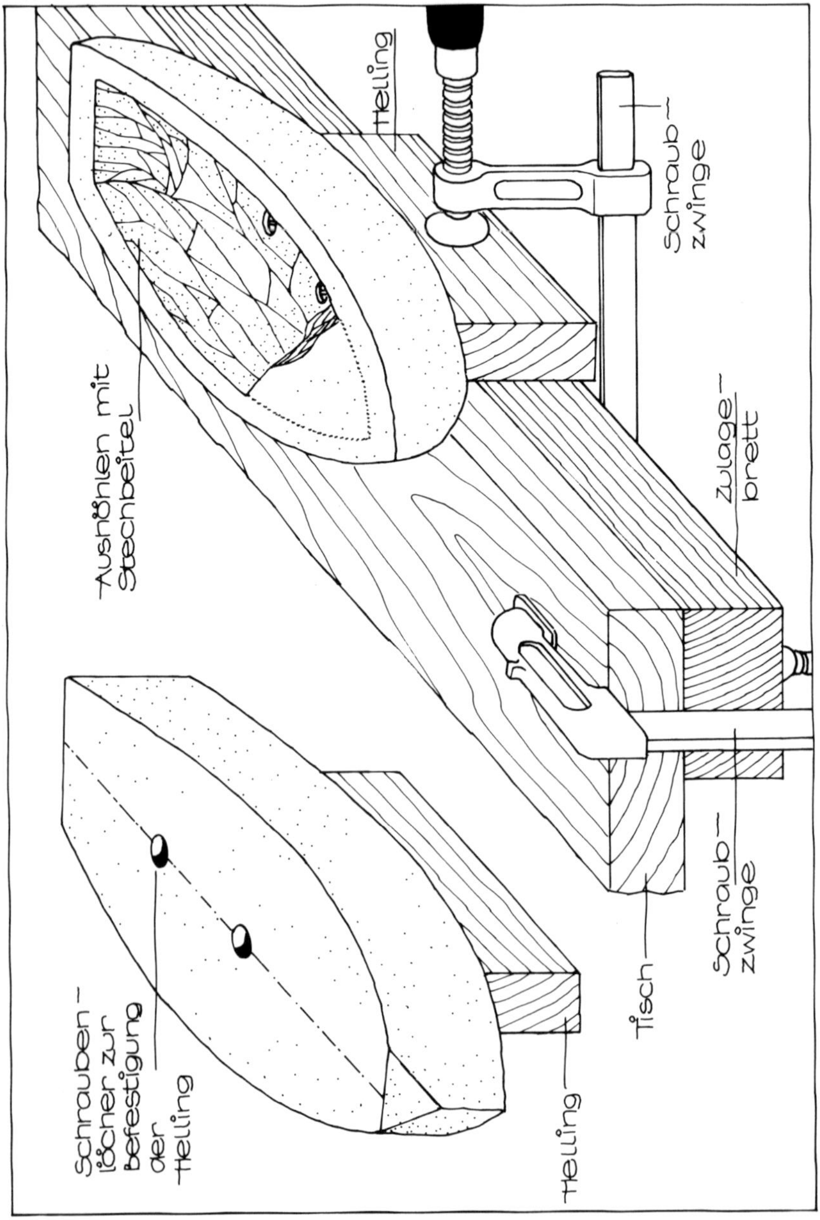
Helling
Schraub-
zwinge
Aushöhlen mit
Stechbeitel
Zulage-
brett
Tisch
Schraub-
zwinge
Schrauben-
löcher zur
Befestigung
der
Helling
Helling

bohren wir entsprechende Löcher in das Rundholz und am Punkt der Decksaufstellung. Die Schrägstellung des Schornsteins erfordert noch größere Aufmerksamkeit. Bei unserem ersten einfachen Spielzeugschiff können wir daher den Schornstein ruhig senkrecht aufstellen.
Bild 10 zeigt uns noch, wie wir einfache Modellrümpfe aushöhlen und den Lastkahn aus Einzelteilen ohne große Mühe zusammensetzen können. Unsere fertigen Spielzeugmodelle streichen wir mit geeigneten Ölfarben an. Schlepper und Schleppkahn versehen wir mit Haken und Ösen, damit sich ein richtiger Schleppzug ergibt.
Hier noch eine Geschenkidee für Bastler: Solche Modelle eignen sich hervorragend als Geburtstags- oder Weihnachtsgeschenk für Kinder.

Einbaum, Floß, Katamaran, Auslegerboot, Segelboot und Segelschiffe aus Balsaholz

Mit unseren nächsten Modellen wollen wir auch eine Reihe von Versuchen anstellen. Unser Baustoff soll Balsaholz sein, jenes wundersam leichtgewichtige und einfach zu bearbeitende Material. Gleichzeitig legen wir uns viel Wissen über die Geschichte des Schiffsbaus zu, einfach beim Basteln.
Beginnen wir mit Bild 11: Schon ein einfacher Versuch in der Badewanne mit einem Stück Rundholz, das die Form eines Baumstammes hat, zeigt uns, daß ein solcher Holzkörper sehr gut schwimmt, aber nicht stabil auf dem Wasser liegt. Bei der geringsten Bewegung an der Wasseroberfläche zeigt er die Tendenz zu rollen. Wer je beim Schwimmen auf einen Baumstamm klettern wollte, der weiß, wie schwer das ist, und wie leicht man wieder herunterfällt, weil sich der Stamm beim Anfassen an einer Seite dreht.
Unseren Balsabaumstamm können wir aus Vierkantholz schnitzen und feilen oder als fertiges Rundholz beziehen. Dafür brauchen wir keine Zeichnung. Das Schnitzen macht mehr Spaß, und das Ergebnis sieht viel eher nach einem Baumstamm aus und ähnelt nicht so häßlich einem Stück abgeschnittenen Besenstil.
Als Größe wählen wir für die auf den Bildern 11–14 gezeigten Modelle etwa das doppelte Maß der Zeichnungen, sofern keine anderen Maße angeführt sind. Mit den Balsamodellen, die wir jetzt anfertigen wollen, stellen wir geradezu die Entwicklungsgeschichte des Schiffes dar.

Als erstes also haben wir den Baumstamm. An ihm haben die am Wasser lebenden Menschen wohl die Möglichkeit zum Schwimmen und einen Baustoff für die Herstellung eines Bootes oder Schiffes erkannt.
Der ausgehöhlte Einbaum ist die nächste Entwicklungsstufe (Bild 11 oben). Wenn wir nicht unten auf seinem Boden etwas Ballast zur Stabilisierung anbringen, verhält er sich allerdings nicht viel besser als der Baumstamm. Der Einbaum hat zwar eine größere Tragfähigkeit, ist aber nur wenig stabiler. Wie wir einen Einbaum herstellen, zeigt uns Bild 11. Wir schnitzen die abgeflachte Rundholzform aus einem Vierkantstück; dann arbeiten wir die Form vorn und hinten bootsmäßig spitz bzw. rund zu und höhlen das Innere aus. Dazu können wir ein Taschenmesser, Schnitzmesser oder einen Stechbeitel verwenden. Wer es so machen will wie früher, der brennt das Innere z. B. mit einem glühenden Metallstift heraus. Aber Vorsicht: Einen Brand in der Modellwerkstatt (leicht entflammbare Stoffe wie Papier, Kleber, Farben usw.) ist die Sache nicht wert.
Als nächstes bauen wir uns ein Floß (Bild 11 unten). Wir nehmen 5 Balsarundholzstücke, die wir durch reichliche Klebestellen miteinander verbinden. Die Klebestellen (Profix Spezial-Kleber Modellbau) legen wir an die Unterseite, damit sie nicht sichtbar sind. An der Oberseite kleben wir zur Befestigung quer eine Leiste an. In den mittleren Balken bohren wir etwas vorlich (d. h. nach vorn versetzt) ein Loch für den Mast. Ein solches Floß ist ein weitaus sichereres Wasserfahrzeug als der Einbaum; es hat gute Tragfähigkeit und kann kaum kentern. Bald hatten die Menschen auch herausgefunden, daß man Mast und Segel anbringen kann, wie wir es auch tun. Das Floß ist zwar nicht so manövrierfähig und wendig wie ein Einbaum, segelt aber sehr stabil vor dem Winde. Wenn auch noch eine Art Ruder angebracht wird, wie wir es ebenfalls nachmachen, dann kann das Floß im Wind schon recht gut Kurs halten. Auch unser Ruder ist aus Balsaholz, in das wir eine Kerbe sägen, damit es an das Floß paßt. Das Segel machen wir aus Papier.
Im Gegensatz zum Einbaum hat unser Floß aber einen sehr hohen Widerstand. Schneller und leichter steuerbar wird ein Wasserfahrzeug, wenn wir den Wasserwiderstand verringern, ohne gleichzeitig auch die Stabilität zu vermindern. Im nächsten Modell wollen wir die Vorteile von Floß und Einbaum miteinander verbinden. Dazu brauchen wir nur von einem (gedachten) Floß alle Baumstämme außer den beiden äußeren zu »entfernen« und diesen beiden Bäumen eine einigermaßen schnittige Kanuform zu geben. Wir bauen unser nächstes Modell natürlich nicht zuerst als Floß, sondern gleich so, wie wir es haben wollen. So erhal-

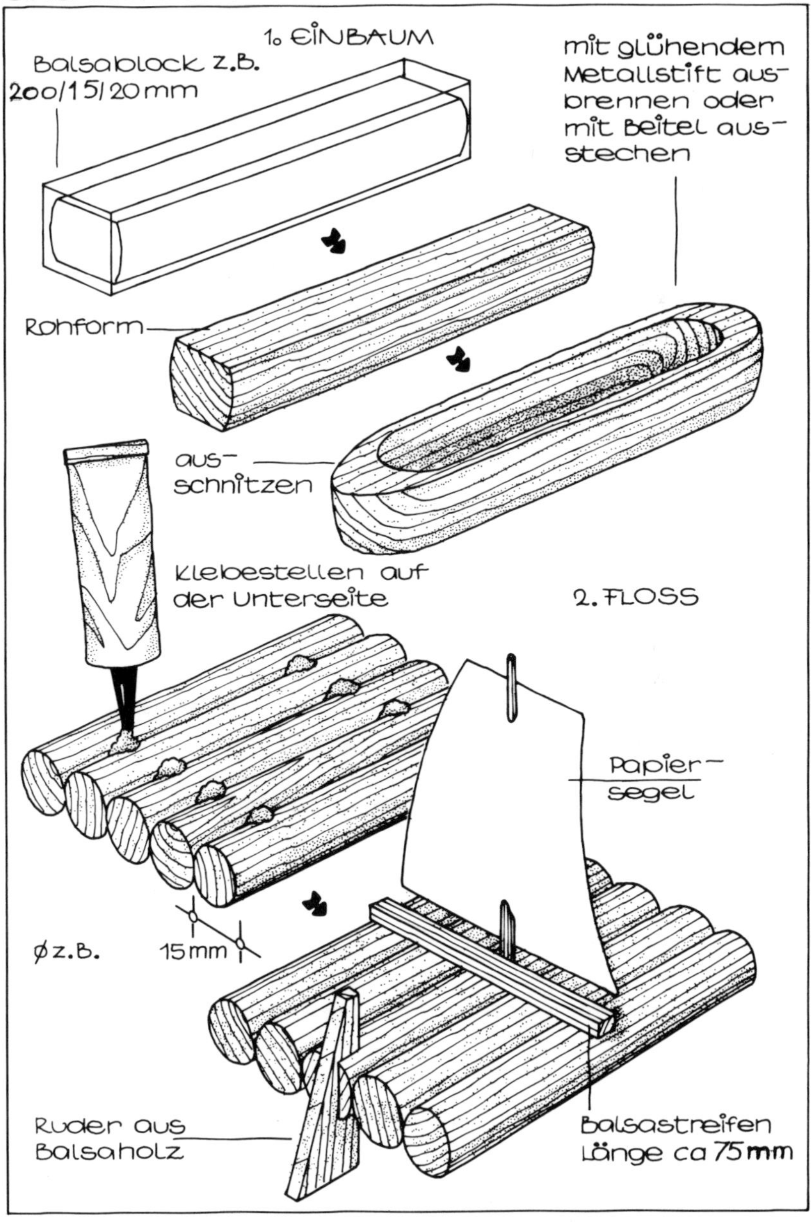
1. EINBAUM
Balsablock z.B. 200/15/20 mm
mit glühendem Metallstift ausbrennen oder mit Beitel ausstechen
Rohform
ausschnitzen
Klebestellen auf der Unterseite
2. FLOSS
Papiersegel
Ø z.B. 15 mm
Ruder aus Balsaholz
Balsastreifen Länge ca 75 mm

ten wir einen Katamaran (Bild 12 oben). Die beiden kanuförmigen Schwimmkörper verbinden wir stabil durch Profix Spezial-Kleber Modellbau mit einem geeignet dünnen Brettchen (Katamaran-Deck) und bringen Mast, Segel und Ruder an. Der Katamaran ist im Wasser genauso stabil wie ein Floß gleicher Breite, segelt aber bei gleichem Wind wegen seines beträchtlich kleineren Wasserwiderstands viel schneller als ein Floß. Hätten wir unserem Wasserfahrzeug drei Schwimmkörper gegeben, so wäre ein Trimaran daraus geworden. Auch das können wir im Modell leicht nachmachen.

Das Kanu mit zwei Auslegern beruht auf dem gleichen Prinzip, nur hat es einen größeren und meist längeren mittleren Bootskörper und zwei seitliche Ausleger. Wie wir ein solches Auslegerboot bauen, zeigt uns Bild 12 unten. Das Deck ist jetzt durch zwei schmale Leisten ersetzt. Wenn wir alles ganz echt machen wollen, dann höhlen wir den mittleren Bootsrumpf aus. Statt der Leisten nehmen wir Rundholz zum Verbinden. Das Ruder befestigen wir mit Drahtstiften am Heck des Mittelrumpfes. Auch dieses Boot statten wir mit einem schönen Segel aus. Übrigens, die Südseebewohner haben ihre Katamarane und Auslegerboote nie genagelt, weil sie keine Eisennägel hatten. Sie banden alle Teile mit Tauwerk. Auch das können wir mit braunem Takelzwirn schön nachvollziehen.

Wir kommen nun zu unserem ersten, zwar sehr einfachen, aber schwimmfähigen Segelboot (Bild 13). Für dieses Modell, das uns auch viel über die Form und Funktion von Segelfahrzeugen sagt, nehmen wir einen Balsablock etwa in der Größe 50 × 50 × 200 mm. Ihn schneiden wir zu einem sehr einfachen Schiffsrumpf zurecht. Wir setzen ein Stück hartes Rundholz als Mast ein (Mastfuß bohren) und befestigen daran ein Papiersegel. Unser Boot soll vielleicht nicht auf dem Teich segeln. Aber die Versuche in der Badewanne zeigen uns schnell, daß das Gewicht und die Hebelwirkung von Segel und Mast das Boot zum Umkippen bringen, was der Seemann »kentern« nennt. Wir stellen fest, daß unser Boot zwar schwimmt, aber mit Mast und Segel überhaupt nicht stabil ist. Um die Stabilität (Schwimmfähigkeit in der richtigen Lage) ausreichend zu erhöhen, müssen wir eine Kielflosse mit Ballastkiel anbringen. Dies zeigt Bild 13 unten. Dazu nehmen wir ein Balsabrettchen, dessen Unterkante wir beschweren, z. B. mit einer schweren Knetmasse, die wir mit Pritt Alleskleber durchmischen, entsprechend formen und unten an der Flosse anbringen. (Vorher aber versuchen wir herauszufinden, ob Knetmasse und Kleber miteinander verträglich sind.) Achtern (hinten) am Boot bringen wir auch ein Ruder an.

Beim Badewannentest merken wir jetzt sogleich, daß sich der Rumpf auch mit

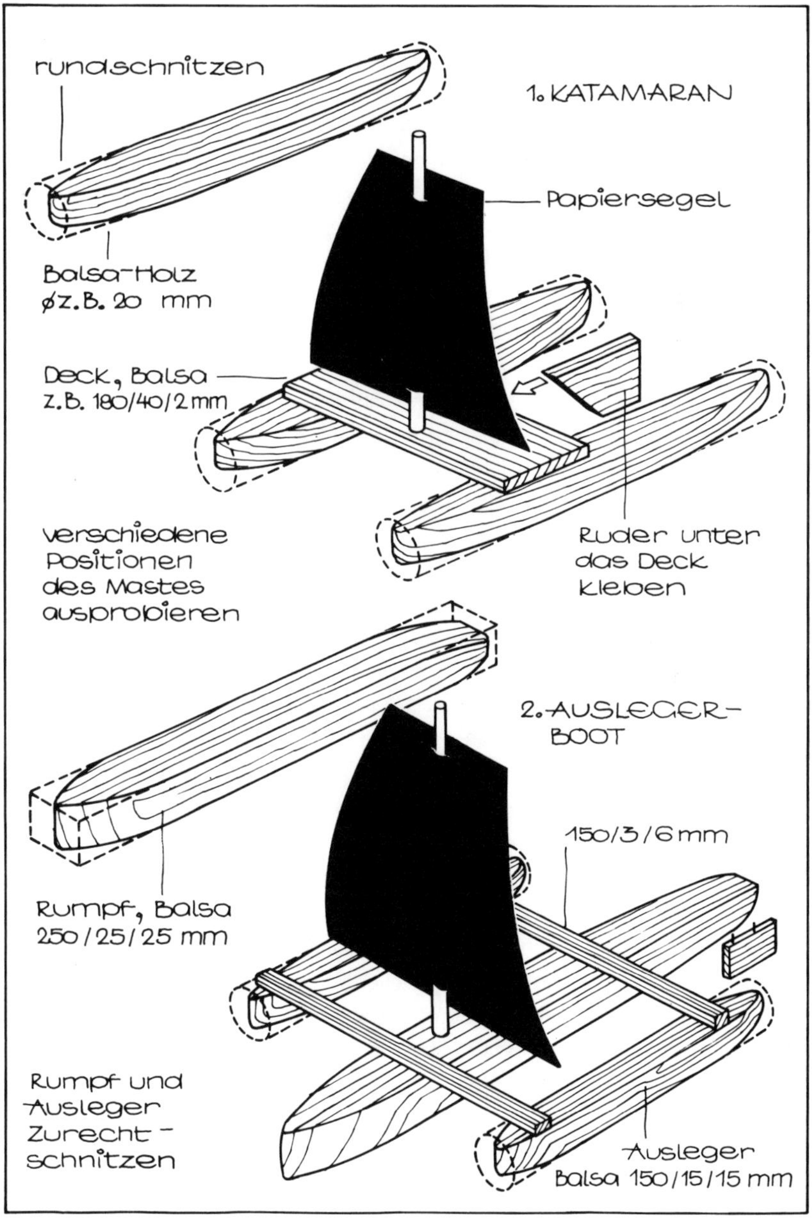
rundschnitzen
1. KATAMARAN
Papiersegel
Balsa-Holz
øz.B. 20 mm
Deck, Balsa
z.B. 180/40/2 mm
verschiedene Positionen des Mastes ausprobieren
Ruder unter das Deck kleben
2. AUSLEGER-BOOT
150/3/6 mm
Rumpf, Balsa
250/25/25 mm
Rumpf und Ausleger zurecht-schnitzen
Ausleger
Balsa 150/15/15 mm

Mast und Segel gut aufrechtstehend im Wasser hält, sogar wenn wir stark von der Seite blasen. Schnell richtet sich das Schiff wie ein Stehaufmännchen wieder auf. Das unten an der Flosse angebrachte Kielgewicht richtet über die Flosse, die als Hebelarm wirkt, das Fahrzeug immer wieder auf, wenn das Gewicht nur schwer genug ist. Allerdings darf es in Beziehung zu dem Gesamtboot auch nicht zu schwer werden, denn sonst sackt das Boot zu tief ins Wasser ein und fährt (segelt) schlecht. Wir sehen also, daß es bei allen Konstruktionen darauf ankommt, den optimalen (besten) Kompromiß zwischen mehreren Faktoren zu finden.

Im Laufe der Geschichte haben erfinderische Menschen dann immer größere, breitere und tiefere Segelschiffe gebaut, die ja immer mehr Ladung fassen und nicht schon bei den leichtesten Bewegungen von Wind und Wellen an Land bleiben mußten, also seetüchtiger werden sollten. Bei dieser Entwicklung bestand die Gefahr, daß die Schiffe oben zu schwer (d.h. topplastig) wurden und bei Winddruck leicht kenterten, wie die berühmte »Wasa« in Stockholm. Um dies zu vermeiden, machte man die Rümpfe länger, schlanker und gestreckter, aber mit größerem Tiefgang. Die Ladung lag dann tiefer im Rumpf. Dadurch wurde der Schwerpunkt weiter nach unten verlegt. Große Segelschiffe wurden ferner durch Ballast (Steine oder Eisengewichte) tief unten im Rumpf stabilisiert. Modellsegelboote brauchen jedoch immer einen Kiel mit Ballast, wenn sie gut segeln sollen. Wir wollen es mit zwei Typen ausprobieren, die uns zeigen, daß solche Modelle um so besser segeln, je länger der Rumpf im Verhältnis zur Breite ist, d.h. je schlanker sie sind.

Unser erstes Segelschiff (Bild 14 oben) besteht aus einem 10mm starken Balsa-Bodenbrett, zwei 5mm starken Seitenteilen, zwei Balsablöcken für Bug und Heck und einem 10 mm starken Balsastück als Bugteil. Darauf setzen wir ein dünnes Balsabrett von 3mm als Deck. Das Schiff statten wir mit 2 Masten aus, für die wir in das Deck Löcher bohren. Zur Aufnahme der Masten unten im Schiff befestigen wir an entsprechender Stelle zwei kleine Brettchen mit je einem Loch (nicht im Bild gezeigt). Die Kielflosse stellen wir aus einem dünnen Balsabrettchen her, an das wir unten zur Beschwerung eine Metalleiste anbringen. Die Flosse befestigen wir am Rumpf mit zwei Vierkantleisten. Wenn wir das Vierkantholz richtig vorbohren, reißen uns die kleinen Schrauben die Leiste nicht auseinander.

Ebenso verfahren wir beim Bau des zweiten, größeren Segelschiffes (Bild 14 unten), nur daß wir ihm einen viel längeren Rumpf und drei Masten geben. Beide

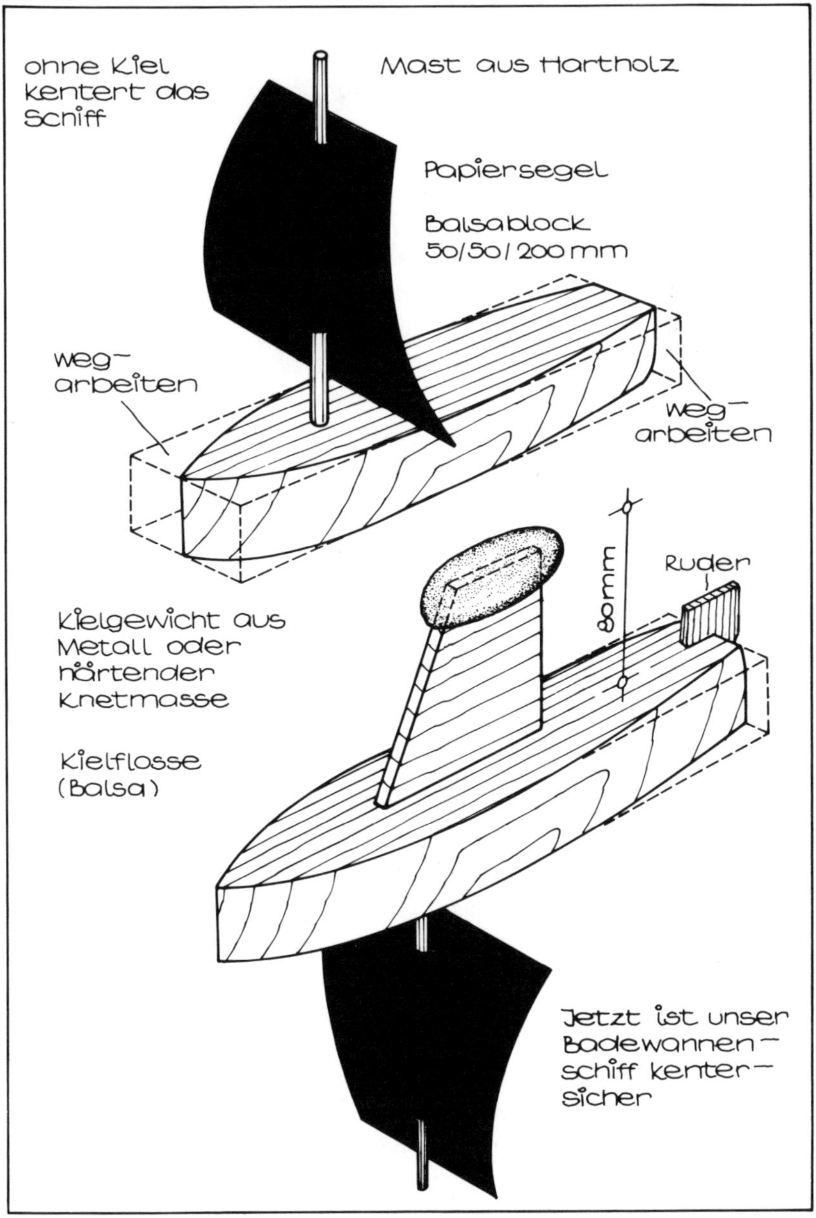
ohne Kiel kentert das Schiff
Mast aus Hartholz
Papiersegel
Balsablock 50/50/200 mm
weg-arbeiten
weg-arbeiten
Ruder
80mm
Kielgewicht aus Metall oder härtender Knetmasse
Kielflosse (Balsa)
Jetzt ist unser Badewannen-schiff kenter-sicher

Schiffe erhalten ein Bugspriet. Dies ist ein Rundholz, an dem die Segel befestigt werden. (Übrigens: wenn uns der eine oder andere seemännische oder schiffbautechnische Ausdruck unbekannt ist, schlagen wir in dem entsprechenden Abschnitt dieses Buches nach. Denn so ganz ohne Fachausdrücke geht es im Schiffsmodellbau nicht.)

Die Bilder 11–14, das haben wir gleich gemerkt, sind übrigens keine »richtigen« Baupläne. Sie zeigen uns nämlich Perspektiven, also Ansichten aus einem Winkel, nicht aber die drei klassischen Risse, aus denen jeder »echte« Bauplan mindestens bestehen muß: Einen Seitenriß, eine Decksaufsicht (mit Wasserlinienrissen) und einen Spantenriß. Diese sind nicht perspektivisch, sondern aus einer Sicht im rechten Winkel (90°) gesehen gezeichnet. Da die Bilder 11–14 also nur Perspektiven darstellen, mußten wir unseren Bauplan mit dem Lineal vorher auf Papier übertragen. Dabei ergeben sich dann durch Abmessung alle Dimensionen (Masse) von selbst. Im Laufe der Zeit müssen wir uns an das Arbeiten nach Rissen gewöhnen, da im seriösen Schiffsmodellbau, bei dem es um eine sehr genaue und maßgetreue Wiedergabe der großen Vorbilder geht, stets mit Bauplänen gearbeitet wird, die mindestens die drei genannten Ansichten zeigen.

Auch haben wir noch nicht viel über die Bemalung gesagt: Wir können natürlich diese einfachen Versuchs-Modelle im Naturzustand belassen. Dann setzt die Witterung aber unserem Holz zu. Wenn wir die Modelle mit Gori Holzschutz anstreichen, wirken sie schon wie richtige Schiffsmodelle, ferner wird das Holz geschützt.

Unseren Einbaum und das Floß (Bild 11) malen wir holzbraun an. Den Katamaran (Bild 12) können wir grün oder rot anstreichen, mit einem jeweils andersfarbigen Katamarandeck.

Das Auslegerboot (Bild 12) macht sich sehr schön, wenn der Hauptrumpf grün oder blau, die Ausleger aber rot, die Querträger dagegen vielleicht gelb oder braun sind. Einem weiteren Dekorationsschmuck setzt nur unsere Fantasie und Handfertigkeit Grenzen. Und tatsächlich, viele Eingeborenenboote sind mit herrlichen Ornamenten bemalt.

Die größeren Segelschiffe (Bild 14) können wir zu historischen Modellen machen, wenn wir etwa bunte Wappenschilde aus dünnem Holz an den Seiten befestigen und auch die Segel bemalen, z. B. mit einem Totenkopf für ein Seeräuberschiff oder mit einem Kreuz für die Karavellen des Columbus oder die Kreuzfahrerschiffe. Hansakoggen führten oft das Wappen der Heimatstadt im Segel. Wie immer geben uns Fachbücher, aber auch Zeitschriften vielfache Hinweise.

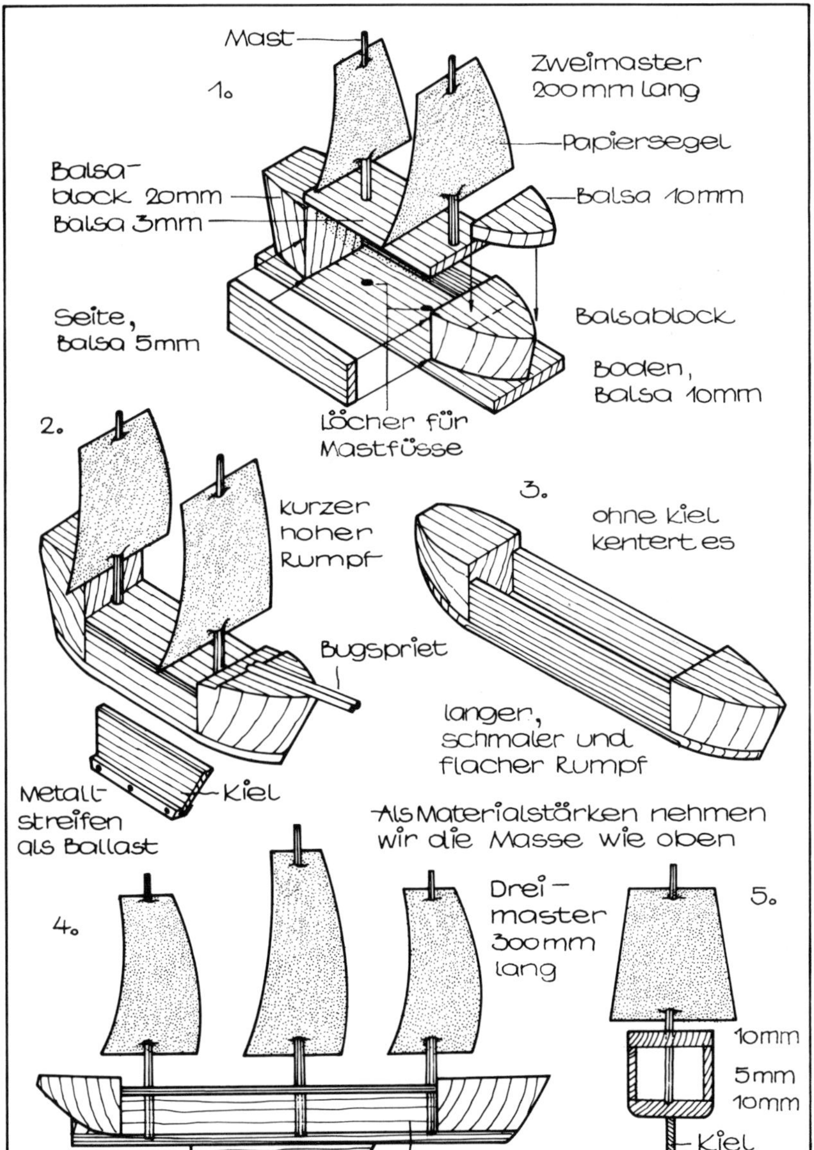
Mast
1.
Zweimaster
200 mm lang
Papiersegel
Balsa-
block 20mm
Balsa 3mm
Balsa 10mm
Seite,
Balsa 5mm
Balsablock
Boden,
Balsa 10mm
Löcher für
Mastfüsse
2.
kurzer
hoher
Rumpf
Bugspriet
Metall-
streifen
als Ballast
Kiel
3.
ohne Kiel
kentert es
langer,
schmaler und
flacher Rumpf
Als Materialstärken nehmen
wir die Masse wie oben
4.
Drei-
master
300 mm
lang
5.
10mm
5mm
10mm
Kiel
Metall-
streifen
langer Rumpf

Dazu übrigens ein allgemeiner Rat: Mit Beginn unseres Schiffsmodellhobbys haben wir uns ein »Fundbuch« oder »Ideenbuch« zugelegt. Das kann ein Aktenordner oder Aktenhefter sein, in den wir gewöhnliches Schreibmaschinenpapier heften. Jedes Mal, wenn wir in der Zeitung oder in Zeitschriften (die nach einiger Zeit ohnehin weggeworfen werden), ein Schiff oder Boot entdecken, schneiden wir das Bild, natürlich mit den entsprechenden Bildunterschriften, heraus und kleben es mit einem Pritt Klebestift in unser Fundbuch. Es ist erstaunlich, was im Verlaufe schon weniger Wochen oder Monate an umfangreichem und anregendem Material über Schiffe, Schiffahrt oder Häfen zusammenkommt, das wir gut als Vorbild gebrauchen können. Auch eigene Fotos von der Küste (aus dem Urlaub) und Postkarten können wir hier einkleben. Es lohnt sich auch immer, Freunde und Bekannte zu fragen, ob man von ihnen alte Zeitungen, Zeitschriften, Kreuzfahrtprospekte oder ähnliches erhalten könnte. Weil wir die Blätter gelocht haben, können wir beim Anwachsen unserer Sammlung immer wieder an der richtigen Stelle etwas einfügen, umsortieren oder umorganisieren. Das Einkleben von Vorlagen in einem festgebundenen Heft oder Buch empfiehlt sich daher nicht. Wir können unsere Sammlung auch als Kartei aufbauen, die wir (vielleicht sogar mit einem alphabetischen Register) in einen geeignet großen Karton stellen.
Jedenfalls viel Spaß auch beim Sammeln der vielen Schiffs-Vorbilder, die immer wieder beim Modellbau helfen und anregen.

Schiffe für den Teich

Bisher haben wir schon allerlei Schiffsmodelle gebaut, aus Papier, Karton und Balsaholz, Schiffe nur zum Aufstellen, Nußschalen und Wasserfahrzeuge, Floß, Katamaran, Auslegerboot und Segelschiffe – für die Badewanne, sogar ein chinesisches Puzzle war dabei, das überhaupt kein Schiffs-, sondern ein Denk-Modell war, und reine Spielzeugschiffe, mit denen Kinder über den Teppichboden fahren. Nun wollen wir zu etwas Handfesterem – und vor allem Wasserfesterem – übergehen, zu Schiffsmodellen nämlich, die wir auch auf dem Teich oder im Swimming-Pool ausprobieren können. (Letzteres geht natürlich auch schon mit den auf Bild 11–14 dargestellten Modellen, die ja nicht nur in der Badewanne seetüchtig sind.) Was wir bisher gelernt haben wollen wir nun zum Bau »richtiger« Schiffe anwenden. Auch hier geht es zunächst noch um sehr einfache Vorbilder. Und die zugehörigen Bilder 15–25 stellen keine eigentlichen (maßstäblichen) Baupläne dar. Wir können die gezeichneten Schiffe daher in jeder Größe bauen, z. B. nicht nur doppelt oder dreimal so groß wie abgebildet – was wir empfehlen – sondern je nach Mut, Materialbestand und Geduld auch noch viel größer (der Bau von größeren Modellen dauert natürlich länger als der von kleinen). Die Bilder sollen nur als Anregung dienen. So ist z. B. jede andere Gestaltung der Aufbauten oder Schiffsformen nicht nur möglich, sondern sogar wünschenswert. Durch Experimentieren und freies Gestalten lernen wir am meisten. Eines aber ist stets zu bedenken: Ein Schiff muß schwimmen... und zwar mit der Oberseite nach oben! Viel Mut wünschen wir – und viel Freude.

Schwimmfähiger Schlepper in verschiedenen Varianten

Auch wer noch nie ein Schiffsmodell aus Holz, d. h. auch die auf Bild 6–11 gezeigten Modelle nicht gebaut, aber sonst schon ein bißchen mit Holz gearbeitet hat, der könnte mit diesem Modell anfangen. Ein Schiffsmodell kann ja nicht immer gleich eine wunderbar getakelte Kogge oder ein großes Schlachtschiff werden. Wir wollen uns zunächst mit einem einfachen Schlepper bescheiden. Das entspricht am ehesten unseren jetzigen handwerklichen Fähigkeiten. Wenn wir gut und sorgfältig arbeiten, dann können wir ein erstes schönes Schiffsmodell herstellen, das uns auch beim Ansehen Freude macht. Dabei müssen wir uns nicht an die Maße der folgenden Abbildungen halten. Die Zeichnungen sollen nur als ungefähre Anleitung dienen. Wenn man seinen Schlepper länger machen will oder kürzer, dann macht man es eben. Wenn wir einen schmaleren Bug oder ein breiteres Heck oder einen anders geformten Bug oder ein anderes Heck haben wollen, dann machen wir es ebenso. Vorläufig wollen wir ja nicht ein bestimmtes großes Schiff im kleinen Maßstab ganz genau nachbilden.

Zunächst kümmern wir uns um unseren Baustoff. Wir beschaffen uns einen Holzklotz von 50 × 100 × 250 mm für den Rumpf, ein Klötzchen 50 × 50 × 125 mm für den Decksaufbau und das Steuerhaus, ein 19 mm starkes Rundholz (etwa 75 mm lang) für den Schornstein. Dann brauchen wir noch einige Abfallstücke Holz und etwas Draht.

Zunächst schneiden wir das Holz für den Rumpf auf die richtige Größe. Anstelle eines Klotzes 50 × 100 × 250 mm für den Rumpf können wir auch zwei Schichten aus 25 × 100 × 250 mm mit Profix Spezial-Kleber Modellbau zusammenkleben. Kiefernholz ist ein gleichmäßig-fasriges Holz und für diesen einfachen Modellbau wohl besser geeignet als Fichte. Aber wir nehmen, was wir bekommen können. Die benötigten Werkzeuge findet man sicher in seinem Hobbykeller.

Wir zeichnen jetzt den Seitenriß (Profil) unseres Schleppers auf den Holzklotz. Seine Form haben wir so einfach gestaltet, daß man die Linien mit dem bloßen Auge genügend detailliert aufzeichnen kann. Wer es dagegen mit der Form genauer nimmt, bildet die Seitenansicht auf dem Klotz im Rasterverfahren ab.

Jetzt beginnen wir mit dem Erarbeiten der Rumpfform. Dies läßt sich auf vielerlei Weise durchführen. Vielleicht befindet sich im Haus ein elektrisches Werkzeug, das die grobe Arbeit tut. Aber mit einer guten Raspel und Feile geht die Arbeit ebenso mit der Hand. Auch mit einem Hammer und Stechbeitel oder mit einem Schnitz- oder Taschenmesser können wir arbeiten. Man nimmt eben das, was man hat oder kennt oder beschaffen kann. Natürlich müssen unsere Werkzeuge scharf sein. Je besser die Werkzeuge, um so leichter das Arbeiten. Und es ist wichtig, genau darauf zu achten, wie die Holzfasern verlaufen. Immer in der Richtung arbeiten, die einen glatten Span und keine langen ausreißenden Splitter ergibt, die beim Bearbeiten unkontrollierbar ausbrechen. Ein oder zwei Versuchs-

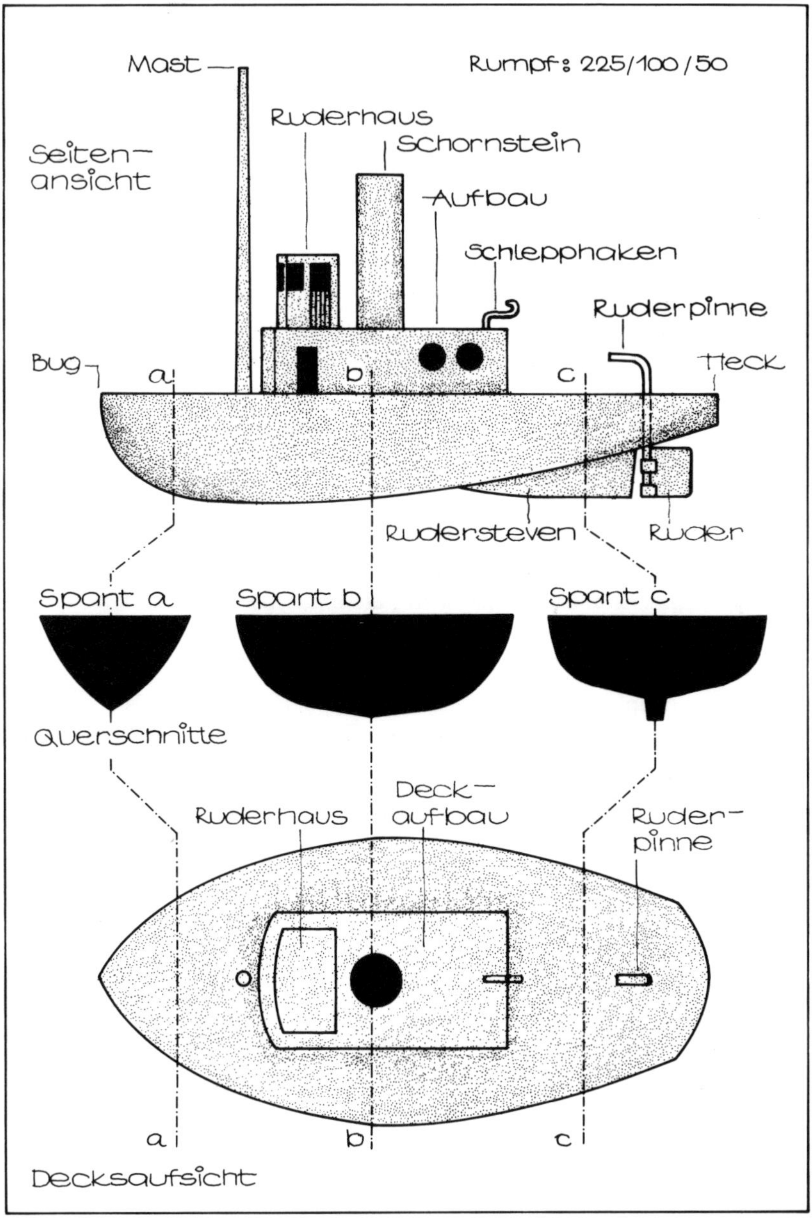
Mast
Rumpf: 225/100/50
Ruderhaus
Schornstein
Seiten-
ansicht
Aufbau
Schlepphaken
Ruderpinne
Bug
a
b
c
Heck
Rudersteven
Ruder
Spant a
Spant b
Spant c
Querschnitte
Deck-
aufbau
Ruderhaus
Ruder-
pinne
a
b
c
Decksaufsicht

schnitte am rohen Klotz zeigen sehr schnell, in welcher Richtung man das Holz am besten wegnimmt. Auch beim Arbeiten mit einer Raspel immer auf die Holzfasern achten, denn auch mit Raspel und Feile läßt sich in einer Richtung besser arbeiten als in der anderen.
Wenn die grobe Form des Rumpfes fast fertig ist, zeichnen wir von oben die Decksansicht auf das Holz. Dann arbeiten wir weiter, bis der Rumpf von oben die Decksform angenommen hat.
Nachdem wir die Seitenform und Decksform des Blocks richtig herausgearbeitet haben, wollen wir provisorisch einen kleinen Holzblock auf das Deck anschrauben. Diesen Block spannen wir in einen Schraubstock. Jetzt können wir den Rumpf noch leichter bearbeiten (Bild 16 unten).
Unser Block hat nun schon fast die Rumpfform eines Schiffes angenommen. Jetzt beginnt die Arbeit noch mehr Freude zu machen. Wir runden die harten Kanten am Schiffsboden ab und arbeiten langsam die rundliche V-Form am Bug nach der Zeichnung heraus. Als Werkzeuge benützen wir, wie gesagt, das, was zur Hand ist und womit wir am besten arbeiten können: Messer, Stechbeitel, Raspel oder eine elektrische Bohrmaschine, die wir mit einer Grobschleifscheibe versehen haben. Die Querprofile unseres Rumpfes kontrollieren wir häufiger mit unseren Spantschablonen, die uns sagen, wie die Rumpfkurven aussehen sollen (Bild 15). Aber man sollte sich hierbei keinesfalls sklavisch an diese Vorlagen halten.
Wenn der Rumpf seine fast endgültige Form erreicht hat, arbeiten wir den »Sprung« heraus, das ist die Durchbiegung des Decks in Längsrichtung. Nur wenn unser Modell einen solchen zum Bug hin steigenden Sprung hat, wird es im fertigen Zustand wirklich »zünftig« aussehen. Um den Deckssprung herauszuarbeiten, müssen wir zunächst den provisorisch festgeschraubten Block abschrauben und dann den Rumpf sorgfältig raspeln oder feilen. Dabei müssen wir ganz vorsichtig vorgehen, damit wir nicht die Kanten des Decks durch häßliche Kerben beschädigen. Vielleicht ist diese Arbeit etwas langweilig. Aber gerade wenn uns der Deckssprung richtig gelingt, dann sieht das Modell um so schöner aus.
Am Heck eines Schiffes mit Schraube und Ruder ist zumeist ein Rudersteven, den wir in Form eines kleinen Brettchens mit Profix Modellbau (Spezial-Kleber) ankleben. Es hilft uns dabei, das Boot dann gerade durch das Wasser fahren zu lassen. Das Ruder stellen wir darauf so einfach her, wie in der Zeichnung (Bild 17) dargestellt.

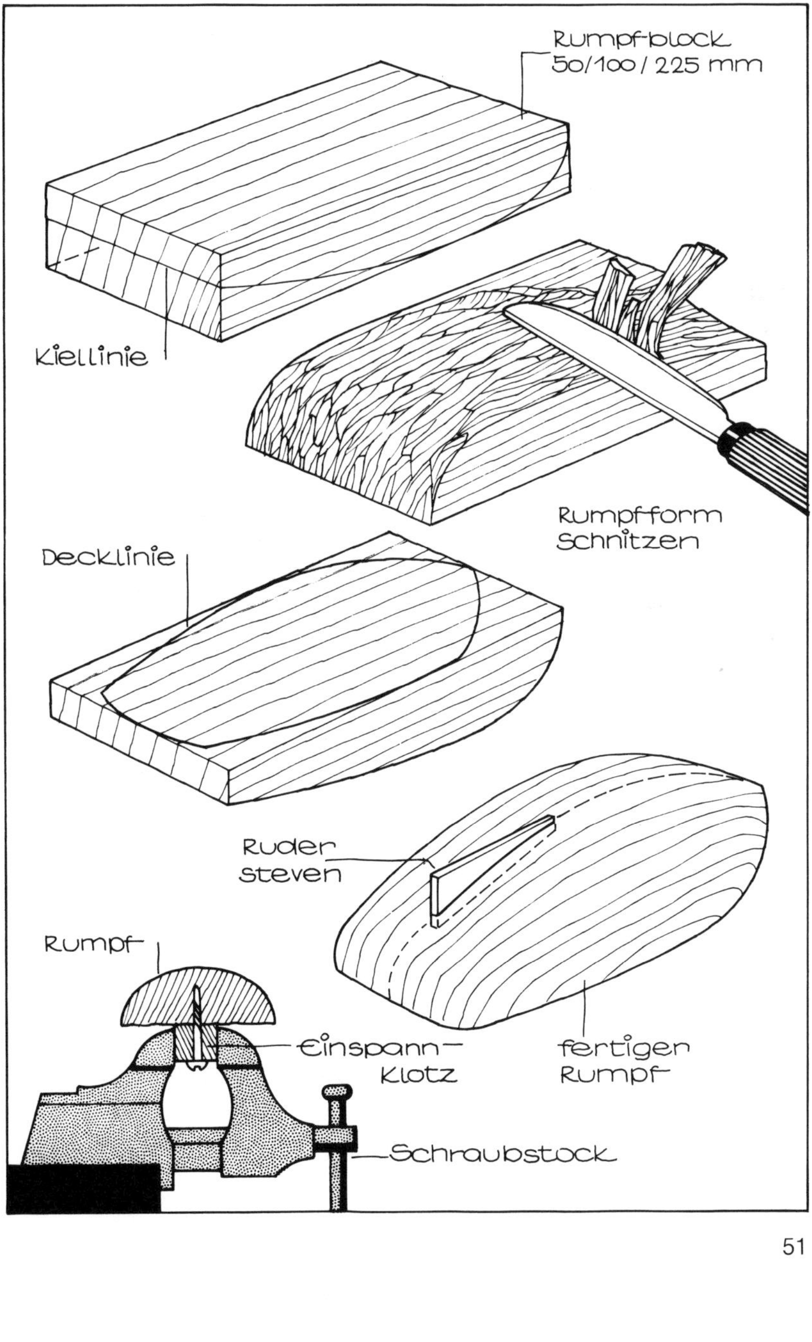
Rumpfblock
50/100/225 mm
Kiellinie
Rumpfform
Schnitzen
Decklinie
Ruder
steven
Rumpf
Einspann-
Klotz
fertigen
Rumpf
Schraubstock

Ist der Rumpf einmal fertig, dann haben wir das Schwierigste geschafft. Das übrige ist leicht. Als nächstes fertigen wir den Decksaufbau mit dem Ruderhaus. Diese lassen sich aus dem gleichen Stück Holz mit 50 × 50 × 125 mm herstellen. Den Schornstein machen wir etwa 20 mm lang aus einem Stück Rundholz oder einem Besenstiel oder wir schnitzen ihn rund aus einem Kantstab von 25 mm Quadratquerschnitt. Die Schornsteine von Schleppern haben verschiedene Längen und Formen. Die alten Dampfschlepper hatten sehr hohe dünne Schornsteine. Moderne dieselgetriebene Schlepper haben zumeist kleine und gedrungene, stromlinienförmige Schornsteine. Beispiele zeigen die Abbildungen. Wir wählen den passenden Schornstein ganz nach Lust und Laune.
Als Mast nehmen wir einen dünnen Holzspeil (der aber sehr leicht abbricht), ein Stück geraden, festen Draht oder ein Stück hartes Rundholz. Zur Befestigung bohren wir oben hinter den Schornstein oder in das Ruderhaus oder zwischen Ruderhaus und Schornstein oder vorn im Deck ein entsprechendes Loch.
Wenn man das Schleppermodell im Wasser schwimmen lassen will, gilt es zunächst einmal festzustellen, ob das Modell topplastig ist; dann wird es nämlich kentern (umfallen) und mit dem Kiel nach oben schwimmen. Daher lassen wir das Schiff mit eingebauten Aufbauten zunächst einmal versuchsweise schwimmen. Wir haben aber zunächst noch nichts festgeklebt. Wenn das Gleichgewicht des Modells etwas labil ist, d. h. wenn es leicht umkippt, müssen wir das Gewicht der Aufbauten erleichtern. Die Zeichnungen zeigen die Möglichkeiten dazu. Man kann natürlich die Stabilität des Rumpfes auch durch Anbringung von Ballast vergrößern, z. B. durch einen Bleistreifen, den wir unten am Rumpf befestigen (festkleben, z. B. mit Stabilit ultra, festnageln usw.). Dadurch wird das Modell beim Fahren durch das Wasser natürlich langsamer. Ballast nennen wir jedes Gewicht, das ziemlich weit unten im Rumpf eines Schiffes angebracht wird, um den Gesamtschiffsrumpf stabiler zu machen.
Unser Modell ist handwerklich nun fast fertig. Man kann jetzt natürlich noch alle möglichen Einzelheiten darauf anbringen. Vielleicht eine kleine Ladeluke (ein quadratisches Brettchen), vorne zwei Klampen zum Festmachen der Tauenden, einen Scheinwerfer, vielleicht sogar mit Draht und Drahtstiften eine Reeling, eine Radarantenne und so weiter. Schiffsschrauben lassen sich aus Hobbyläden leicht beschaffen und anbringen. Oder wir können sie auch selbst machen. Bild 35 gibt eine Anleitung dazu. Mit diesem Modell wollten wir ja etwas ganz Einfaches schaffen; die Schiffsschraube brauchen wir also nicht für den Antrieb, sondern nur für das Aussehen.

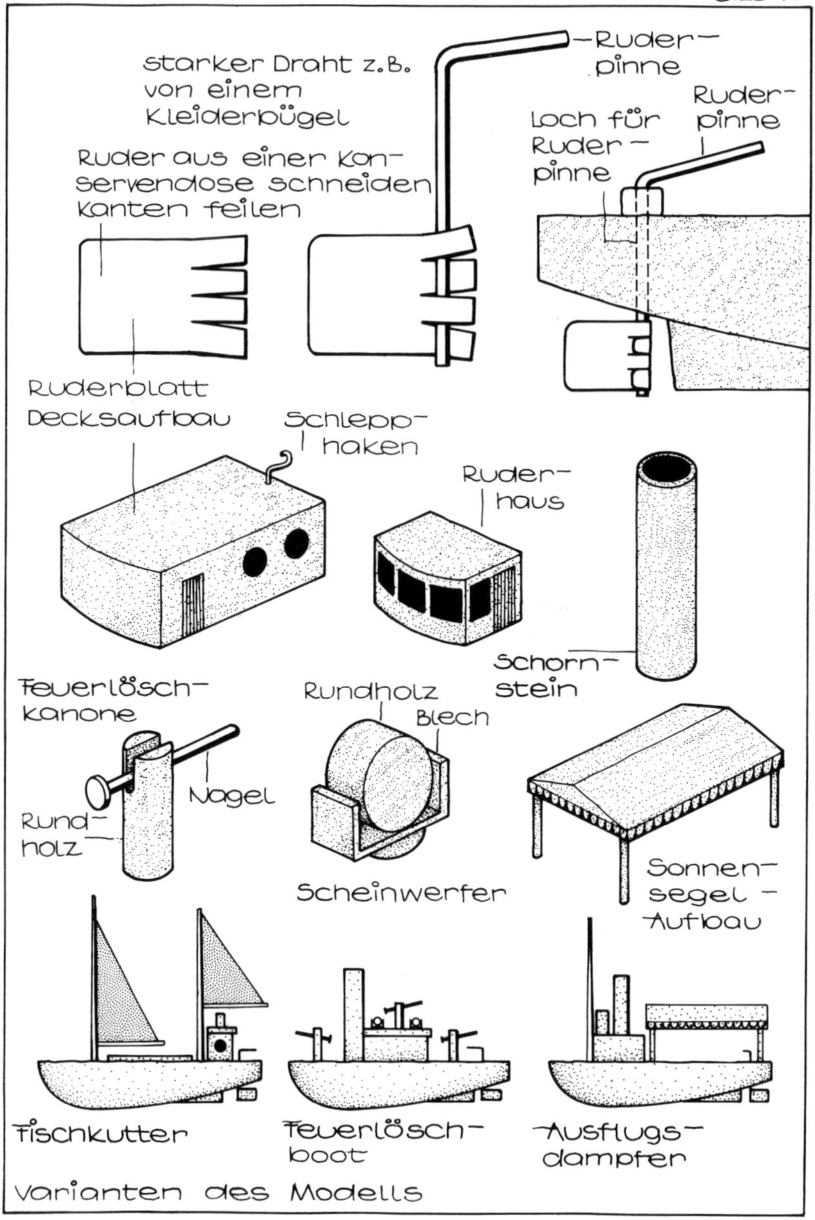
starker Draht z.B. von einem Kleiderbügel
Ruder-pinne
Ruder-pinne
Loch für Ruder-pinne
Ruder aus einer Konservendose schneiden Kanten feilen
Ruderblatt
Decksaufbau
Schlepp-haken
Ruder-haus
Schorn-stein
Feuerlösch-kanone
Rundholz
Blech
Nagel
Rund-holz
Scheinwerfer
Sonnen-segel-Aufbau
Fischkutter
Feuerlösch-boot
Ausflugs-dampfer
Varianten des Modells

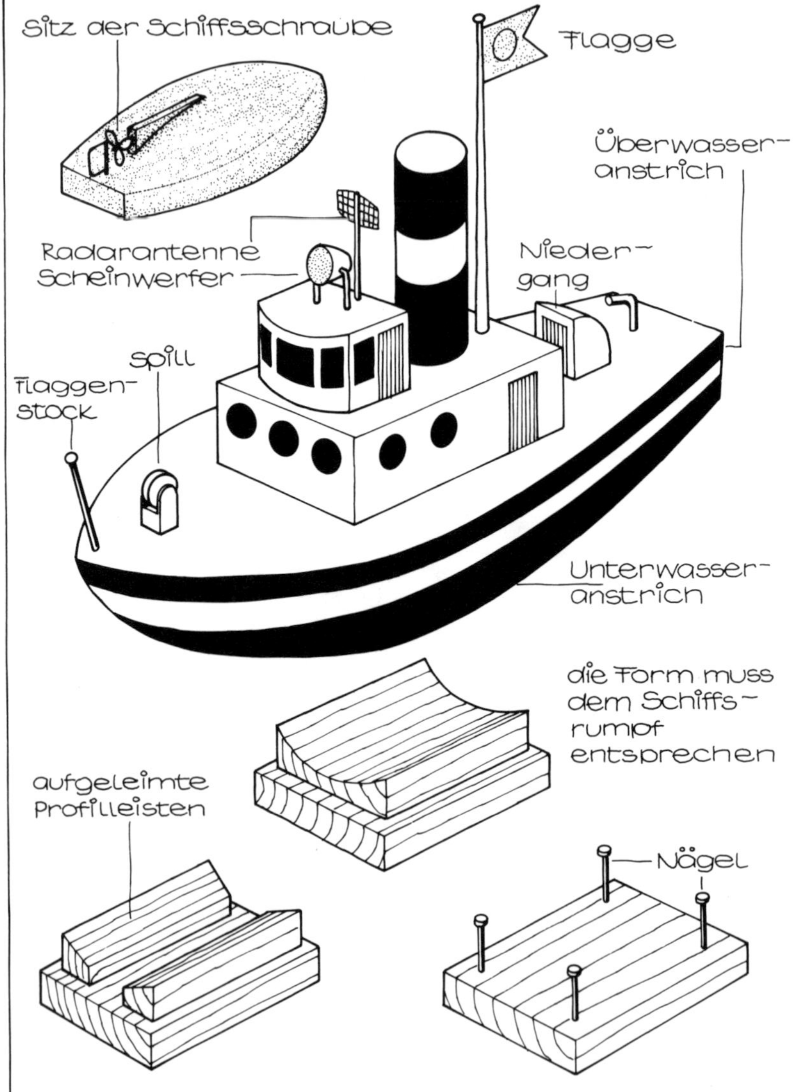

Beispiele für einfache Modellständer

Wir können unser Modell in vielfacher Form abwandeln. Bei gleichem Rumpf können wir ein Feuerlöschboot herstellen, ein Fischerboot, einen Ausflugsdampfer und dergleichen mehr. Einzelheiten sehen wir in Bild 17 und 18.
Die Bemalung wählen wir möglichst »echt«. Dem Schlepper geben wir einen schwarzen Rumpf mit rotem Schiffsboden, ein dunkelbraunes Deck mit weißen Decksaufbauten, braunes Ruderhaus und einen schwarzen Schornstein, der besonders schön aussieht, wenn wir ein sauber gemaltes Band anbringen oder aus Papier mit einem Pritt Klebestift herumkleben. Den Mast machen wir braun.
Das Feuerlöschboot wird rot, die Seitenflächen des Aufbaus ebenfalls rot, das Ruderhaus braun. Die Feuerlöschkanonen und Scheinwerfer bemalen wir mit Bronze.
Bevor man dieses oder irgendein Modell bemalt, müssen natürlich alle Oberflächen so glatt wie möglich abgeschliffen werden. Alle Löcher, Risse usw. können mit flüssigem Holz oder ähnlichem Material ausgefüllt werden. Um bei der Bemalung alle Rauheit auszuschließen, tauchen wir bei grobfasrigem Holz den Holzklotz des fertigen Rumpfes mehrfach in Wasser und schleifen ihn nach dem Trocknen immer wieder glatt. Den Wasserpaß, d. h. den Übergang zwischen Anstrich über dem Wasser und unter dem Wasser, machen wir mit zwei Klebestreifen.
Erst pinseln wir in Höhe der Wasserlinie einen breiten weißen Streifen. Wenn der trocken ist, kleben wir sorgfältig auf diesen Streifen ein Stück genau beschnittenes Klebband ringsum, um dann den schwarzen Überwasser- und roten Unterwasser-Anstrich anzubringen.
Nun haben wir ein richtiges Schiffsmodell aus Holz fertiggebaut. Wenn es uns dann nach einiger Zeit nicht mehr gefällt, geben wir es den jüngeren Geschwistern zum Spielen. Unsere Lehrlingsarbeit ist bestanden.

Einfaches Segelboot für den Teich

Das Modell, das wir nun bauen wollen, besitzt einen Rumpf, der dem des im vorigen Abschnitt beschriebenen Schleppermodells sehr ähnlich ist. Die Aufbauten und den Schornstein ersetzen wir hier jedoch durch einen Mast und ein Segel. Außerdem müssen wir einen Kiel anbringen. Unser Modell soll zwar schwimmen und segeln, aber es ist so klein und einfach, daß wir keinen »segelnden Windhund« erwarten dürfen, und schon leichtere Wellen oder stärkerer Wind werden es zum Kentern bringen. Aber an einem Tag mit einer kleinen Brise und glattem Wasser wird sich unser einfaches Modell auf dem Teich als sympathischer und strammer kleiner Segler erweisen.

Als Baumaterial brauchen wir ein Stück Holz 50 × 100 × 225 mm. Daraus machen wir den Rumpf. Ferner benötigen wir ein Stück Rundholz von etwa 10 mm Durchmesser für den Mast, ein Stück Rundholz von 6 mm Durchmesser für Baum und Gaffel sowie ein dünnes, aber steifes Stück Metall oder Plastik für die Kielflosse. Ferner brauchen wir ein Bleigewicht von etwa 70 g und ein Stück Stoff für das Segel, außerdem 2 m Takelzwirn für die Takelage sowie sechs kleine Schraubösen (am besten aus Messing) und ein paar andere Zubehörteile, die wir sicher in unserer »Grabbelkiste« finden (siehe auch den Schluß des Kapitels).

Die Anweisungen für die holztechnische Bearbeitung des Rumpfes entnehmen wir dem Abschnitt über das einfache Schlepper-Modell. Eines dürfen wir aber nicht vergessen: Unser Segelboot soll auf jeden Fall ins Wasser. Daher muß der verwendete Kleber, wie der Profix Spezial-Kleber Modellbau, wasserfest sein.

Alle Segelboote brauchen eine tiefreichende Kielflosse mit ausreichendem Gewicht. Die Kielflosse soll vermeiden, daß unser Boot seitlich treibt, wenn der Wind von der Seite kommt. Die Kielflosse stellen wir aus einem dünnen steifen Material her, wie z. B. einem Stück Aluminiumblech, Plastik oder einem dünnen Sperrholzstück. Die Zeichnungen zeigen die zwei verschiedenen Arten, wie wir den Kiel fertigen und anbringen können.

Die Segeleigenschaften eines so einfachen Modells können durch Verschiebung des Anbringungsortes des Kiels manchmal sehr verbessert werden. Deshalb gestalten wir dies an unserem Boot so, daß die Flosse in einem durch den Rumpfblock gesägten Schlitz paßt. Damit wird das Verschieben des Kiels nach vorn oder hinten (oder »achtern«, wie der Seemann sagt) ermöglicht.

Segelboote, das wissen wir schon von unseren Experimentiermodellen (Bild 13 und 14), brauchen aber nicht nur eine Kielflosse, sondern auch Ballast am Kiel. Ohne dieses Ballastgewicht würde der gegen die große Segelfläche auftreffende Wind das einfache Boot umwerfen und zum Kentern bringen. Der Kielballast wirkt als Gegengewicht. Ein idealer Ballast für unser kleines einfaches Segelboot ist ein Bleisinkgewicht, wie wir es in einem Sportanglergeschäft erhalten. Aber auch ein sonstiges Bleigewicht ist brauchbar. Es sollte bei der gedachten Größe etwa 70 g schwer sein. Wenn wir ein Anglergewicht verwenden, dann sägen wir mit einer Metallsäge das hintere kleine Ende des Gewichts ab. Mit dem gleichen Werkzeug schneiden wir oben in Längsrichtung eine Nut ein, in welche

Bei einem grösseren Boot müssen Gaffel und Baum mit mehr Löchern zum Befestigen des Segels versehen werden.

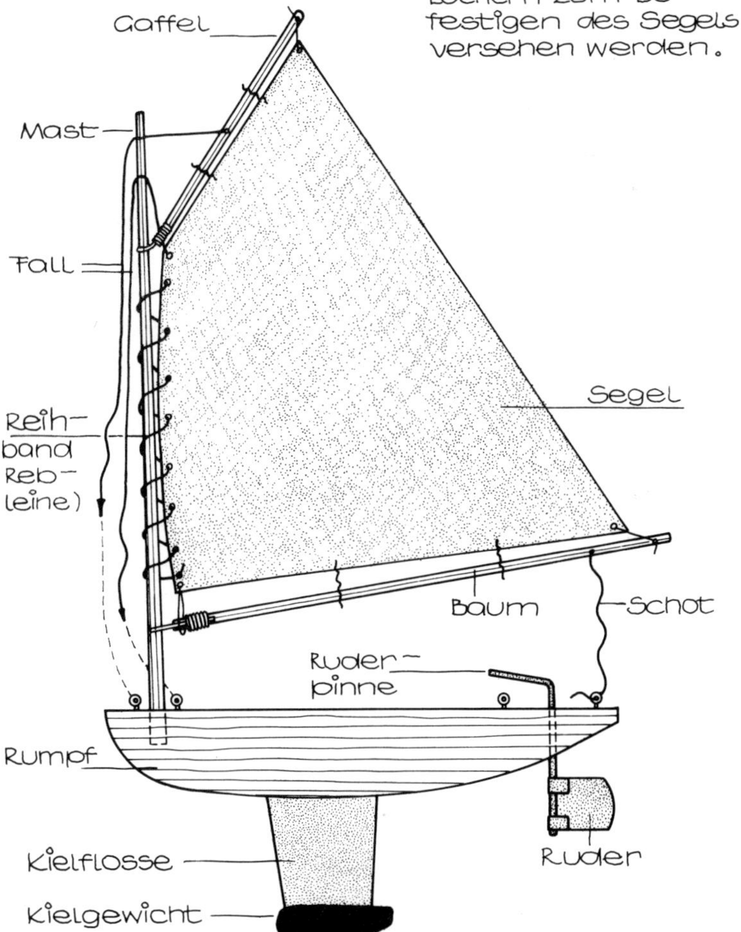

Grösse des Rumpfes z.B. 50/100/225 mm

die Kielflosse hineinpassen muß. Das Gewicht oder ein anderes Ballast-Material können wir dadurch befestigen, daß wir es mit Stabilit ultra festkleben oder ein kleines Loch durch die Kielflosse und das Gewicht bohren. Durch dieses treiben wir mit dem Hammer einen Stift (abgezwickter Nagel, ein Stück festen Kupferdraht oder ähnliches) der gut und satt paßt. Wir können auch einfach ein Loch in den Kiel bohren und das Bleigewicht dann mit dünnem Kupferdraht am Kiel umwickelnd befestigen. Dies sieht vielleicht weniger schön aus, aber bei unserem Segelboot geht es ja nicht um museumsreife Schönheit, sondern um ein segelndes Schiff, das uns »in Aktion« Spaß bringen soll. Diesen Umwicklungsdraht können wir übrigens mit flüssigem Holz, Knetgummi, Kleber oder einem sonstigen Füllstoff ausfüllen und nach außen verkleiden.
Der Mast besteht aus einem Stück Rundholz von 10mm Durchmesser. Ihn verjüngen wir nach oben hin mit der Feile. In das Deck bohren wir ein Loch von etwa 25mm Tiefe und gleichem Durchmesser wie der Mast, damit dieser beim Einsetzen stramm sitzt. Damit der Mast einigermaßen gerade steht, muß das Mastloch auch wirklich senkrecht in den Rumpf gebohrt werden.
Baum und Gaffel stellen wir aus 6mm starkem Rundholz her. (Gaffel nennen wir das kurze Baumstück, das die Oberkante des Segels hält.) In den Mast, Baum und die Gaffel bohren wir vorsichtig kleine Löcher, wie auf Bild 21 gezeigt. Sie dienen zum Befestigen (»Anschlagen«) der Segel. Baum und Gaffel werden am Mast mit Stücken eines steifen, festen Drahts angebracht, den wir, wie ebenfalls in der Zeichnung gezeigt ist, befestigen.
Aus einem Stück fester verdrillter Nylon-Angelschnur können wir alle Leinen herstellen, die wir für unser Modell brauchen. Dieses Material sieht gut aus und hat sich auf Modellbooten sehr bewährt. Angelschnur erhalten wir im Sportgeschäft. Oder aber wir besorgen uns einen ähnlichen Modelltakelzwirn aus dem Hobbyladen. Es ist natürlich immer gut, ein größeres Stück zu haben, falls man beim Arbeiten etwas zuviel Material braucht. Ist keine Nylonangelschnur beschaffbar, dann tut es auch ein fester dicker Zwirn.
Schließlich bemalen oder lackieren wir den Rumpf. Das Aussehen unseres Modells verbessert sich beträchtlich, wenn wir auch eine Wasserlinie auf den Rumpf malen oder dem Unterwasserschiff eine andere Farbe geben. Zum Abdecken einer sauberen Wasserlinie verwenden wir Isolierband oder Tesafilm. Die Spieren (Mast, Gaffel und Baum) lackieren wir farblos. Übrigens: Allen unseren Modellen können wir auch einen Namen geben. Der Name eines Schiffes befindet sich jedenfalls am Heck oder auch zusätzlich am Bug auf beiden Seiten.

Herstellung der Kielflosse

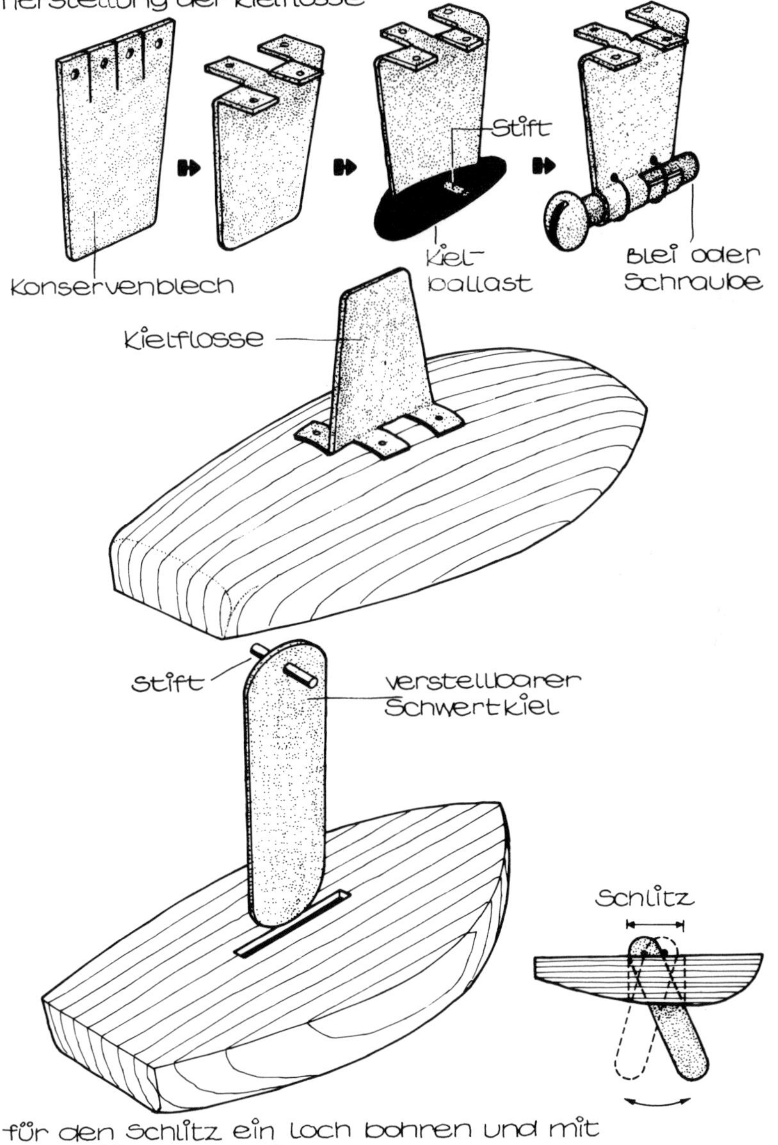

für den Schlitz ein Loch bohren und mit Laubsäge erweitern

Beim Segeln des kleinen Bootes müssen wir zunächst sicher ein bißchen herumexperimentieren, bis uns die Segelleistungen zufriedenstellen. Die Gaffel müssen wir so anbringen, daß sich im Segel keine Falten bilden. Das gleiche gilt für die Leinen, mit denen wir das Segel am Ende des Baums befestigt haben. Die am Ende des Baums angebrachte Schnur nennen wir »Groß-Schot«, wir führen sie zum Deck zurück. Sie muß lang genug auslaufen können. Sie bestimmt, wie weit der Baum nach außen nach Backbord oder Steuerbord (wie der Seemann die linke bzw. die rechte Seite eines Schiffes nennt) schwingen kann. Die Schnur darf nicht festgezogen oder festgebunden werden. Nun probieren wir, je nach den Windverhältnissen und der Richtung, in die unser Boot segeln soll, verschiedenste Stellungen des Ruders aus, bevor alle Einstellungen unserem Boot die besten Fahreigenschaften geben. Auch die Längsverschiebungsmöglichkeit der Kielflosse wollen wir nicht vergessen. Zum Schluß noch einmal: Wir segeln am besten in einem Gewässer, in dem wir unser Boot wieder »einfangen« können, wenn es der Wind einmal verschlagen sollte. Sonst müssen wir unser Schiffchen an eine lange Schnur binden, die aber natürlich nicht zu stark sein darf, daß sie die Segeleigenschaften beeinträchtigt. Bei Wellen und zu starkem Wind versuchen wir das Segeln lieber überhaupt nicht.
Die Frage, was eine »Grabbelkiste« ist, ist ganz einfach beantwortet: Ein Kasten oder ein Karton, in dem wir alles sammeln, was wir vielleicht irgendwann einmal für den Modellbau brauchen könnten.
Zunächst einmal Nägel, Schrauben, Stecknadeln, Zwirn, aber auch Plastikteile, Teile von Verpackungsmaterial, Kleinkram, Teile von zerbrochenen Spielsachen, Ausstattungsmaterial, z. B. von Parfumeriewaren, Schraubverschlüssen, Kappen (die eignen sich z. B. als Öltanks für unseren Hafen), Draht, Elektroteile, kleine Schraubfassungen und Glühbirnen, kurz, was immer sich an kleinen Dingen im Hause ansammelt. Irgendwann kann man sie immer gebrauchen. Auch die vielen schönen Bauteile, die es zum Basteln von Eisenbahnzubehör und Landschaften gibt, sind hervorragend geeignet.
Oft kommt einem auch bei Vorhandensein eines Teils erst der Gedanke an eine interessante und aparte Modellidee. So hat uns einmal die kugelförmige Kappe einer Aftershave-Flasche dazu gebracht, einen schönen kugeligen Gasbehälter für unseren Hafen zu bauen.
Also, alles was wir an irgendwie brauchbar erscheinenden Teilen finden, tun wir erst einmal in unsere »Grabbelkiste«, die allmählich zu einem schier unerschöpflichen Fundus von Zubehör, aber auch von Ideen wird.

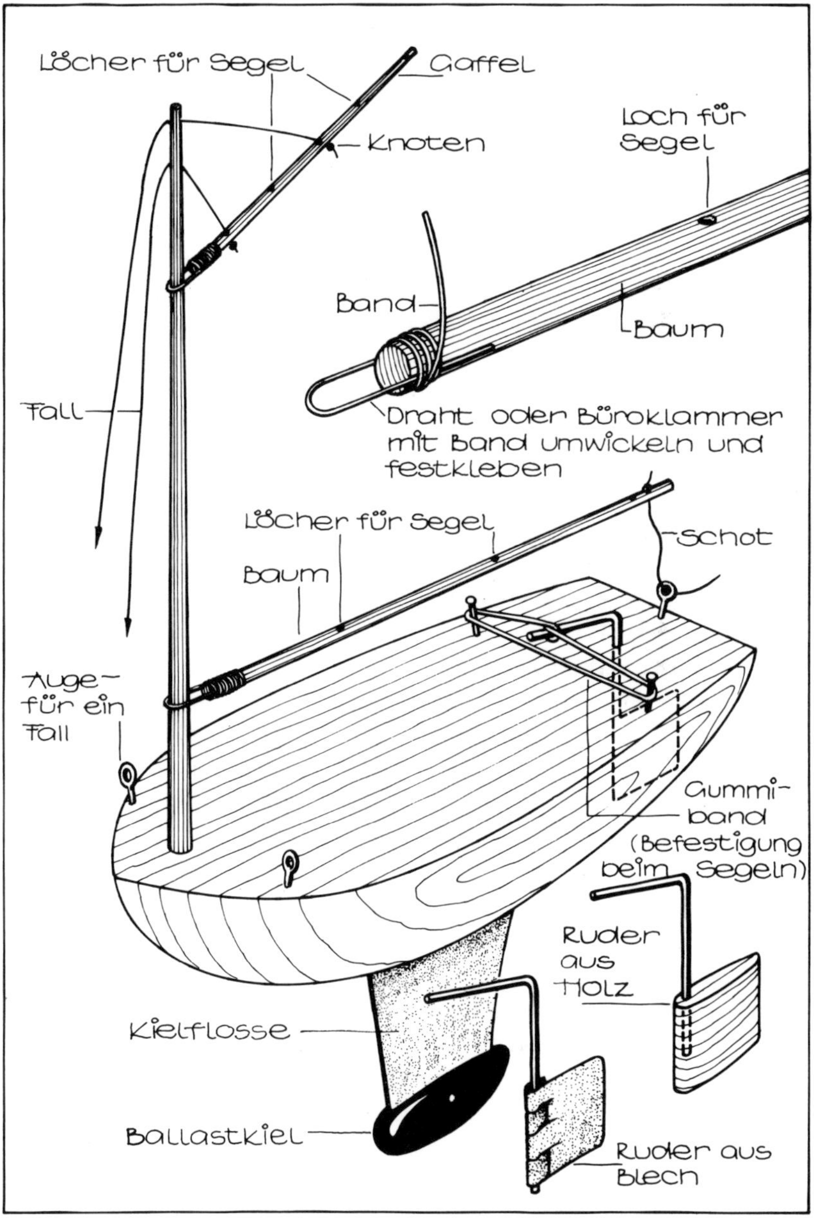
Löcher für Segel
Gaffel
Knoten
Loch für Segel
Band
Baum
Fall
Draht oder Büroklammer mit Band umwickeln und festkleben
Löcher für Segel
Schot
Baum
Auge für ein Fall
Gummiband (Befestigung beim Segeln)
Ruder aus Holz
Kielflosse
Ballastkiel
Ruder aus Blech

Ein beleuchteter Flußdampfer

Auf allen großen Flüssen der Welt verkehrten früher stattliche Raddampfer, z. B. auf dem Rhein, der Donau, der Elbe und auf dem »Ol' Man River«, dem großen Mississippi in Amerika. Sie beförderten Passagiere und Fracht auf den das Land durchziehenden Strömen und boten zu ihrer Zeit einen eindrucksvollen und malerischen Anblick. Auf solchen Dampfern sind die Helden aus Karl Mays Büchern im Westen des Prärielandes oft gefahren. Wir wollen nun ein vereinfachtes Modell eines solchen großen Flußdampfers herstellen, eines Mississippi-Dampfers, der allerdings nicht auf einem so gewaltigen Fluß, sondern, wenn wir wollen, eine kurze Entfernung auf dem glatten Wasser eines Teiches, Swimming-Pools oder einer Badewanne fahren wird.

Als Antrieb verwenden wir einen sogenannten »Gummimotor«. Das Wort hört sich kompliziert an; aber ein Gummimotor ist nichts anderes als ein Strang von möglichst vielen starken Gummibändern, die verdrillt werden, wenn der Motor »aufgezogen« wird. Die Gummibänder befestigen wir mit Schlaufen am Heckrad, wie in der Zeichnung gezeigt. Wenn sich dann beim Fahren die verdrillten Gummibänder abwickeln, dreht sich das Rad und treibt unseren Heckdampfer an, den wir so nennen, weil seine Schaufelräder nicht an der Seite, sondern am Heck angebracht sind.

Aber zunächst das Baumaterial: Wir brauchen ein Stück Holz, z. B. Kiefernholz, 25 × 125 × 350 mm für den Rumpf; zwei Stück dünnes Holz, Kunststoff oder Spanfaserplatten, etwa 125 × 200 mm groß, für die Decks. Wir brauchen ferner 1 m Balsaholzleiste, etwa 13 mm dick und 38 mm breit, für die Decksaufbauten und das Heckrad, außerdem ein kurzes Stück Rundholz von 13 mm Durchmesser für die nebeneinanderstehenden Schornsteine. (Wir können dafür auch nur einen Schornstein einsetzen.)

Das sonstige Baumaterial sind ein paar Abfallstücke Holz, Draht, Papier und die Gummibänder.

Die Herstellung des Rumpfes ist einfach. Hat unser Rumpfbrett schon die genannten Abmessungen, dann brauchen wir nur den Bug etwas spitz zu sägen und dann ein Stück für das Heckrad auszuschneiden. Die Unterkanten des Schiffsrumpfes können wir mit einem Hobel und einer Feile etwas abrunden, damit unser Mississippi-Dampfer ein gefälligeres Aussehen erhält.

Den Heckausschnitt können wir gut mit einer Laubsäge aussägen. Wenn wir mit dem Aussägen Schwierigkeiten haben oder eine andere Konstruktion anwen-

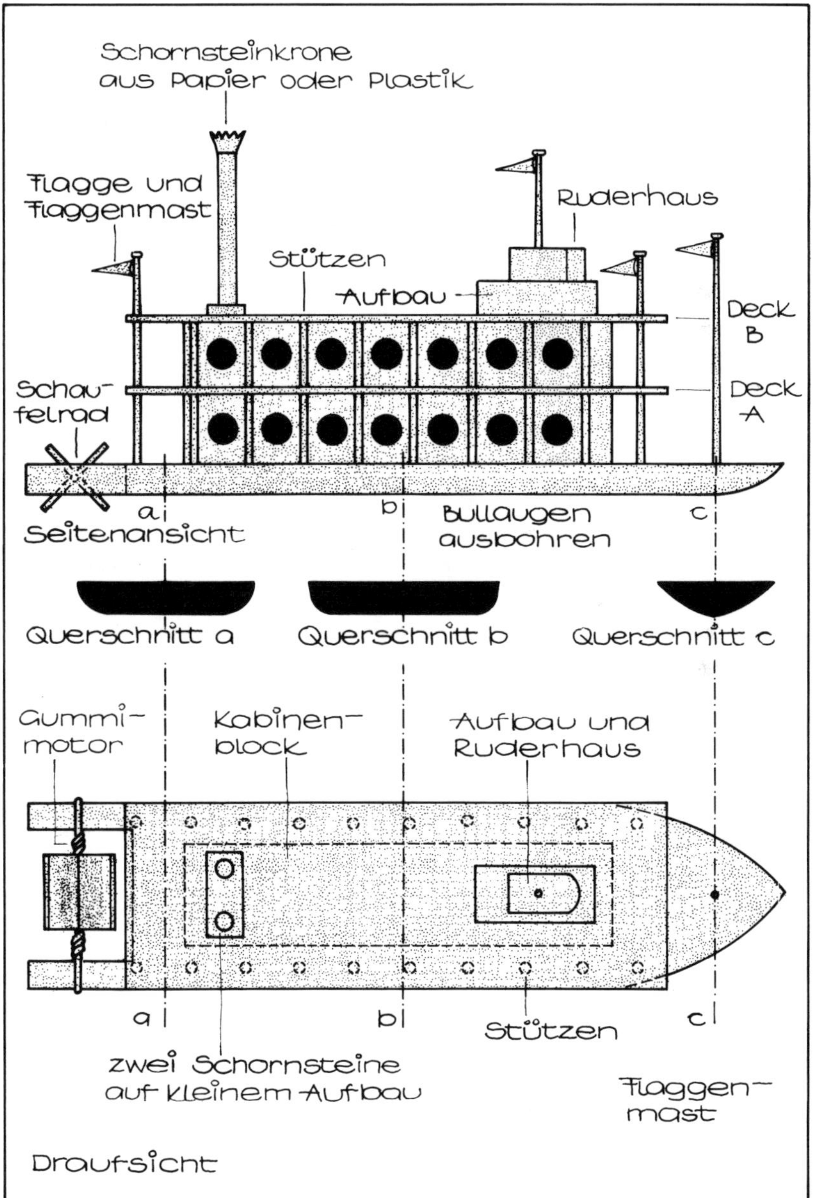
Schornsteinkrone
aus Papier oder Plastik
Flagge und
Flaggenmast
Ruderhaus
Stützen
Aufbau
Deck
B
Schau-
felrad
Deck
A
a
b
c
Seitenansicht
Bullaugen
ausbohren
Querschnitt a
Querschnitt b
Querschnitt c
Gummi-
motor
Kabinen-
block
Aufbau und
Ruderhaus
a
b
c
Stützen
zwei Schornsteine
auf kleinem Aufbau
Flaggen-
mast
Draufsicht

den wollen, machen wir das Rumpfbrett kürzer und bringen zwei separate Holzleisten, wie in Bild 23 oben gezeigt, als Heckradträger an.
Wenn unser Modell kieleben schwimmen soll, ohne zu kentern, dürfen die Aufbauten nicht zu schwer sein. Deshalb machen wir sie hohl. Auf diese Weise können wir beträchtliches Gewicht sparen. Aus diesem Grund nehmen wir auch leichtes, dünnes Balsaholz, das immer ein gutes Material für die Herstellung von Aufbauten ist.
Wir brauchen zunächst dünnes Material für die zwei oberen Decks. Dünnes Sperrholz, Balsaholz, Kunststoffplatten oder Faserplatten sind geeignet. Auch ein festerer Karton hilft uns, wenn wir nichts anderes finden; aber dies ist eben wirklich nur ein Notbehelf. Karton ist nicht sehr fest, verwirft sich, wenn er feucht wird und löst sich bei starker Nässe oder im Wasser völlig auf. Daher vermeiden wir die Verwendung von Kartonteilen bei allen Schiffsmodellen, die wirklich schwimmen sollen.
Die Decksstützen machen wir aus dünnem Rundholz, aus Stücken eines festen Drahtes oder ähnlichem. Beim Bohren der Löcher für diese Stützen ist es sehr hilfreich, wenn wir die beiden Decks etwa mit Tesafilm oder mit Isolierband, eines genau über das andere passend, provisorisch direkt auf dem Deck befestigen. Dann können wir nämlich die Löcher genau passend gleichzeitig durch die beiden Decks bis in den Rumpf hinein bohren und dabei auch sicher sein, daß alle Bohrlöcher genau und einwandfrei übereinander zu liegen kommen, denn durch sie müssen wir ja die Decksstützen hindurchschieben.
Die Herstellung des Heckrades ist bei diesem Modell vielleicht die schwierigste Arbeit; denn dieses Schaufelrad muß einerseits leicht sein, andererseits aber auch sehr fest, weil es den Antrieb darstellt. Die Zeichnungen auf Bild 23 zeigen verschiedene Formen der Herstellung des Heckrades. Auch hierfür verwenden wir das bestgeeignete Material, das wir dafür finden können.
Die starken Gummibänder, die wir als Antriebsmotor für das Heckrad verwenden, müssen neu und von relativ großem Querschnitt sein. Alte Gummibänder verlieren nur zu leicht ihre Elastizität und sind dann kein starker Antrieb mehr. Zu dünne Bänder lassen sich schlecht verdrillen und sind auch keine guten Energiespender. Wenn wir kein dickes Gummiband beschaffen können, versuchen wir es anders: Wir nehmen viele dünne Gummibänder, so viele eben, wie wir unterbringen können, denn dadurch machen wir den Gummimotor um so stärker.
Den Gummimotor bringen wir an den Heckträgerleisten und um das Schaufelrad an.

MISSISSIPPI – DAMPFER II BILD 23

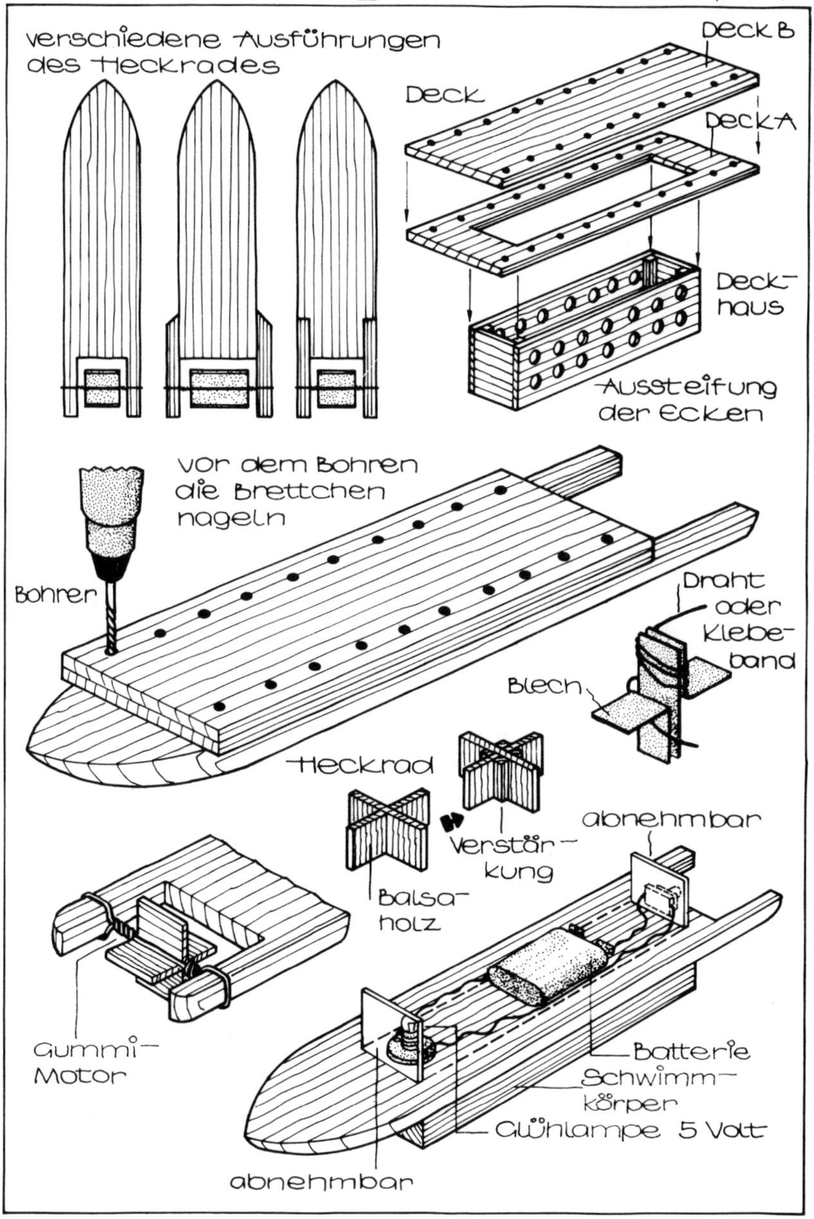

Schließlich müssen wir, wie wir schon gelernt haben, alle ausgesägten Teile gut mit Sandpapier von Sägefasern befreien, die Teile zusammensetzen und dann bemalen, dazu wählen wir folgende Farbgebung: Weiße oder hellbraune Aufbauten, ausgenommen die schwarzen Schornsteine. Die Decks machen wir grau oder braun. Zur Bemalung wurde ja bereits bei den vorhergehenden Modellen einiges gesagt.
Um die Schornsteine können wir aus dünnen Plastikplättchen kronenartige Gebilde anbringen, die wir golden bemalen. Wenn wir wollen, läßt sich im Inneren des Aufbaus auch eine Batterie und eine oder mehrere Glühlampen anbringen, wodurch wir den Dampfer auch beleuchten können (Bild 23 unten).
Nun fehlen zur Eröffnungsfahrt nur noch einige Fähnchen.

Uschis Schiff aus Papiermasse

Wieder einmal wechseln wir unseren Werkstoff. Unser nächstes Schiffsmodell besteht im wesentlichen aus Styropor und Papiermasse. Styropor ist ein ganz leichter Kunstschaumstoff. Geeignete Stücke haben wir sicherlich im Keller oder auf dem Boden, denn Styropor wird heute von fast allen Herstellern zerbrechlicher Erzeugnisse als Verpackungs- und Schutzmaterial verwendet. Und vielleicht hat die Familie ja gerade vom Postversandhaus ein Elektro-Großgerät, eine schöne Vase oder andere zerbrechliche Teile erhalten, die in Styropor verpackt waren. Statt in die Mülltonne wandert dieses äußerst brauchbare Abfallmaterial in unsere Bastelwerkstatt. Styropor ist ein ausgesprochen »schneller« Werkstoff, der sich einfach und problemlos verarbeiten läßt. Für Schiffsmodelle ist es übrigens auch deshalb ganz ideal, weil es als geschäumtes Polystyrol äußerst leicht ist. Und bei Schiffen brauchen wir ja immer Auftrieb. Styropor können wir auch für weitere Modelle dieses Buches verwenden, zum Beispiel für das Testschiff (Bild 26) mit Batterieantrieb, für die Herstellung von Gebäuden und Zubehör für unseren Hafen (Bild 48–54) und für die Landschaftsgestaltung von Dioramen. Davon später mehr.
Zunächst sollten wir an einem Styroporabfallstück, das wir nicht für unser Modell brauchen, durch Probieren herausfinden, wie sich dieses Material bearbeiten läßt. Styropor-Hartschaum läßt sich schneiden, sägen, schleifen und schmelzen. Der Schnitt wird um so glatter, je schärfer und dünner die verwendeten

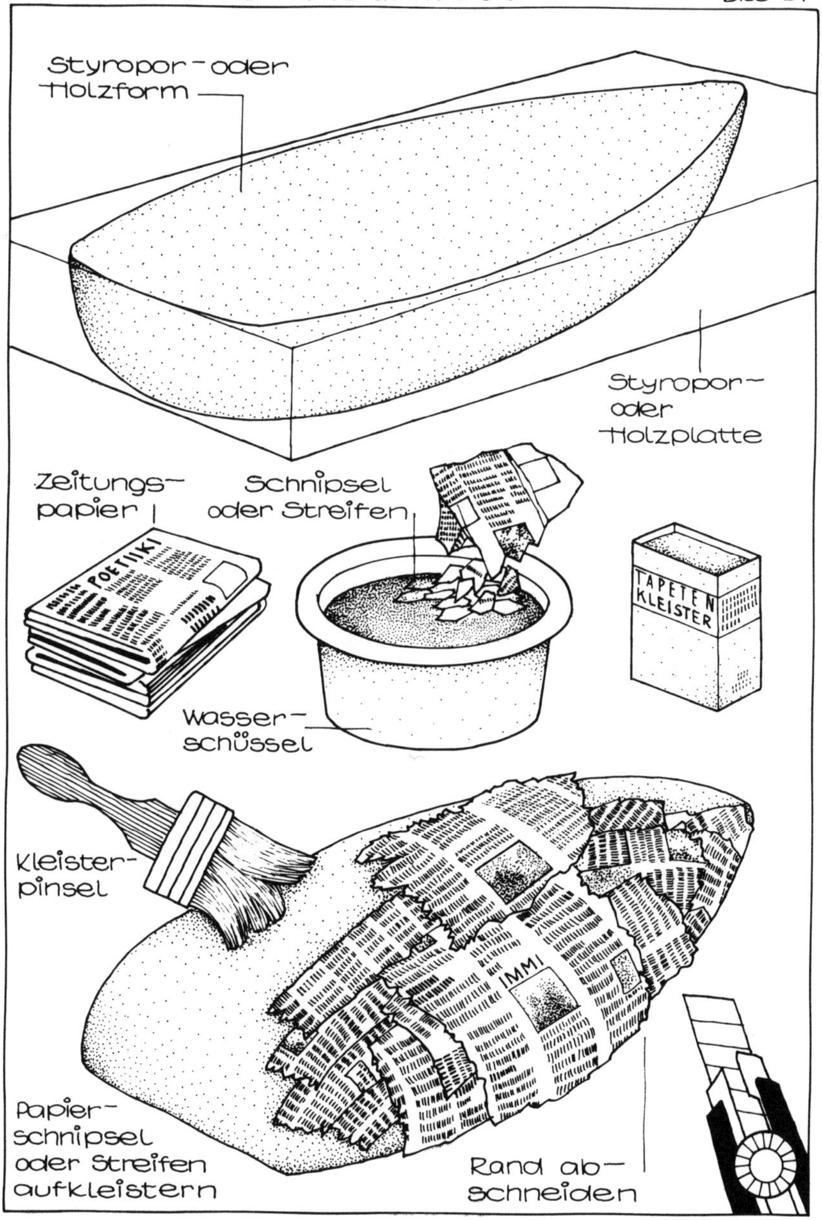
Styropor- oder Holzform
Styropor- oder Holzplatte
Zeitungspapier
POETIIKI
Schnipsel oder Streifen
TAPETEN KLEISTER
Wasserschüssel
Kleisterpinsel
IMMI
Papierschnipsel oder Streifen aufkleistern
Rand abschneiden

Werkzeuge sind. Styropor können wir auch mit dem »heißen Draht« (Elektroschneider) schneiden. Sonst brauchen wir zur Bearbeitung Rasierklinge, Messer, Raspel und Feile.
Wir wählen ein Stück Styropor (25–30 cm lang), aus dem wir einen Bootsrumpf herausarbeiten können, wie in Bild 24 oben gezeigt. Zunächst geben wir diesem Bootsrumpf (den wir übrigens nur als Form benutzen wollen), eine grob angenäherte Form. Dann bearbeiten wir das Rohmodell mit Raspel, Feile und Sandpapier, bis es schön glatt ist und einer gefälligen Bootsform entspricht. Beim Arbeiten gehen wir vorsichtig vor, denn unser Material hat die unangenehme Eigenschaft zu bröckeln. Wenn wir nicht mit Styropor arbeiten wollen, können wir unseren als Form gedachten Bootskörper auch aus Holz herstellen, wie wir dies in früheren Kapiteln bereits gemacht haben.
Den Formkern (aus Styropor oder Holz) umwickeln wir mit Aluminium-Folie (die gibt es heute in fast jeder Küche zum Backen und Braten), weil sonst der aus Papiermasse und Kleister bestehende eigentliche Bootskörper an der Form festkleben würde. In eine dazu geeignete große Schüssel (natürlich nicht die Salatschüssel) geben wir eine Menge Metylan Spezial Tapetenkleister, den wir nicht zu dünn anrühren. In den Kleister geben wir eine große Menge von Zeitungspapier, das wir in etwa 4 cm breite Streifen gerissen haben. Unregelmäßige Schnipsel, wie sie in Bild 24 gezeichnet sind, sind vielleicht weniger geeignet.
Das Papier muß völlig getränkt sein. Deshalb brauchen wir viel Kleister. Dann tragen wir das Papier von Hand auf die mit Alufolie überdeckte Form auf. Das Papier muß völlig anliegen und fest angedrückt werden.
Wir können auch die langen Papierstreifen zunächst trocken diagonal über die Bootslänge von Hand aufbringen, festdrücken und ausgiebig mit dem Tapetenkleister überstreichen. Diesen Vorgang müssen wir fortführen, bis mindestens 7–8 Lagen Zeitungspapier in dieser Weise aufgebracht sind. Jede Lage müssen wir mit dem Kleisterpinsel schön satt an die Form andrücken. Das Papier muß mit Kleister völlig getränkt werden. Den fertigen Bootsrumpf aus Papier und Kleister lassen wir mindestens eine Woche trocknen, bis er völlig hart geworden ist. Den Rand der Papiermasse schneiden wir mit einer Rasierklinge oder einem Spezialmesser schön glatt und sauber ab. Dann entfernen wir mittels der überstehenden Alufolie die Form aus unserem Bootsrumpf. Die Styroporform zerschneiden wir nun so, daß wir vorn im Bug des Schiffes, hinten im Heck und in der Mitte einen Formkörper erhalten, den wir mit Pritt Alleskleber in das Boot einkleben können. Unser Schiff wollen wir auch schön bemalen. Wenn wir es auch

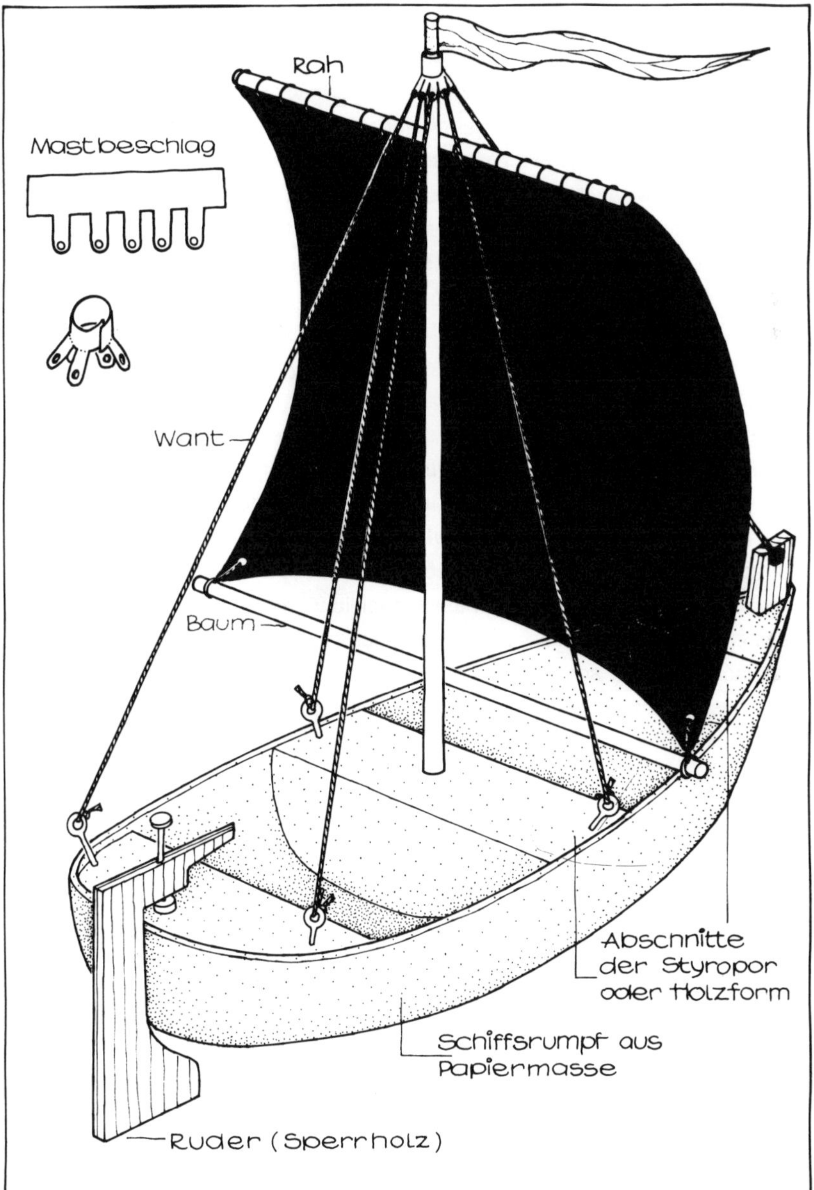
Rah
Mastbeschlag
Want
Baum
Abschnitte
der Styropor
oder Holzform
Schiffsrumpf aus
Papiermasse
Ruder (Sperrholz)

im Wasser schwimmen lassen wollen, empfiehlt sich ein mehrmaliger Anstrich mit einem wasserfesten Außenlack.
Unseren Boots- oder Schiffskörper können wir nun weiter vervollständigen, damit ein schickes Modell entsteht. Aus Holz sägen wir uns einen kleinen Bugsteven und ein Ruder. Aus Rundholz fertigen wir einen Mast, eine Rahe und einen Baum. Am Mast bringen wir einen aus einem Stück Blech zurechtgebogenen Mastbeschlag (Mastring) an, an dem wir die Stage (Taue) befestigen. Unten drehen wir vorsichtig mit Pritt Alleskleber vier Augschrauben an den in Bild 25 gezeigten Stellen in das Styropor zur Befestigung von Wanten und Stagen. Segel und Fahne machen wir aus Papier oder Stoff.
Bei der Ausgestaltung auch dieses Modells sind uns (fast) keine Grenzen gesetzt. Wir können es mit einem Drachensteven und runden Schilden um die Bordwand zum Wikinger-Schiff, durch Aufsetzen eines Vorder- und Achterkastells zum Kreuzfahrerschiff oder durch Anbringung einer anderen Takelung (Lateinsegel, das sind an einem Baum befestigte Dreieckssegel) zu einer Karavelle der Entdecker, zum Beispiel zur »Santa Maria« des Christoph Columbus, machen. Anregungen entnehmen wir wie immer unserem »Ideen-Buch«.
Wir können uns aber auch mit dem einfachen Boot begnügen, das wir fröhlich schwimmen lassen, das aber sicherlich noch lustiger aussieht, wenn wir es bunt bemalt haben. Wir jedenfalls nennen dieses Schiff »Uschis Schiff«, weil unsere Schwägerin Ursula schon mit vielen ihrer Schulklassen ganze Flotten solcher Papierkleisterschiffe gebastelt hat, mit viel Spaß bei der Arbeit und noch mehr Freude beim Wettsegeln.

Schiffe für Tüftler

In diesem Abschnitt des Buches haben wir eine Anzahl Modellanregungen zusammengefaßt, zu deren Verwirklichung neben handwerklichem Können auch ein bißchen Erfindertalent und Experimentierfreudigkeit gehören. Wir wollen einige dieser Modelle auch zu sogenannten »Aktionsmodellen« machen, das sind Modelle, die eben nicht nur auf dem Wasser schwimmen oder vor dem Winde segeln, sondern auch einen eigenen Antrieb haben. Wir gehen erste Schritte auf dem Gebiet des Batterieantriebs und des Gummi-Motors. Unsere U-Boot-Modelle werden entweder fahren oder tauchen. Mit dem Luftkissenfahrzeug bauen wir ein Vehikel, das nur auf einer festen Fläche schweben wird, wenn wir richtig gearbeitet haben, das allerdings nicht ins Wasser darf, da ein Modell dieser Art, das auch noch »seefähig« wäre, wohl zu schwer gerät, als daß es noch seinen Namen Schwebefahrzeug (Hovercraft) verdienen würde. Das »einfache Boot« schließlich, wird uns viel über den Bootsbau im allgemeinen vermitteln. Und mit unserem Motorlogger gelingt uns vielleicht sogar schon ein schönes Ausstellungsstück für die Bücherwand.

Das Testboot mit Batterieantrieb

Wir bleiben bei dem Material, das wir schon für »Uschis Schiff« verwendet haben (Bild 24–25). Nur verwenden wir das Styropor dieses Mal nicht als Form, sondern für den endgültigen Schiffskörper selbst. Die Bearbeitung dieses Materials kennen wir bereits. Für Schiffsmodelle ist Styropor ja vor allem deshalb so geeignet, weil dieses Material aus luftgefüllten, hermetisch abgeschlossenen Zellen (Poren) besteht, und daher federleicht ist und hervorragend schwimmt. Wir brauchen unseren Schiffsrumpf also nicht auszuhöhlen, wie beim Holz, um ihn schwimmfähig zu machen. Von außen sieht dieser poröse Schaum ja aus, wie wenn er sich nur zu leicht voll Wasser saugen und damit wie ein Schwamm allmählich zu schwer werden und untergehen würde. Dem ist aber nicht so. Styropor ist völlig wasserdicht. Die erforderliche Stabilität (Tiefgang) des Modells bewirken wir nicht durch das Eigengewicht des Rumpfmaterials, sondern nur durch eine zusätzliche Belastung durch Einbauten. Wenn wir also einen Segelbootsrumpf aus Styropor fertigen wollten, müßten wir dieser Jacht eine große Kielflosse mit einem ausreichend schweren Bleiballast geben.

Wir wollen aber ein batteriegetriebenes Schiff bauen: ein flaches Rennboot, das wir mit einem kleinen Heck-Außenbordmotor aus dem Hobbyladen ausstatten. Das Modell gibt uns nicht nur weitere Erfahrung mit dem Material Styropor, sondern auch wichtige Kenntnisse über Schwimm- und Fahreigenschaften von Modellen.

Ein Papierblatt, etwa der Größe 350 × 150 mm, falten wir einmal der Länge nach in der Mitte und zeichnen auf eine der Falthälften den gewünschten Bootsrumpf (Draufsicht). Wir schneiden nun das gefaltete Blatt aus, falten das Schnittmuster auseinander und haben einen Decksplan. Wem die in Bild 26 gezeigte Form nicht schnittig genug ist, der fertigt gleich einen anderen Konstruktionsschnitt an. Auf keinen Fall aber sollten wir das Boot zu schmal machen. Wenn uns die endgültige Umrißform unseres künftigen Boots gefällt, dann übertragen wir die Außenlinien unseres Schnittmusters auf zwei etwa 20 mm starke Styroporplatten. Mit Rasierklinge, scharfem Messer oder mit der Laubsäge (mit geeignetem Rundsägeblatt) schneiden wir nun die Form heraus. Wir haben schon gelernt, daß wir Styropor auch mit dem Messer »sägen« müssen, daher sind Sägemesser gut zu gebrauchen. Die beiden Bootsplatten bestreichen wir schnell mit einem für Styropor geeigneten Kontaktkleber, z. B. Assil K. Den Kleber lassen wir kurz ablüften, legen dann die Rumpfschichten aufeinander und unser Rohrumpf ist fertig. Natürlich können wir auch statt in Schichtbauweise den Bootsrumpf aus einem dickeren Styroporstück herstellen. Der Bootsrumpf soll sich zum Bug und zum Heck hin verjüngen. Dem Heck geben wir eine Spiegelform, d. h. wir runden es nicht ab. Auch müssen wir vorher bedenken, ob wir das Brettchen, auf das der Außenbordmotor gesetzt wird, in das Deck eingelassen oder einfach über die ganze Bootsbreite auf dem Deck angebracht werden soll.

Die Außenform tragen wir allmählich mit dem Messer ab und schleifen den Rumpf zuerst mit gröberem, dann mit feinerem Sandpapier. Dabei ziehen wir möglichst das Werkstück auf dem Sandpapier hin und her und arbeiten nicht umgekehrt, denn dabei bröckelt unser Material zu leicht ab. Wenn uns ein Rumpf nicht gelingt, dann machen wir einfach einen neuen. Beim Schleifen fällt natür-

TESTBOOT AUS STYROPOR BILD 26

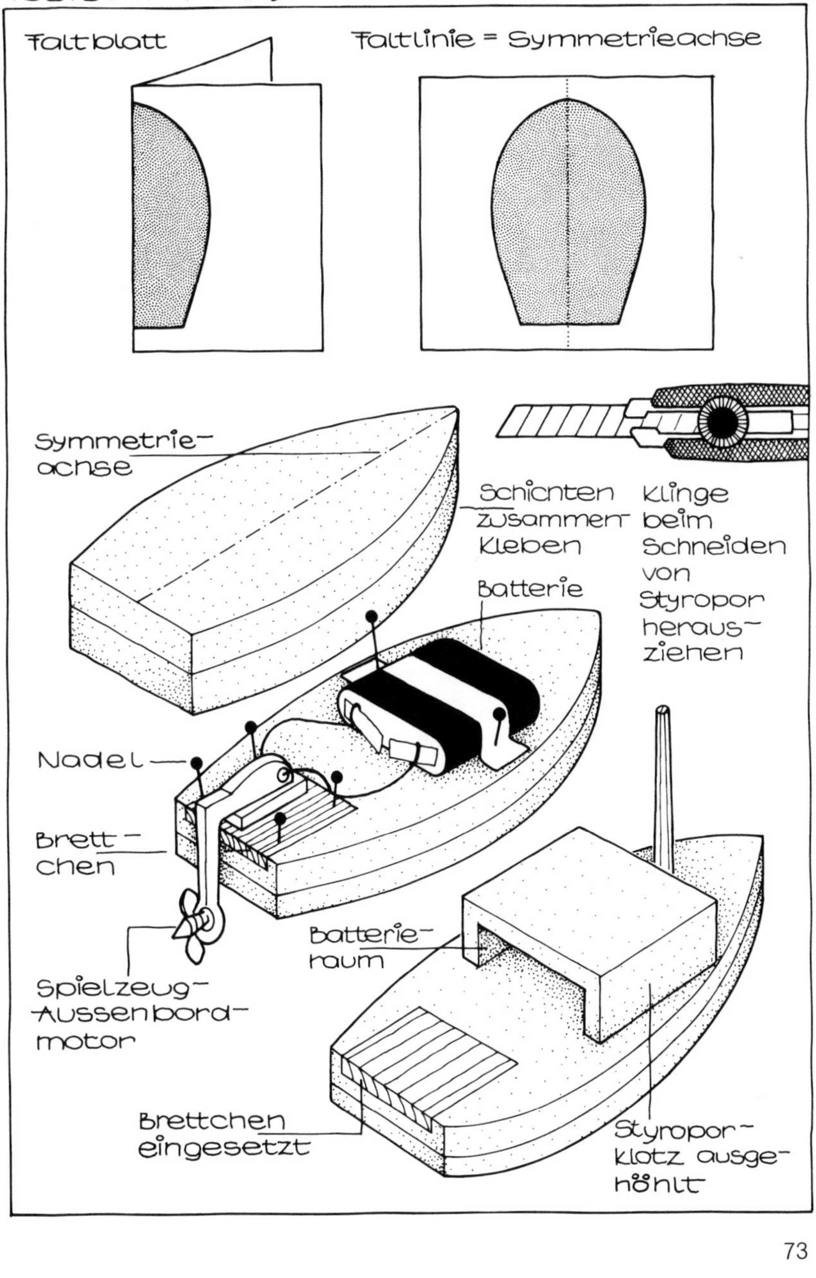

lich viel Staub an. Daher tun wir das auf dem Balkon, im Hof oder im Garten, besser ist natürlich ein Hobbykeller.
Mit dem Rohrumpf unseres Rennboots können wir schon in der Badewanne einen ersten Test machen. Zunächst befestigen wir behelfsmäßig (mit Stecknadeln und Gummiband) den Motor am Heck und die Batterie mitten auf dem Deck. Den Motor müssen wir vielleicht auf ein kleines Brettchen schrauben, damit er eine breitere Auflagefläche auf dem Bootsdeck hat.
Die ersten Schwimmversuche sollten zur Verbesserung der Form dienen. Bei jeder Änderung des Modells wiederholen wir einen Schwimmversuch. Die Gewichtsverteilung muß völlig stimmen. Das Boot soll gerade schwimmen, und die Schraube des Heckmotors muß in das Wasser hinunterreichen. Wenn wir diese Trimmarbeiten abgeschlossen haben, können wir auch noch (ebenfalls aus Styropor) beliebige Decksaufbauten fertigen, etwa einen hohlen Kabinenaufbau, in dem später die Batterie verschwindet. Die Aufbauten verbinden wir erst dann mit dem Modell (durch Aufkleben mit Assil K), wenn alles stimmt.
Mit dem äußeren Aussehen des Rennboots sind wir aber noch nicht zufrieden. Es sieht noch porös und grob aus. Wir tragen also dünn eine Spachtelmasse oder Gips auf und schleifen noch einmal nach. Wie der Kontaktkleber müssen auch die Spachtelmassen mit Styropor verträglich sein, dürfen daher keine ätzenden Chemikalien wie bestimmte Lösungsmittel, Äther oder Aceton enthalten. Wir wissen schon, daß Styropor wasserunempfindlich ist. Spachtelmassen sind es zumeist nicht, wir müssen daher das Boot wasserfest lackieren. Wer aufwendiger bauen will, kann auch eine Beplankung aus geeignetem Material aufbringen (Papier, Kunststoff, Alu-Folie usw.). Eine solche Beplankung macht den Schaumstoff auch unempfindlich gegen jeden Kleber, Lack und auch gegen die Treibstoffe von Modellmotoren, wenn wir z. B. nicht mit einem Elektromotor, sondern – bei einem größeren Styropor-Modell – mit einem stärkeren Modell-Benzinmotor arbeiten wollen.
In der Aufbautengestaltung sind wir völlig frei. Wir können niedrige schnittige Rennbootskabinen oder auch größere, komplexere Motorjacht-Aufbauten auf unser Boot setzen, denn Styropor wiegt ja fast nichts. Natürlich können wir auch einen Mast anbringen und unserem Rennboot einen Namen geben. Ferner macht es besonderen Spaß, wenn auch andere ein solches Rennboot gebaut haben. Dann kann das Wettrennen auf dem See beginnen.

Schaufelradschlepper mit Gummimotor

Als nächstes wollen wir einen fahrenden Schaufelrad-Schlepper mit Gummimotor bauen. Dazu brauchen wir zunächst ein 300 mm langes, 90 mm breites und 18 bis 20 mm dickes Brett aus Fichten- oder noch besser aus Lindenholz. Auf die Ober- und Unterseite dieses Brettes zeichnen wir nach der Abbildung die Umrißlinien des Schiffsrumpfes (Bild 27 unten) mit einem spitzen Bleistift. Die zuerst freihändig aufgetragenen Umrißlinien müssen wir so lange verbessern, bis sie beide schön gleichmäßig geschwungen und beide Rumpfhälften genau symmetrisch sind. Jetzt nehmen wir ein Kurvenlineal oder eine dünne, biegsame Leiste und ziehen damit die Umrißlinien ohne Knick nach.
Nun sägen wir den rohen Schiffsrumpf aus dem ganzen Brett. Mit einem scharfen Schnitzmesser oder mit der Feile runden wir die unteren Kanten des Rumpfes so lange, bis das Brett langsam die Formen eines Schiffsrumpfes annimmt. Wir können auch aus dem Inneren des Brettes einige Späne schneiden. Dann entsteht eine Höhlung, wie im Querschnitt durch den Schiffsrumpf in Bild 28 gezeigt. Das Schiff schwimmt dann mit mehr Freibord, d. h. es taucht weniger tief, kann also schneller fahren. Damit kein Wasser in das Rumpfinnere dringen kann, muß der Schiffsraum mit einem dünnen, ungefähr 3 mm starken Holzbrettchen (Deck) abgedeckt werden (Bild 27). Das Deck wird mit einigen Drahtstiften (kleinen Nägeln) auf dem Schiffsrumpf befestigt oder mit Profix Spezial-Kleber Modellbau festgeklebt. Es sieht besser aus, wenn die Ränder des Decks einige Millimeter überstehen. Auf das vordere Rumpfende oder den Bug nageln wir ein kleines Holzklötzchen oder den in Bild 27 und 29 gezeigten Bugnasenschutz, der kleine Wellen abhält. Nun schleifen wir den Schiffsrumpf mit feinstem Sandpapier so lange, bis alle Unebenheiten verschwunden sind. Risse und kleine Sprünge füllen wir mit Kitt oder Füller (Spachtelmasse). Das Ganze tränken wir tüchtig, z. B. mit vorgewärmtem Leinölfirnis oder mit einem geeigneten Vorstrichlack. Der Leinölfirnis oder Anstrich braucht einige Zeit zum Trockenwerden.
Diese Zeit benützen wir, um die Antriebsvorrichtung anzufertigen. Sie besteht aus dem Gummimotor und den Schaufelrädern, die untereinander durch eine Welle verbunden sind. Die Schaufelräder fertigen wir aus je zwei 70 mm langen, 30 mm breiten und 5 mm starken Brettchen, z. B. aus Ahorn. In jedes Brettchen ist ein 15 mm langer und 5 mm breiter Schlitz einzusägen, wie in Bild 28 gezeigt. Je zwei Brettchen, stramm ineinandergeschoben, bilden ein Schaufelrad.

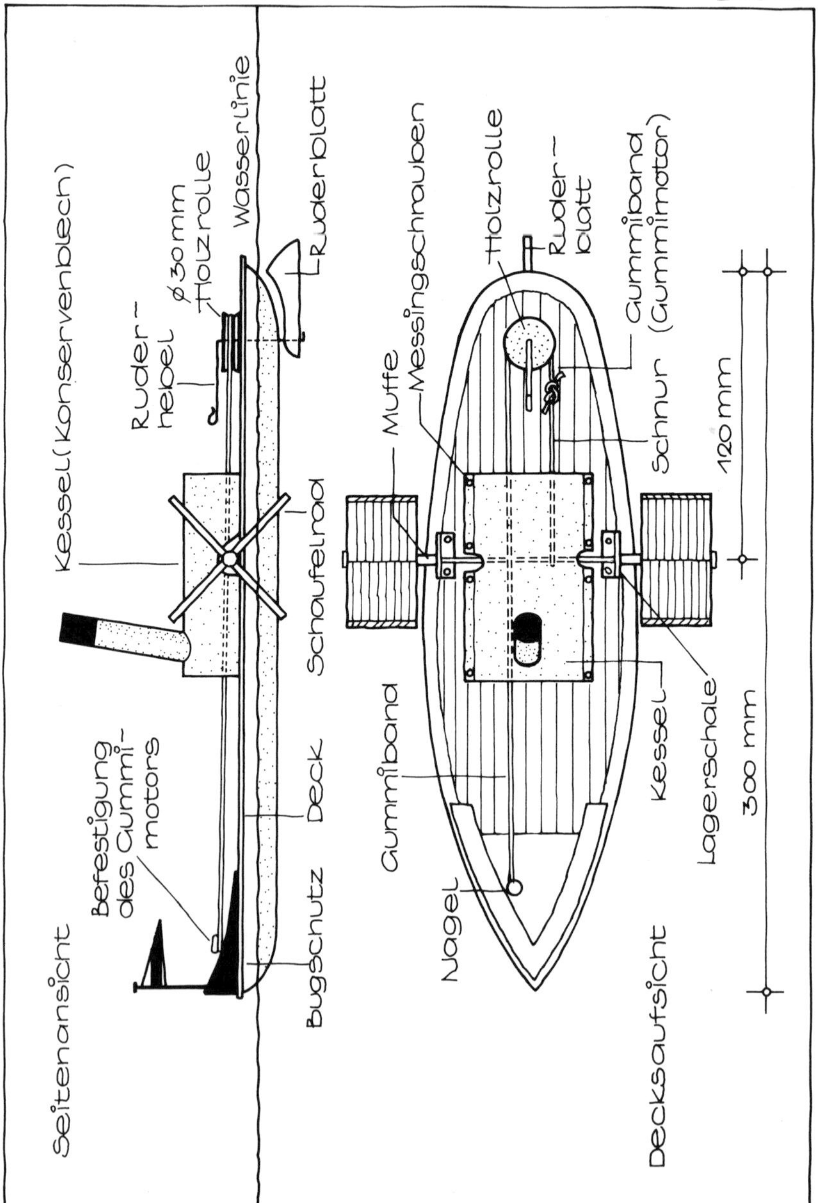
Seitenansicht
Kessel (Konservenblech)
Ruder-
hebel
ø 30 mm
Holzrolle
Wasserlinie
Ruderblatt
Befestigung
des Gummi-
motors
Bugschutz
Deck
Schaufelrad
Muffe
Messingschrauben
Holzrolle
Ruder-
blatt
Gummiband
(Gummimotor)
Schnur
120 mm
Gummiband
Nagel
Kessel
Lagerschale
300 mm
Decksaufsicht

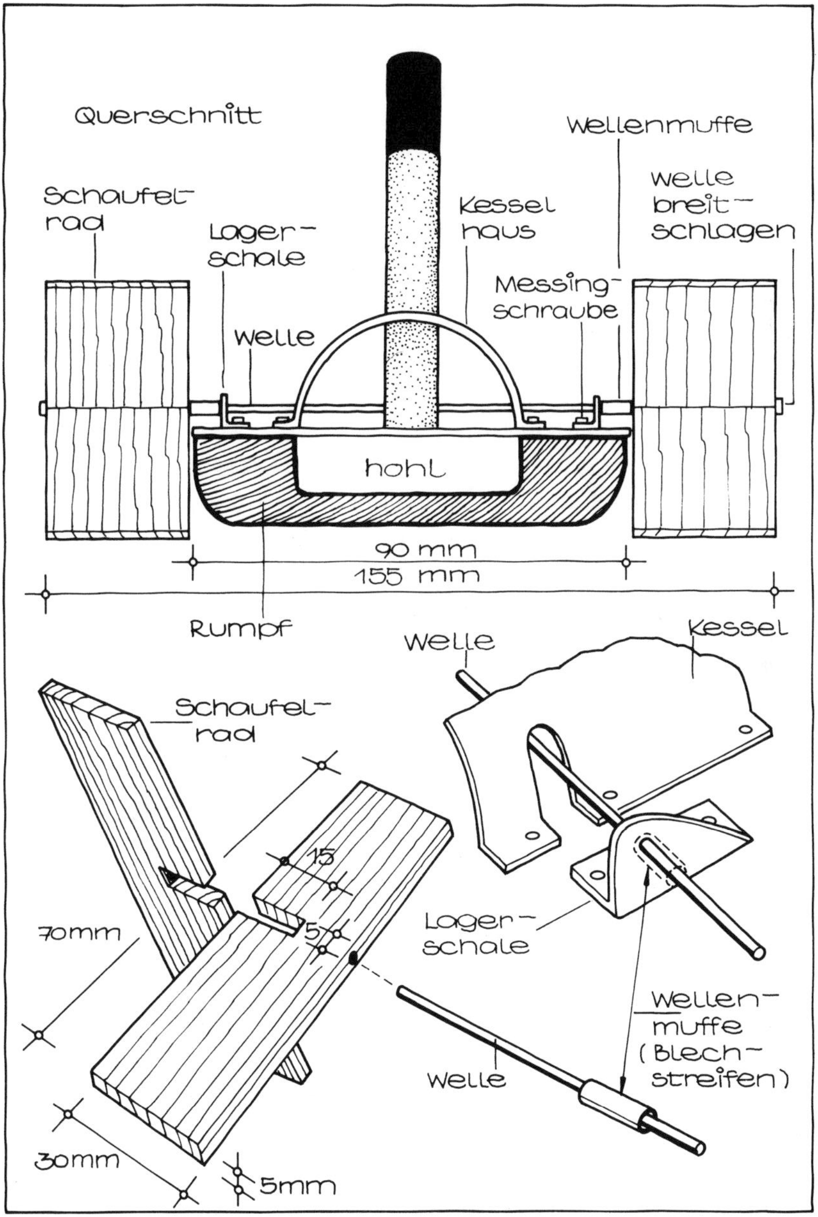
Querschnitt
Wellenmuffe
Schaufelrad
Lagerschale
Kesselhaus
Welle breitschlagen
Messingschraube
Welle
hohl
90 mm
155 mm
Rumpf
Welle
Kessel
Schaufelrad
15
5
70mm
Lagerschale
Wellenmuffe (Blechstreifen)
Welle
30mm
5mm

Als Welle nehmen wir z. B. eine 160 mm lange Stricknadel oder entsprechenden steifen Draht. Auf die beiden Enden der Welle werden die vorher in der Mitte durchbohrten Schaufelräder geschoben. Zum Durchbohren nehmen wir z. B. eine glühend gemachte Nähnadel, die nur halb so dick wie die Welle ist. Damit die Schaufelräder fest sitzen, müssen die beiden Enden der Welle mit grobem Glaspapier rauhgerieben werden. Die Welle läuft in zwei Lagerschalen. Diese können wir gemäß Bild 28 aus Konservendosenblech anfertigen und dann auf dem Deck mit je zwei Messingholzschräubchen derart befestigen, daß die vorher durchgeschobene Schaufelradwelle spielend leicht läuft. Damit die Schaufelräder nicht am Schiffsrumpf schleifen, müssen rechts und links von den Lagerschalen Wellenmuffen angebracht werden. Dazu biegen wir schmale Konservendosenblechstreifen zurecht, wie dies in Bild 28 gezeigt ist.
Der eigentliche »Motor« ist ein starkes Gummiband, dessen eines Ende an der Schiffsspitze mit einem Nagel befestigt ist. Besser, da stärker, ist ein Strang von Gummibändern. An das andere Ende des Gummimotors knüpfen wir eine dünne Schnur, die über eine 30 mm große Holzrolle zur Welle geht und dort sicher befestigt wird. Der aufmerksame Schiffbauer hat inzwischen schon gemerkt, daß der Gummimotor auf Bild 27 rechts, auf Bild 29 links vom Schornstein gezeichnet wurde. Es sind beide Bauarten möglich.
Dreht man das Schaufelradpaar von rechts nach links, dann wickelt sich die Schnur um die Welle, wodurch sich das Gummiband spannt. Wenn wir das Schaufelradpaar loslassen, zieht sich das Gummiband zusammen, um das Schaufelrad in rasche Umdrehungen zu bringen und den Schlepper vorwärts zu treiben. Die Holzrolle dreht sich um den Ruderhebel, an dessen unterem Ende das Ruder befestigt wird.
Das Modell ist nach den Bildern einfach anzufertigen. Auch der aus einer halben Konservendose bestehende Kessel mit dem durchgehenden Schornstein bereitet kaum Schwierigkeiten. Schließlich bemalen wir den Schiffsrumpf und das Ruder z. B. grün, das Deck und die Holzrolle hellgelb, die Schaufelräder rot und den Kessel mit dem Schornstein, die Lagerschalen und die Welle schwarz. Am Bug kann man noch einen kleinen Wimpel befestigen. Nun ist unser Schaufelrad-Schleppdampfer fahrbereit für den Teich oder den Swimming-Pool.

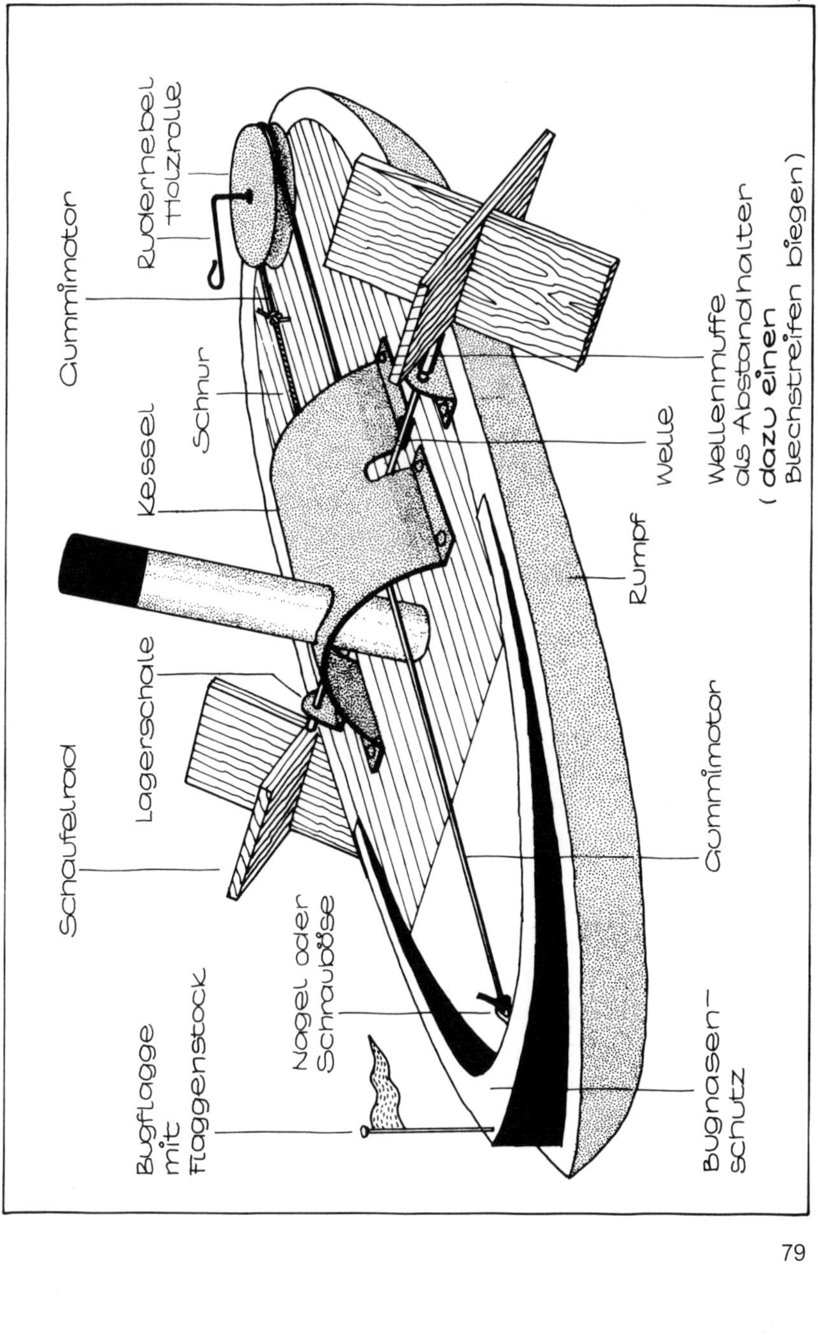
Ruderhebel
Holzrolle
Gummimotor
Kessel
Schnur
Lagerschale
Schaufelrad
Bugflagge
mit
Flaggenstock
Nagel oder
Schrauböse
Bugnasen-
schutz
Gummimotor
Rumpf
Welle
Wellenmuffe
als Abstandhalter
(dazu einen
Blechstreifen biegen)

Ein U-Boot, das (hoffentlich) taucht

Über U-Boote, die »Grauen Wölfe der See«, haben wir schon viel gehört und gelesen. Jetzt wollen wir eines bauen. Bild 30 gibt einen Überblick über das etwa 60 cm lange Boot, die Bilder 31 und 32 zeigen die einzelnen Bauabschnitte. Als Rumpfboden für unser U-Boot dient uns ein Balsabrett 600 × 50 × 15 mm, an dem wir vorne den Bug zuschneiden. Als nächsten Schritt bringen wir auf dem zugeschnittenen Rumpfboden einen Balsaklotz als Steven (130 × 50 × 40 mm) und einen als Heckblock (25 × 20 × 50 mm) an. An diese Bug- und Heckklötze kleben wir die Seitenflächen aus Balsaholz (500 × 50 × 5 mm). Die hintersten 20 mm Länge der Seitenflächen, d. h. am abgeschrägten Teil, verjüngen wir nach hinten, um dem Boot eine gefällige Form zu geben. Das Heck selbst ist etwa 20 mm hoch. Bevor wir weiterarbeiten, wollen wir das Innere unseres U-Boots mit einem guten Bootslack mehrmals ausstreichen.

Nun setzen wir die beiden Decksbrettchen auf. Das Hauptdeck besteht aus Balsaholz (400 × 60 × 5 mm), der Heckteil des Decks aus Balsaholz (200 × 60 × 5 mm). Die Unterseiten der beiden Deckbrettchen lackieren wir ebenfalls vor dem Aufsetzen. Damit haben wir den gesamten Rumpfaufbau fertiggestellt. Die Deckskanten oben halten wir möglichst gerade, während wir den Rumpfboden unten an den Kanten abrunden.

In das Deck und in den Boden bohren wir je zwei Löcher, wie im Bild 30 oben gezeigt, in die die Korken (als Flutventile) eingesetzt werden. In den Rumpfboden müssen wir noch einen Schlitz sägen. In diesen Schlitz setzen wir einen Sperrholzkiel der Größe 150 × 25 × 3 mm ein. Er ist in die Vertiefung möglicht stabil und wasserdicht mit Profix Spezial-Kleber Modellbau einzukleben und muß genau auf der Mittellinie sitzen. In den Block des Achterstevens müssen wir zum Einbau der Welle ein geeignetes Loch für den Hartholzdübel bohren. In dieses Loch setzen wir ein Propellerlager für einen Gummimotor ein.

Aus Messingblech schneiden wir Schrauben und Ruder (Bild 32). Eine Perle verwenden wir als Zwischenstück zwischen Wellendurchtritt und Schraube.

Die Schraube selbst befestigen wir mit Kleber, z. B. Stabilit ultra. Nun müssen wir auch noch den Rumpf seitlich durchbohren, damit wir die Tiefenruder anbringen können. Diese fertigen wir aus einem dünnen Alublech von 50 × 25 mm und kleben sie mit Hilfe eines Zweikomponentenklebers um einen Hartholzdübel von 160 mm Länge und 3 mm Durchmesser, den wir als Tiefenruderwelle verwenden. Das eine Tiefenruder können wir natürlich erst dann endgültig ankleben,

BILD 30

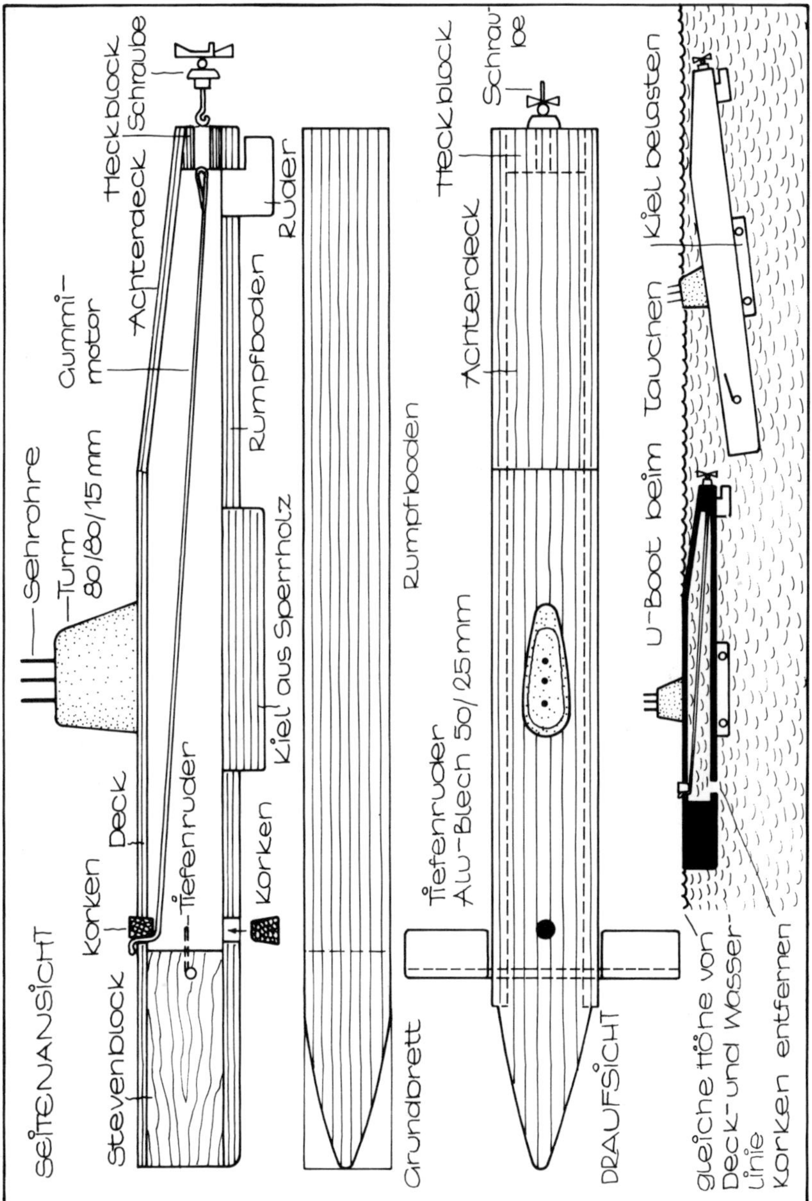
SEITENANSICHT
Stevenblock
Korken
Deck
Tiefenruder
Korken
Sehrohre
Turm
80/80/15 mm
Gummi-
motor
Achterdeck
Heckblock
Schraube
Rumpfboden
Kiel aus Sperrholz
Ruder
Grundbrett
Rumpfboden
Tiefenruder
Alu-Blech 50/25 mm
Achterdeck
Heckblock
Schrau-
be
DRAUFSICHT
gleiche Höhe von
Deck- und Wasser-
linie
Korken entfernen
U-Boot beim Tauchen
Kiel belasten

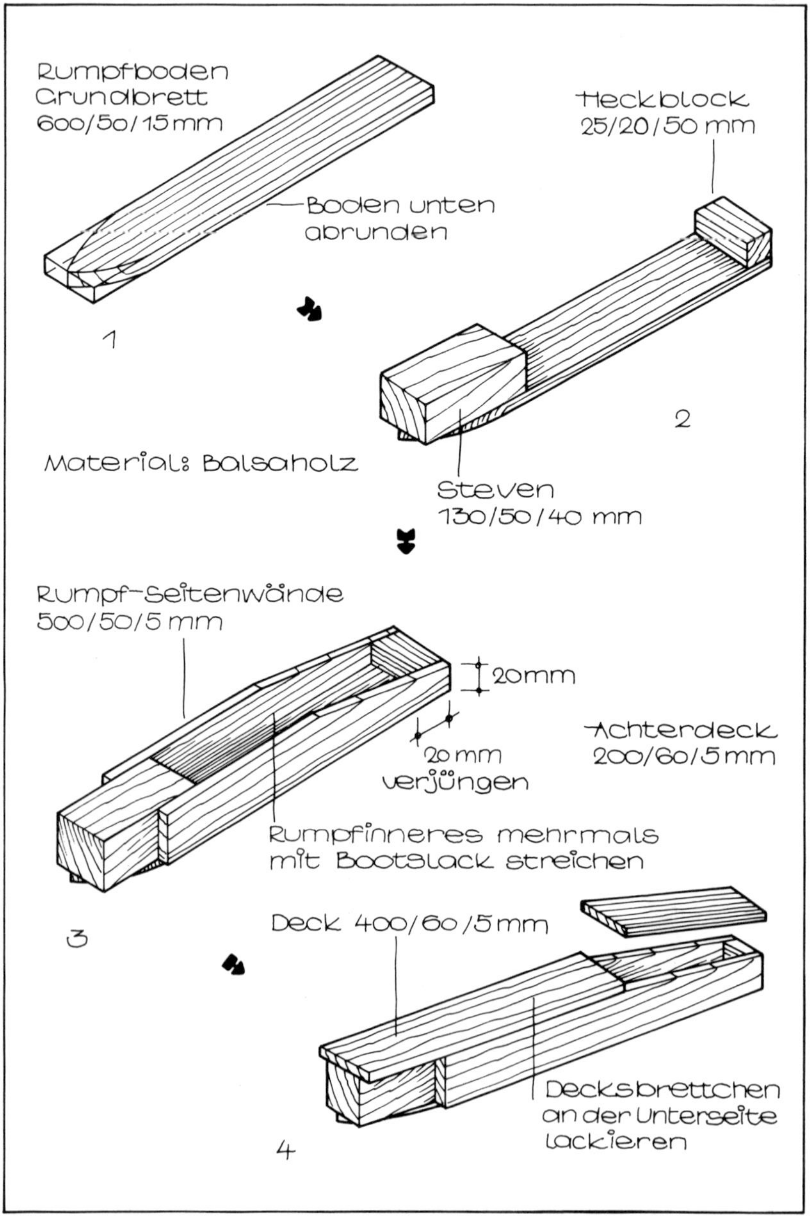
Rumpfboden
Grundbrett
600/50/15 mm
Boden unten
abrunden
1
Heckblock
25/20/50 mm
2
Material: Balsaholz
Steven
130/50/40 mm
Rumpf-Seitenwände
500/50/5 mm
20 mm
20 mm
verjüngen
Achterdeck
200/60/5 mm
Rumpfinneres mehrmals
mit Bootslack streichen
3
Deck 400/60/5 mm
Decksbrettchen
an der Unterseite
lackieren
4

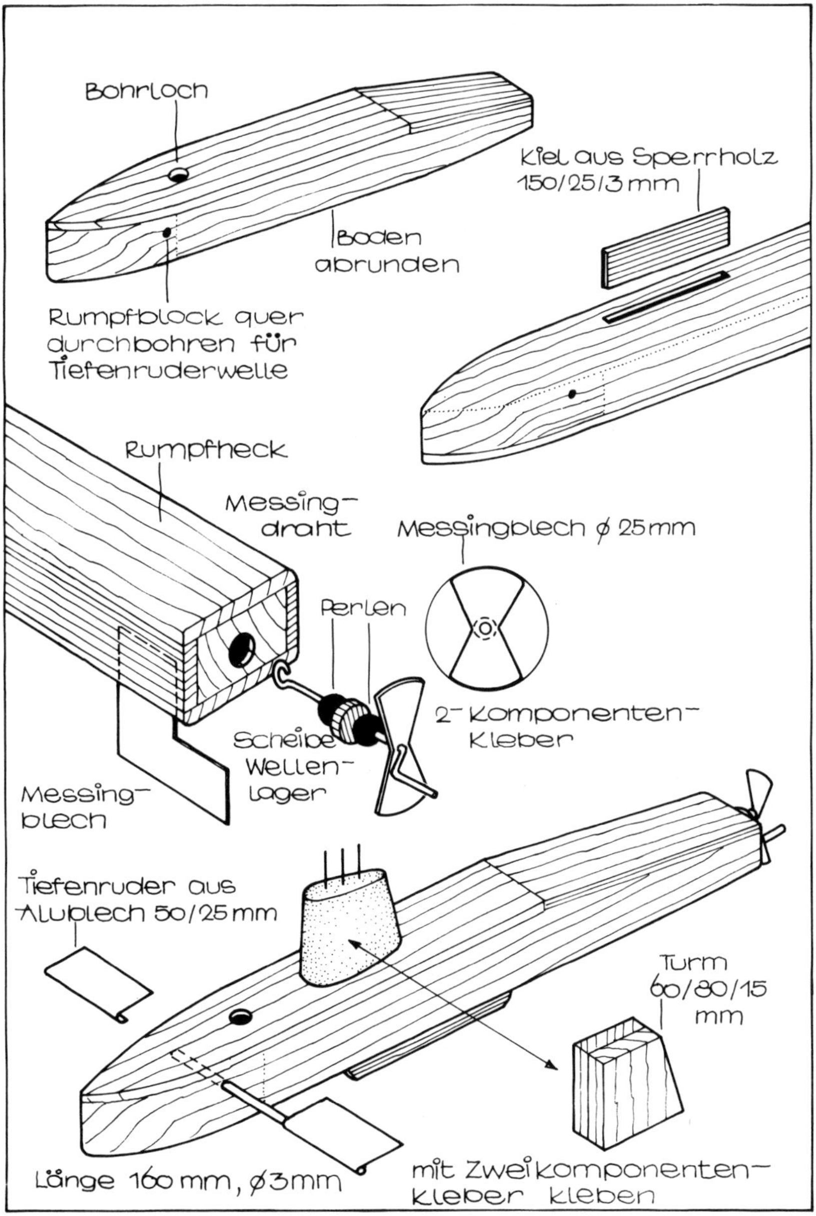
Bohrloch
Kiel aus Sperrholz
150/25/3 mm
Boden
abrunden
Rumpfblock quer
durchbohren für
Tiefenruderwelle
Rumpfheck
Messing-
draht
Messingblech ø 25 mm
Perlen
2-Komponenten-
Kleber
Scheibe
Wellen-
lager
Messing-
blech
Tiefenruder aus
Alublech 50/25 mm
Turm
60/80/15
mm
Länge 160 mm, ø3 mm
mit Zweikomponenten-
kleber kleben

nachdem wir die Hartholz-Welle durch den Rumpf hindurchgeschoben haben. Nun müssen wir noch den Turm des Bootes aus 1 oder 2 Balsaklötzen in der Gesamtgröße von 60 × 80 × 15 mm formgerecht herstellen und auf das Deck aufkleben. In den Turm oben lassen wir 2–3 Sehrohre ein. Hierzu genügen abgekniffene Nägel, die wir von oben vorsichtig einschlagen. Unserem U-Boot geben wir, den großen Vorbildern entsprechend, einen durchgehend grauen Anstrich.

Besondere Sorgfalt verwenden wir für die Antriebsteile. Als Antrieb dient uns ein Gummimotor, der einen kleinen Propeller am Heck dreht. Das Gummiband des Gummimotors ist im Rumpf montiert, wie in Bild 30 oben dargestellt. Das vordere Ende wird durch die Bohrung im Deck gezogen und darin mit einem kleinen Korken verklemmt. Mit einem Draht ziehen wir das andere Gummibandende durch die Bohrung im Heckblock und hängen ihn in den Haken der Schraube ein.

Das Loch in der Rumpfunterseite, ebenfalls mit einem Korken verschlossen, dient als »Flutventil«. Zur Trimmung wird der Rumpf durch die Bodenöffnung mit Wasser gefüllt. Wir fluten das Boot so weit, daß es sich gerade noch an der Wasseroberfläche hält. Nun stellen wir die Tiefenruder ein. Bei Fahrt bewirken sie einen Abtrieb und drücken das Boot unter die Wasseroberfläche, bis der Gummimotor abgelaufen ist. Wir beschweren das Modell so lange z. B. mit Lötzinn, bis die Decksfläche mit dem Wasserspiegel abschneidet. Die Lötzinnstückchen befestigen wir dann unten am Kiel als Ballast. Das wassergefüllte Boot ist nun auf Tauchen getrimmt. Die Hinterkanten der Tiefenruder müssen wir jetzt leicht nach oben anstellen. Wenn das Modell durch den Gummimotor angetrieben wird, steuern die Tiefenruder das Boot nach unten. In der Badewanne müssen wir einige sorgfältige Versuche mit verschiedenen Einstellungen der Tiefenruder machen, damit unser U-Boot ein gutes Tauchverhalten erreicht.

Wenn wir unser U-Boot für »Auftauchen« trimmen, d. h. wenn wir das Trimmwasser aus der unteren Bohrung heraustreten lassen, entwickelt der Rumpf so viel Auftrieb, daß der Abtrieb der Tiefenruder bei Fahrt nicht mehr ausreicht, um das Boot unter die Wasseroberfläche zu drücken. Für beste Vorwärtsfahrt sollten jedoch die Tiefenruder auf eine neutrale Lage gestellt werden. Wenn wir sorgfältig gearbeitet haben, wird uns das U-Boot viel Spaß machen. Allerdings wird das Boot nur beim Fahren leicht unter- oder auftauchen. Ein Boot, das wir sowohl zum richtigen Tauchen wie zum Auftauchen bringen können, ohne daß wir daran etwas verstellen müssen, zeigt uns das nächste Beispiel.

Das Tauchboot mit dem Luftballon

Unterseebootsmodelle können dreierlei Funktionen haben: Einmal als Ausstellungsstück, als Fahrmodell mit Propeller und Antrieb, oder als Tauchboot, das zwar keinen Antrieb hat, aber unter- und auftaucht.

Wir wollen diesmal ein wirkliches Tauchboot bauen. Der Rumpf ist so konstruiert, daß sich Rumpfoberteil und Rumpfunterteil voneinander trennen lassen. Dadurch können wir in das tauchfähige Boot den erforderlichen Bleiballast und Gummimotor einbauen, wenn wir ein fahrendes Modell herstellen wollen, oder Ballast und einen Gummiballon, wenn das Boot tauchen soll.

Als Baumaterial brauchen wir zwei Stücke Holz 50 × 75 × 300 mm für den Rumpf. Zwei dünne Metallstücke für die Flossen lassen sich, wenn wir kein besseres Material finden, auch aus dem Blech einer Konservendose schneiden. Dazu kommen noch einige Stücke Holz und Zubehörteile aus unserer »Grabbelkiste«. Das übrige Sondermaterial wird im Text erwähnt.

Die folgende Beschreibung gilt für das Tauchmodell. Am Ende zeigen wir auch, wie man das Boot auch als Fahrmodell mit Schraube und Gummimotor bauen kann.

Zur Herstellung des Rumpfs zeichnen wir zunächst eine Mittellinie auf der Oberseite, den Enden und der Unterseite der zwei Holzstücke auf, aus denen wir den Rumpf herstellen (Bild 34). Nun bohren wir ein tiefes kleines Loch, darüber ein größeres, wie es ebenfalls in Bild 34 angegeben ist. Das kleine Loch dient als Führung für eine lange Holzschraube. Das darüber liegende größere Loch wird so angeordnet, daß die Schrauben wesentlich tiefer, als es der Oberfläche des Holzes entsprechen würde, in den Rumpf eingelassen werden können. Damit sind uns die Schrauben nicht im Wege, wenn wir mit den Bearbeitungswerkzeugen dem Rumpf seine endgültige Form geben. Wir bohren diese Kombination von »großem Loch« und »kleinem Loch« sowohl im vorderen wie im hinteren Ende des Rumpfes. Dann schrauben wir die beiden Stücke Holz fest zusammen.

Nun sind wir fertig zur Rumpfbearbeitung. Mit einem Beitel, einem Schnitzmesser, Hobel oder einer Raspel und Feile geben wir dem Rumpf annähernd eine Form wie der Querschnitt auf Bild 33 zeigt. Der Bug sollte spitz zulaufen, das Heck kann etwas runder ausfallen, insbesondere dann, wenn das Modell auch einen Gummimotor und eine Schraube erhalten soll. Die äußere Form ist für dieses Modell ja nicht besonders kritisch, da wir ja kein bestimmtes U-Boot bauen

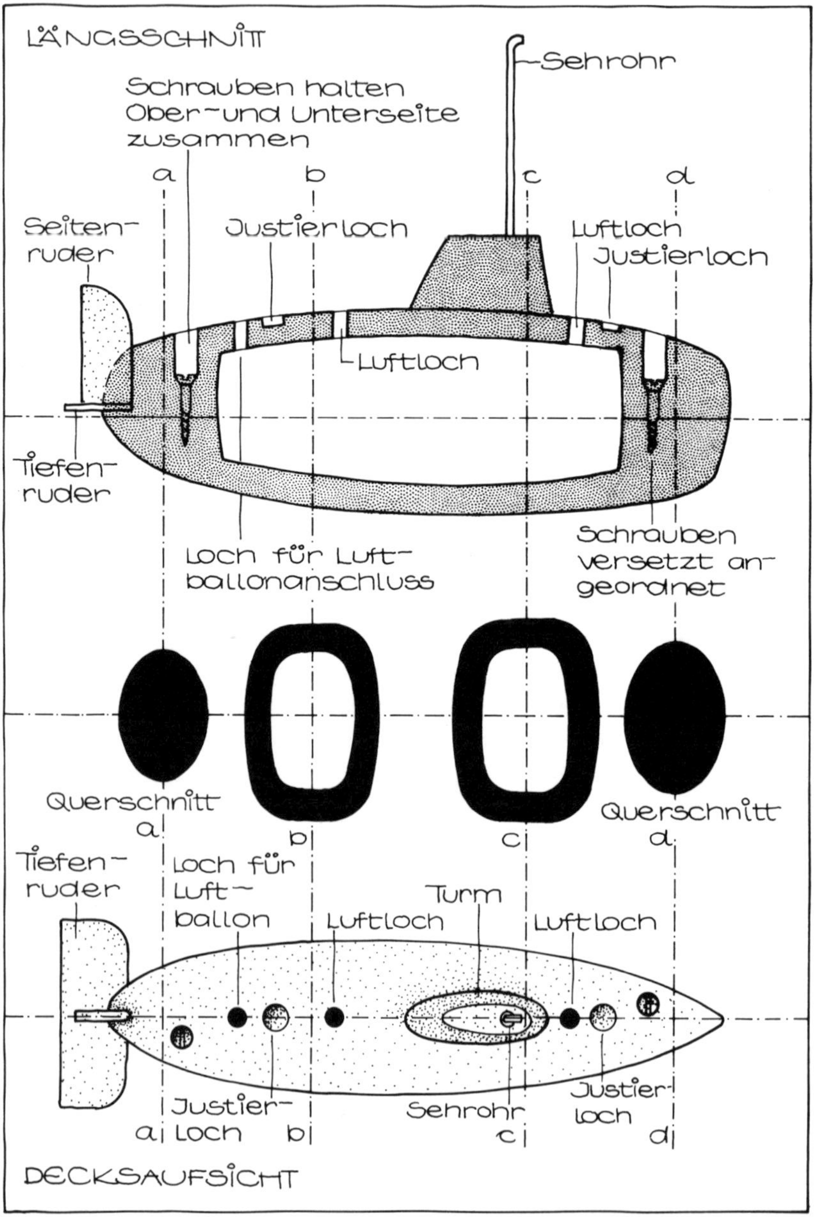
LÄNGSSCHNITT
Sehrohr
Schrauben halten Ober- und Unterseite zusammen
a
b
c
d
Seiten-ruder
Justierloch
Luftloch
Justierloch
Luftloch
Tiefen-ruder
Loch für Luft-ballonanschluss
Schrauben versetzt an-geordnet
Querschnitt a
b
c
Querschnitt d
Tiefen-ruder
Loch für Luft-ballon
Luftloch
Turm
Luftloch
Justier-loch
Sehrohr
Justier-loch
a
b
c
d
DECKSAUFSICHT

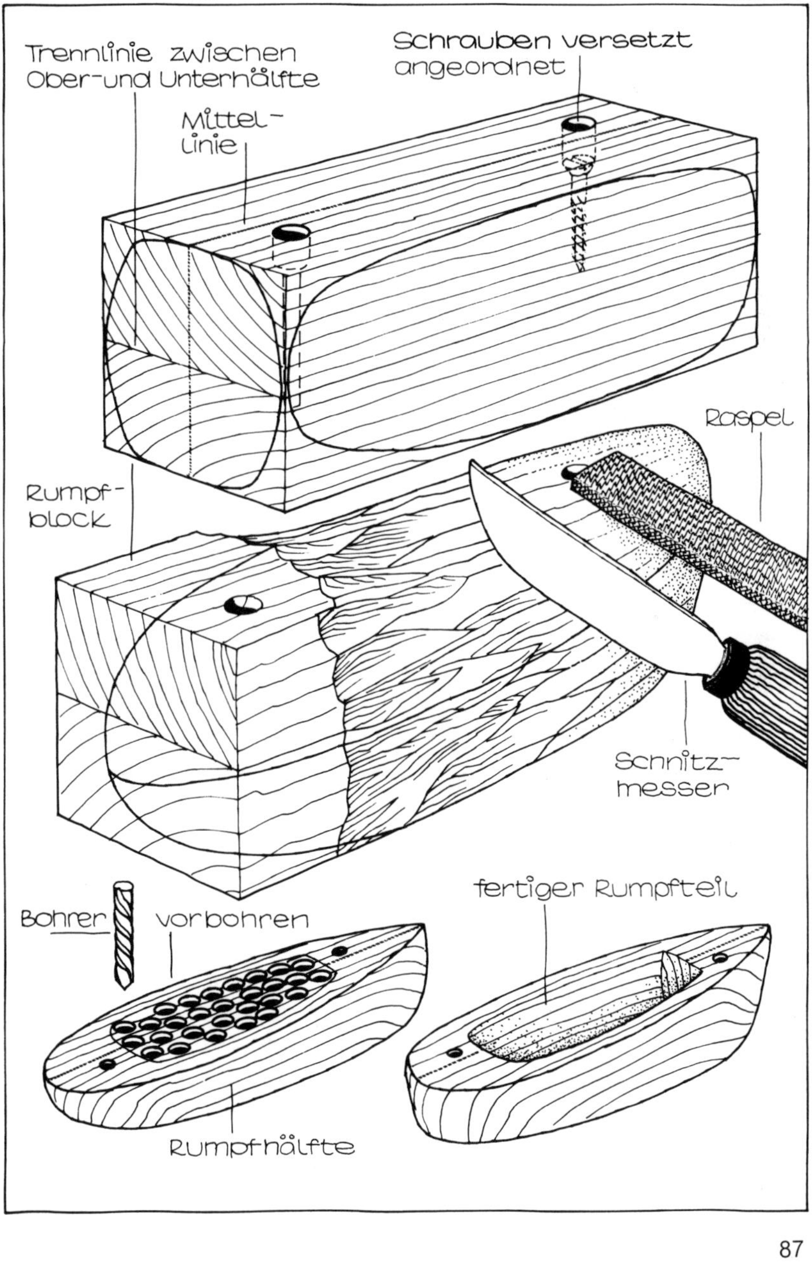
Trennlinie zwischen Ober- und Unterhälfte
Schrauben versetzt angeordnet
Mittel-linie
Raspel
Rumpf-block
Schnitz-messer
fertiger Rumpfteil
Bohrer
vorbohren
Rumpfhälfte

wollen, sondern ein »Aktions«-Modell. Wir versuchen lediglich, dem Ganzen eine möglichst schöne, abgerundete und glatte Form zu geben. Dabei denken wir stets daran, daß wir ein U-Boot bauen. Und wie solche Fahrzeuge aussehen, wissen wir ja von Bildern aus Büchern. Wir brauchen also dem hier gegebenen Plan keinesfalls sklavisch zu folgen. Sicher geben uns auch Fotos und Zeichnungen aus unserem »Ideenbuch«, das wir in einem anderen Abschnitt beschrieben haben, einige Anregungen. Wir müssen aber bei der Gestaltung des Innenhohlraums stets daran denken, daß wir genug Platz für den Ballast und einen Luftballon haben, bzw. auch für einen Gummimotor. Der Raum für den Luftballon muß groß genug sein, damit er genügend Auftrieb entwickeln kann.
Wenn wir mit der Rumpfform zufrieden sind, schrauben wir die zwei Hälften auseinander und stechen mit einem Stechbeitel das Innere beider Hälften aus. Diese Aushöhlungsarbeiten mit dem Stechbeitel sind viel einfacher, wenn man zunächst mit einem großkalibrigen Holzbohrer viele Löcher in den Bereich bohrt, den man aushöhlen will (Bild 34). Der Bohrer muß aber großkalibrig sein, und wir müssen vorsichtig arbeiten, damit wir nicht zu tief geraten oder gar durch den Rumpf hindurchbohren. Am besten klebt man ein Stück Band um den Drillbohrer oder bringt daran eine Farbmarkierung an, die der Tiefe entspricht, bis zu der man bohren will. Dann bohrt man so weit, bis der Bohrer bis zur Markierungslinie im Holz verschwunden ist. Mit einem scharfen Stechbeitel höhlen wir nun den Rumpf aus.
Danach sägen wir für die Ruder zwei dünne Schlitze in das Heck, einen vertikalen und einen horizontalen, d.h. einen senkrechten und einen waagerechten (Bild 35 unten, rechts). Die dünnen Metallflossen werden dann in diese Schlitze mit Stabilit ultra eingeklebt, wenn das Modell fertiggestellt ist.
Den Turm des U-Bootes fertigen wir aus einem Stück Abfallholz geeigneter Größe und Stärke. Er kann mit Profix Spezial-Kleber Modellbau und einem kurzen Dübel angebracht werden, wie im Bild 35 dargestellt. Das Sehrohr (Periskop) machen wir aus einem Stück steifen Draht, den wir oben vielleicht etwas umbiegen, aber auch gerade lassen können, denn moderne Sehrohre sind nicht, wie in den Kindertagen der U-Boote, oben umgebogen.
Sofern unser Modell nicht mit Ballast beschwert wird, kentert es und schwimmt in äußerst »unseemännischer Weise« auf der Seite. Der Ballast läßt das Boot aufrecht im Wasser stehen und auch tauchen. Er verleiht dem Rumpf das erforderliche Gewicht. Wenn wir das Modell nur ganz sacht anstoßen, bewegt es sich in halbgetauchtem Zustand infolge der Massenträgheit eine erstaunlich weite

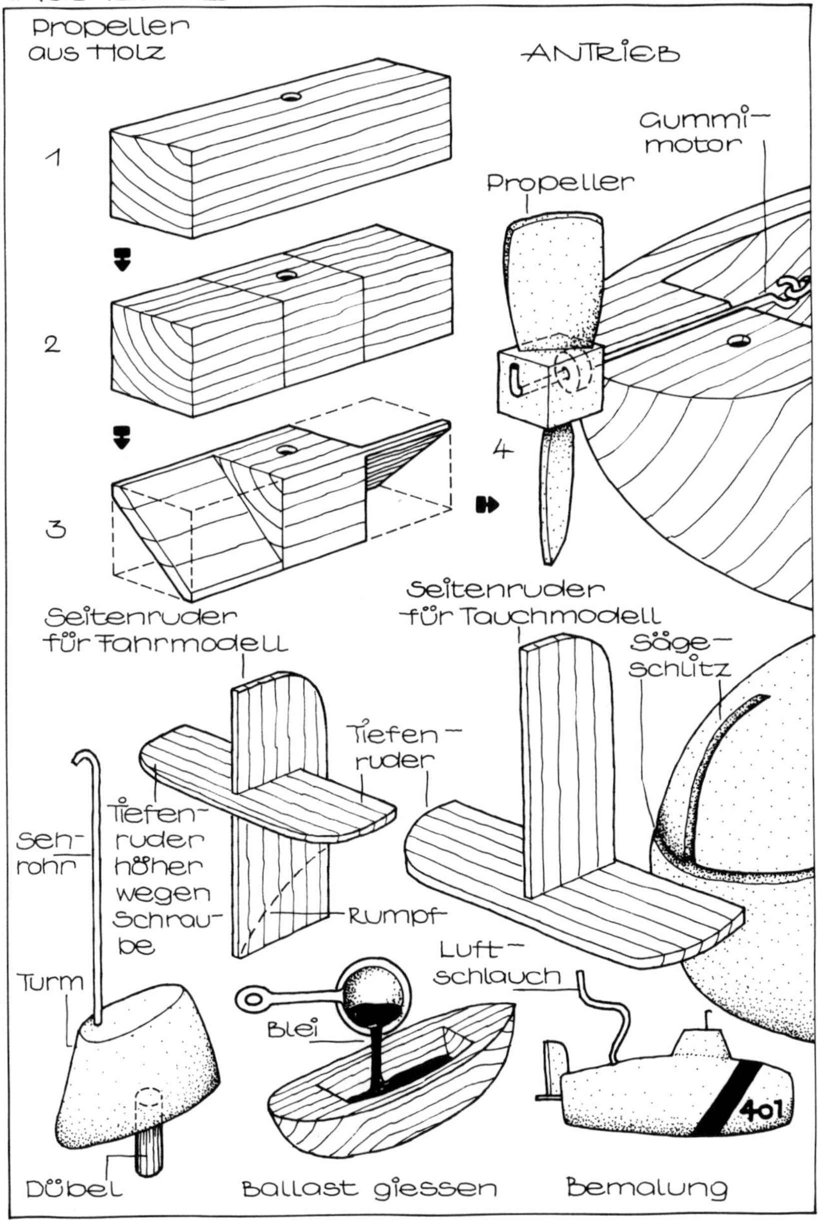

Propeller aus Holz
1
2
3
ANTRIEB
Gummi-motor
Propeller
4
Seitenruder für Fahrmodell
Seitenruder für Tauchmodell
Säge-schlitz
Tiefen-ruder
Seh-rohr
Tiefen-ruder höher wegen Schrau-be
Rumpf
Luft-schlauch
Turm
Blei
401
Dübel
Ballast giessen
Bemalung

Strecke fort. Je mehr Gewicht ein Schiffskörper hat, um so mehr Masse oder Massenträgheit besitzt er, und um so länger bleibt er in Fahrt, wenn man ihm einen Schubs gegeben hat.
Das beste Ballastmaterial für unser Unterseebootsmodell ist Blei. Wir brauchen für ein Modell dieser Größe etwa 350 g davon. Das Blei lassen wir in einem alten Topf schmelzen. Wir gießen es dann in den Rumpf hinein. Aber keine Pfanne benützen, die in der Küche zum Braten dient, denn Blei ist sehr giftig! Wenn wir also Blei schmelzen, gehen wir sehr vorsichtig vor, denn heißes Blei ist sehr gefährlich. Mit dem Bleigießen sind wir ja schon von Sylvester her vertraut. Wir wissen, welchen »Umstand« die Mutter macht, wenn die von der Bowle angeheiterten Gäste damit unvorsichtig in der Küche hantieren. Also wirklich Vorsicht: Heißes Metall ist gefährlich. Kinder fragen am besten ihren Vater um Rat. Das Blei möglichst in offener Luft oder in einem gut gelüfteten Raum schmelzen lassen, da es beim Schmelzen giftige Dämpfe abgibt. Die genaue Menge Ballast richtet sich nach Größe und Verarbeitungsart unseres Bootes. Es muß genug Bleiballast sein, damit das zusammengebaute Modell gerade eben langsam sinkt. Die Position des Ballastes ist ebenso wichtig: Er muß so angebracht werden, daß das Gewicht gut zentriert ist und das Boot auf ebenem Kiel, d. h. gerade, schwimmt. Sicher müssen wir erst einige Versuche machen. Dabei werden wir das Metall hin- und herschieben oder vom Gewicht etwas wegnehmen müssen, bis der Ballast richtig ausgewogen und richtig placiert ist. Bei dieser Trimmung müssen wir in mehreren Schritten vorgehen, denn nicht nur das Ballastgewicht, sondern auch die Ballastanordnung richten sich ganz nach der Größe und Bauart des Modells.
Nachdem wir mit dem Boot eine Zeitlang im Wasser gearbeitet haben, werden wir feststellen, daß das Holz (je nach Sorte) möglicherweise etwa Wasser aufgesogen hat, wenn wir es nicht vorher wasserdicht lackiert haben. Dadurch ändert sich der Auftrieb. Die Feineinstellung des Auftriebs nehmen wir dadurch vor, daß wir kleine Metallstückchen oben auf dem Rumpf anbringen. Damit dies möglich ist, ohne daß die Gewichte beim Tauchen herunterfallen, bohren wir kleine, nicht sehr tiefe Löcher oben in den Rumpf. Wir nennen sie Justierlöcher. Dort können wir je nach Erfordernis kleine Ballaststückchen anbringen.
Um unser U-Boot vom Boden der Badewanne, des Swimming-Pools oder Teiches auftauchen zu lassen, müssen wir dem Rumpf auch einen ausreichenden Auftrieb verleihen. Dies geschieht durch das Aufblasen eines Luftballons, den wir im Rumpf untergebracht haben. Der Ballon wird beim Aufblasen immer grö-

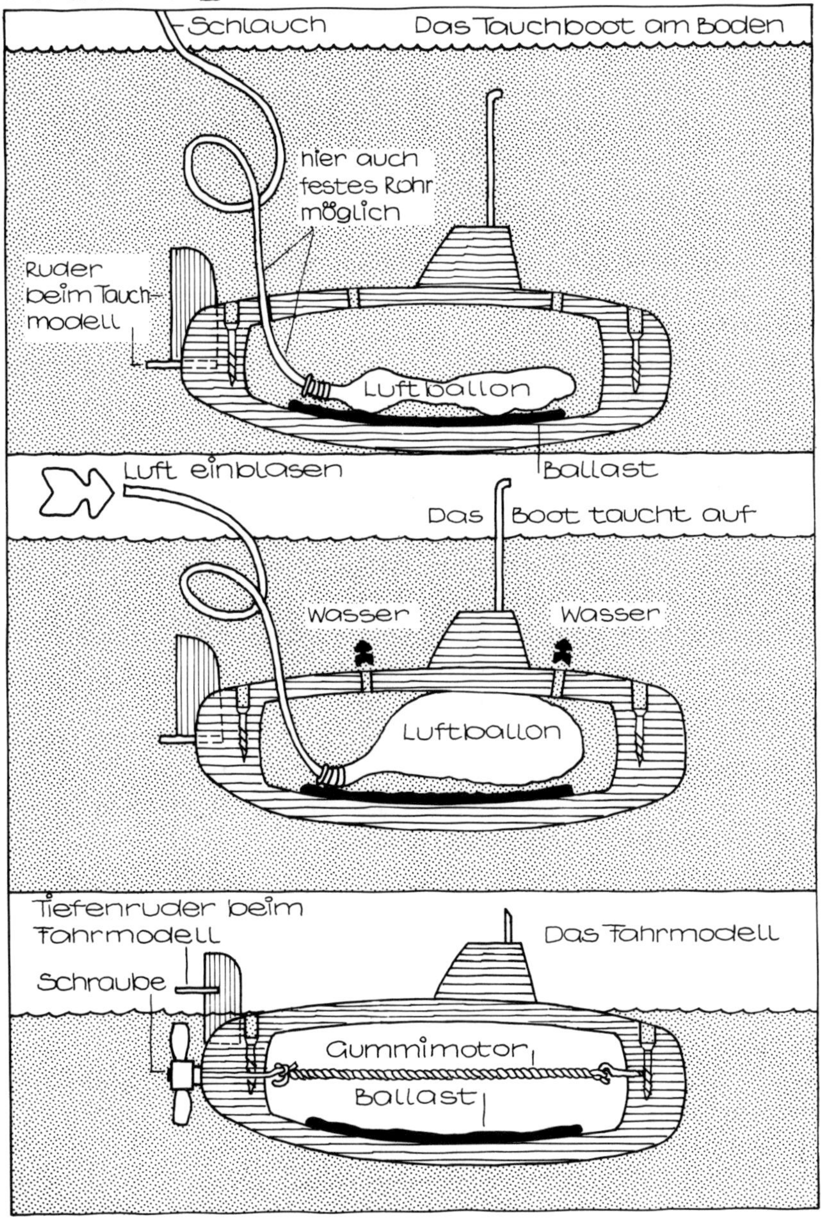
Schlauch
Das Tauchboot am Boden
hier auch festes Rohr möglich
Ruder beim Tauchmodell
Luftballon
Ballast
Luft einblasen
Das Boot taucht auf
Wasser
Wasser
Luftballon
Tiefenruder beim Fahrmodell
Das Fahrmodell
Schraube
Gummimotor
Ballast

ßer und verdrängt dadurch das Wasser, das beim Tauchen in den Rumpf eingedrungen ist. Unser Modell steigt an die Oberfläche. Das verdrängte Wasser muß aber auch aus dem Boot herauskommen können. Es wird aus dem Rumpf durch jene Löcher herausgedrückt, die wir durch das Oberteil des Rumpfes gebohrt haben. Diese Löcher können wir an beliebiger Stelle anbringen.

Die beste Form für unseren Auftriebsballon ist ein sehr großer und länglicher Ballon. Der Ballon braucht übrigens im Bootsinneren nicht vollständig und prall aufgeblasen zu sein, er muß sich nur so weit ausdehnen können, daß er möglichst den gesamten Hohlraum innerhalb des Rumpfes ausfüllt. Dieser Hohlraum muß auch ausreichend groß gestaltet werden, damit wir unserem Boot genügend Auftrieb geben können. Ein schwer aufblasbarer kleiner Ballon funktioniert dabei nicht sehr gut. Wir nehmen am besten einen normalen dünnen Luftballon und bringen ein langes dünnes Plastik- oder Gummiröhrchen an dem Ballon an. Wenn wir dieses Röhrchen fest an dem Ballonmundstück anbringen, dort mit Draht oder Faden oder Kleber über dem Röhrchen befestigen und dann auch noch reichlich Kleber aufbringen, erhalten wir eine luftdichte Verbindung. Nun brauchen wir noch oben im Rumpf ein Loch, durch das wir das Röhrchen hindurchleiten können. Am einfachsten wird es sein, wenn wir nur ein kurzes festes Rohrstück aus dem Boot herausragen lassen, an das wir dann ein Stück passenden Gummischlauch (Plastikschlauch) anbringen. Allerdings müssen wir dann auch diese Verbindungsstelle luftdicht machen. Die Länge des Schlauches richtet sich nach der vorgesehenen Tauchtiefe (Badewanne oder Swimming-Pool).

Den Rumpf unseres Bootes bearbeiten wir dann in üblicher Weise. Wir schmirgeln ihn so glatt wie möglich, bringen dann einen Grundanstrich und einen grauen Anstrich an. Wir können dem Boot auch noch einen eleganten andersfarbigen Streifen und eine Nummer geben, wie in Bild 35 unten rechts gezeigt.

Dieses Boot können wir aber auch als Fahrmodell ausrüsten, d. h. mit einem Gummimotor, wie im Bild 36 unten gezeigt. Leichte und kleine Plastik- oder Metallpropeller lassen sich aus dem Hobbyshop besorgen. Wenn wir alles selbst machen wollen, dann zeigt Bild 35 oben links wie wir ein Stück Holz in eine Schiffsschraube verwandeln können.

Für unser Fahrmodell müssen wir jedoch von vornherein die Heckflossen anders anbringen, nämlich weiter oben auf dem Rumpf, und zwar so weit, daß der Propeller nicht gegen das Tiefenruder schlägt (Siehe Bild 35 Mitte und Bild 36). Zum Anbringen der Welle feilen wir eine Nut in die untere Hälfte des U-Boots, durch die wir die Propellerwelle verlegen. Die achtere Schraube zum Zusammenschrauben der beiden Modellteile darf dann nicht in der Mitte des Bootes sein, sondern muß seitlich versetzt angebracht werden, damit wir an dieser Stelle die Propellerwelle hindurchschlagen können.

Als Propellerwelle dient uns ein Stück fester Draht, an dem wir an einem Ende einen Haken anbringen. Die Welle fetten wir ein und bringen Seife als Schmiermittel an. Zwischen Rumpf und Schraubenwelle bringen wir eine kleine Unterlegscheibe (oder Perle) an. Das Ende der Welle hämmern wir platt, damit der Propeller festsitzt. Vorn bringen wir im Buginneren einen Haken zur Anbringung des Gummimotors an. Den Gummimotor, d.h. mehrere Stränge aus festem Gummi, bringen wir zwischen dem Bug- und Heckhaken im Inneren des Bootes an. Den Gummimotor ziehen wir auf, indem wir die Gummistränge verdrillen. Dazu drehen wir den Propeller. Jetzt sehen wir, wie wichtig es ist, daß unsere Schiffsschraube wirklich fest sitzt. Denn wenn die Schraube mit der Welle nicht absolut fest verbunden ist, dann dreht sich zwar die Schraube, nicht aber der Gummimotor. Wenn wir richtig gearbeitet haben, dreht der ablaufende Gummimotor die Schraube, und diese treibt unser Boot durch das Wasser.

Weil unser Gummimotor sehr viel Raum im Hohlraum des Bootes wegnimmt, ist es so schwierig, ein Tauchboot zu bauen, das sowohl Antrieb hat, als auch auf- und untertauchen kann. Außerdem würde das aus dem Boot an die Oberfläche ragende Plastikröhrchen mit dem Schlauch eine schnelle Fahrt des Bootes durch das Wasser behindern.

Beim Ausprobieren des Modells werden wir folgendes feststellen: Wenn wir etwas Ballast wegnehmen oder hinzufügen und die Flossen am Boot entsprechend einstellen, kann man das Modell-Tauchboot dazu bringen, daß es zunächst an der Oberfläche zu fahren beginnt, dann aber langsam nach unten sinkt und dann wieder an die Oberfläche kommt, dann nämlich, wenn der Gummimotor abgelaufen ist und der Propeller stoppt. Auf diese Weise haben wir durch sorgfältiges Trimmen doch ein fahrendes und ein tauchendes U-Boot gebaut. Aber das bedarf längerer Versuche. Unser Erfindergeist und unsere Experimentierfreudigkeit sind herausgefordert.

Ein Luftkissenfahrzeug, das nicht ins Wasser darf

Dieses Modell ist etwas für wahre Tüftler: Es soll das Prinzip eines Luftkissenfahrzeugs (Englisch: Hovercraft) erklären. Aber Achtung: Dieses Modell darf keinesfalls in Wasser. Es soll uns vielmehr in die Funktionsweise dieser interessanten modernen Land- und See-Fahrzeuge einführen. Das Modell ist aber auf jeder glatten Fläche betriebsfähig. Wichtig beim Gesamtbau ist natürlich, daß wir mit möglichst geringen Gewichten arbeiten und überflüssige Materialstärke auf jeden Fall vermeiden. Am besten nehmen wir also Balsaholz.
Den Rumpf des Luftkissenfahrzeugs kleben wir aus Balsabrettchen etwa der Stärke 1,5 mm zusammen. Das Oberdeck hat die Abmessungen 180 × 100 × 1,5 mm, die beiden Endstücke aus Balsa sind 100 × 25 × 1,5 mm groß, die Seitenteile (ebenfalls aus Balsa) 200 × 25 × 1,5 mm. In die Mitte des Oberdecks sägen wir ein Loch mit einem Durchmesser von 75 mm. Darin müssen wir den Luftansaugschacht einsetzen (der die Saugwirkung erhöhen soll). Den Schacht biegen wir aus einem geeignet dünnen Material (Karton) rund und kleben ihn mit Profix Spezial-Kleber Modellbau ein. Nun haben wir den Rumpf fertig.
In eine der beiden Schmalseiten (Enden) des Rumpfes müssen wir kleine Löcher bohren; die durch sie abströmende Luft entwickelt eine Rückstoßkraft, die (hoffentlich!) ausreichen wird, unser kleines schwebendes Modell anzutreiben, wenn wir richtig arbeiten.
Als Antrieb dient ein kleiner möglichst leichter Elektromotor für 3 Volt. In die Mitte der Rotornabe wird ein Loch gebohrt und darin die Motorwelle strammsitzend eingepreßt. Mit 15 mm breiten Balsastreifen von 3 mm Stärke befestigen wir den Motor so, daß sich der Antriebsrotor genau in der Rundöffnung des Ansaugschachtes drehen kann, ohne zu schleifen. Dann bauen wir einen einfachen Batteriekasten für zwei Bleistiftzellen. Diesen bringen wir zwischen Halterungsstreifen mit Stabilit ultra an. Den Rotor machen wir uns auch selbst. Wir brauchen dazu eine Scheibe von 70 mm Durchmesser aus einem sehr dünnen Aluminiumblech. Dem Bild gemäß müssen wir sie entsprechend einschneiden und die Schaufeln (Flügel) schräg biegen. Die Rotorflügel müssen den richtigen Anstellwinkel haben, damit das Modell funktioniert. Hier heißt es ausprobieren. Zwei runde Stücke aus Balsaholz werden als Nabe mit Stabilit ultra auf und unter dem Mittelpunkt der Scheibe angeklebt.
Hier noch ein kleiner Tip: Wenn unser Schwebefahrzeug nicht schweben will, weil das Gewicht trotz aller Gewichtssparmaßnahmen zu groß geworden ist,

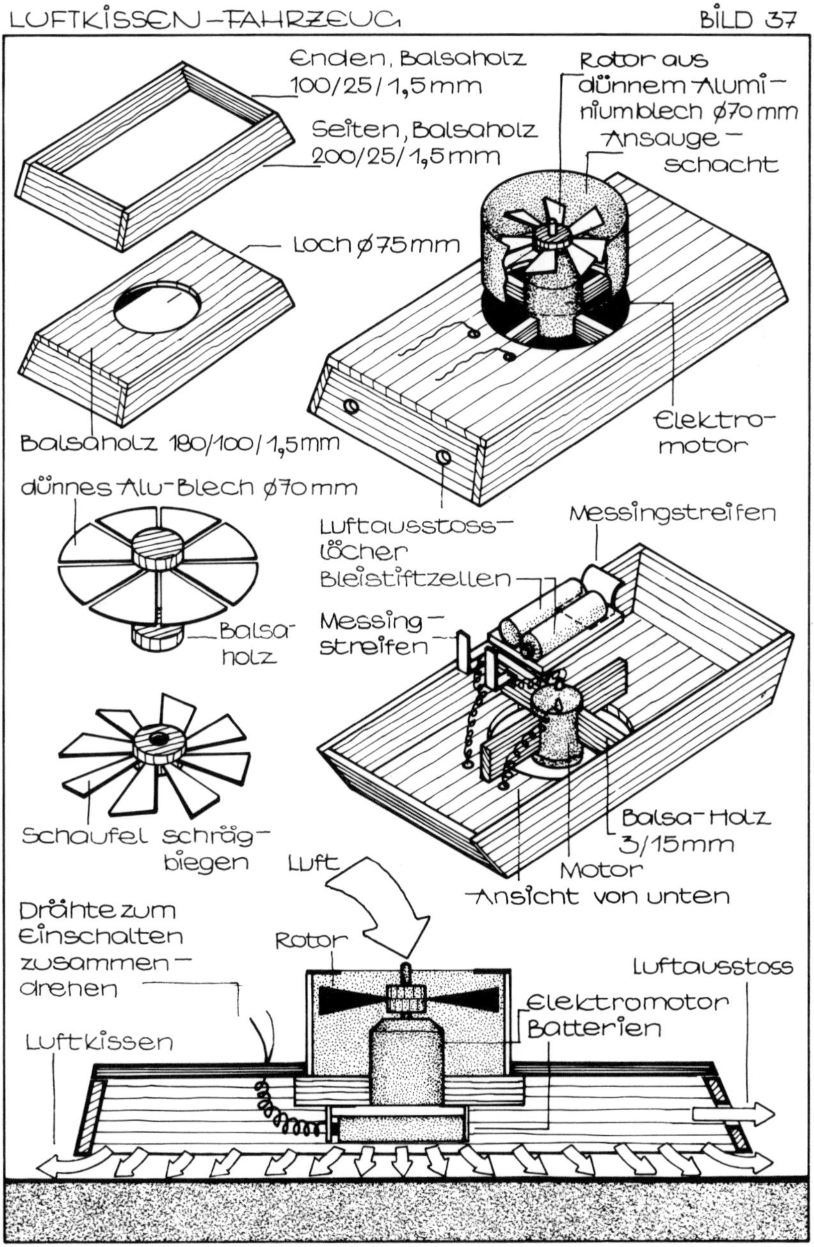
LUFTKISSEN-FAHRZEUG
BILD 37
Enden, Balsaholz 100/25/1,5 mm
Seiten, Balsaholz 200/25/1,5 mm
Rotor aus dünnem Aluminiumblech ø70 mm
Ansauge-schacht
Loch ø75 mm
Balsaholz 180/100/1,5 mm
Elektro-motor
dünnes Alu-Blech ø70 mm
Luftausstoss-löcher
Messingstreifen
Bleistiftzellen
Messing-streifen
Balsa-holz
Schaufel schräg-biegen
Balsa-Holz 3/15 mm
Motor
Ansicht von unten
Luft
Drähte zum Einschalten zusammen-drehen
Rotor
Luftausstoss
Elektromotor
Batterien
Luftkissen

schalten wir Verbindungsdrähte zwischen Elektromotor und Batteriekasten und machen sie so lang, daß wir den Batteriekasten mit den relativ schweren Batterien außerhalb des Modells aufstellen können. Das um die Batterielast erleichterte Schwebefahrzeug macht nun seinem Namen alle Ehre.
Und nun viel Spaß mit diesem Modell eines Luftkissenfahrzeugs, das in Wirklichkeit natürlich nicht nur über feste Landflächen, sondern auch über Wasser schweben kann. Da wir aber die Unterseite dieses sehr kleinen Modells nicht ausreichend wasserdicht verschließen können, dürfen wir unser Modell nur auf einer trocknen, glatten Fläche betreiben. Aber es macht auch so Spaß.

Nur ein einfaches Ruderboot...

Dieses Modell sagt viel über die Kunst des Bootsbaus, bringt die ganze Zuneigung des Menschen zum Boot und die Nostalgie zum Material Holz zum Anklingen.
Wir haben diesem Boot ganz einfache Formen gegeben. Hier ist kein runder Querschnitt, keine Karweel- oder Klinker-Beplankung vorgesehen. Hier zeigen wir mit einfachen Mitteln, was ein Ruderboot ist, dessen Fortbewegung der Seemann nach dem englisch-niederländischen Wort »pullen« nennt. Was soviel wie »ziehen« oder »reißen« heißt, also bedeutet »am Riemen reißen«, ordentlich »rudern«.
Natürlich können wir nach Lust und Kunstfertigkeit die Konstruktion abwandeln, schnittiger gestalten, einzelne Teile dünner herstellen usw. Bug- und Heckblock können wir auch torförmig aushöhlen. Als Größe nehmen wir 170 mm. Wir beginnen mit dem Außenboden, den wir uns erst einmal aufzeichnen. Die Größe des Innenbodens, d. h. seines Umrisses, richtet sich nach der Stärke der Seitenwand, d. h. wenn wir diese 2 oder 3 mm stark machen, muß der Innenboden an den Umrissen auch um 2 oder 3 mm schmäler werden als der Außenboden.
Für die Seitenwände wählen wir ein möglichst biegsames Holz. Damit die Seitenwände später problemlos angebracht werden können, legen wir das Holz nach dem Zuschnitt ins Wasser, biegen das nasse Holz zurecht und lassen es in gebogenem Zustand trocknen.
Dazu machen wir uns eine kleine Vorrichtung: Auf einem Basisbrettchen befestigen wir den Innenboden, um den wir Seitenwände biegen und daran mit Profix Spezial-Kleber Modellbau festkleben. Die Wände setzen wir durch eine ent-

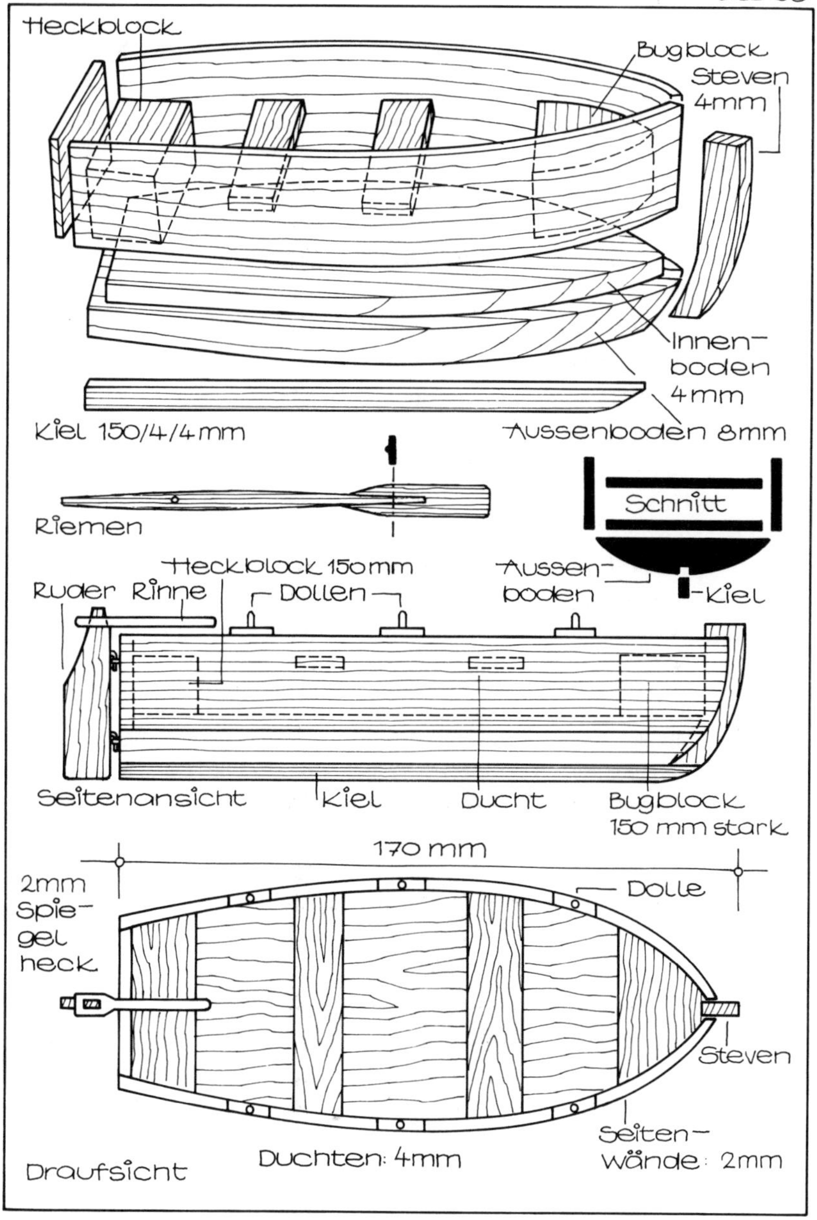
Heckblock
Bugblock
Steven 4mm
Innenboden 4mm
Kiel 150/4/4mm
Aussenboden 8mm
Riemen
Schnitt
Aussenboden
Kiel
Heckblock 150mm
Ruder Rinne
Dollen
Seitenansicht
Kiel
Ducht
Bugblock 150 mm stark
170 mm
2mm Spiegelheck
Dolle
Steven
Seitenwände: 2mm
Duchten: 4mm
Draufsicht

sprechend getrimmte Leiste oder mit Nägelchen auf dem Basisbrett fest. Wichtig ist es, daß alle Teile sauber gearbeitet und abgeschliffen werden und genau zueinander passen, bevor wir sie endgültig befestigen (mit Kleber).
Die Ruderpinne können wir lose aufsetzen. Das Ruder (Landratten sagen »Steuer«) hängen wir drehbar mit je 2 Ösen und Haken auf. Sorgfalt sollten wir auch bei der Herstellung der Riemen (Landratten sagen »Ruder«) anwenden. Das verwendete Rundholz wollen wir an beiden Enden konisch verjüngen. Beim Einschneiden des Schlitzes, in den wir die Blätter der Riemen einsetzen, müssen wir sehr sorgfältig arbeiten. Wahrscheinlich mißlingt uns dies zuerst einmal. Es empfiehlt sich, das Einsägen vor dem konischen Verjüngen vorzunehmen. Als Dollen können wir auch kleine Drahtstifte nehmen, deren Kopf wir abgezwickt haben. In jeden Riemenholm bohren wir ein Loch, das auf die Dollen paßt. Damit die Duchten (Sitzbänke) gut sitzen, können wir darunter auch Leistenstückchen kleben, z. B. mit Profix Spezial-Kleber Modellbau. Auch das Einpassen der Sitzbänke wird keine Probleme bereiten.
Zum Anstrich sei gesagt: Wenn wir schön gemasertes Holz genommen und sauber gearbeitet haben, wirkt das Modell am besten, wenn wir es mehrmals mit einem farblosen Lack überziehen. Gerade wenn Holz und Lack mit der Zeit nachdunkeln, also »altern«, wird sich das Modell immer besser ausnehmen. Wir können das Boot aber auch anstreichen, am besten innen mit einem anderen Farbton als außen.
Wie sagte doch die Wasserratte zur Landratte: »Ja, lieber Freund, es gibt nichts, aber auch absolut gar nichts auf dieser Welt, das so viel Spaß macht, als das Herumpusseln an einem Boot, nichts das schöner wäre oder sich mehr lohnte, als einfach herumpusseln an und mit einem Boot...«

Motorlogger – fast schon ein Ausstellungsstück

Mit dem Modell unseres guten alten Motorloggers von der deutschen Nordseeküste (Originallänge 36 m) können wir, wenn wir sorgfältig arbeiten, schon ein sehr attraktives Ausstellungsstück herstellen. Als erste Entscheidung müssen wir hier die Größe unseres Fahrzeugs festlegen. Wenn wir das kleine Schiffchen in der Originalgröße des Bauplans (Bild 39) herstellen, wird es zwar ein allerliebstes kleines Modell, an dem wir aber vielleicht nicht alle im Bauplan dargestellten Einzelheiten anbringen können. Eine weitere Möglichkeit wäre, das Modell dop-

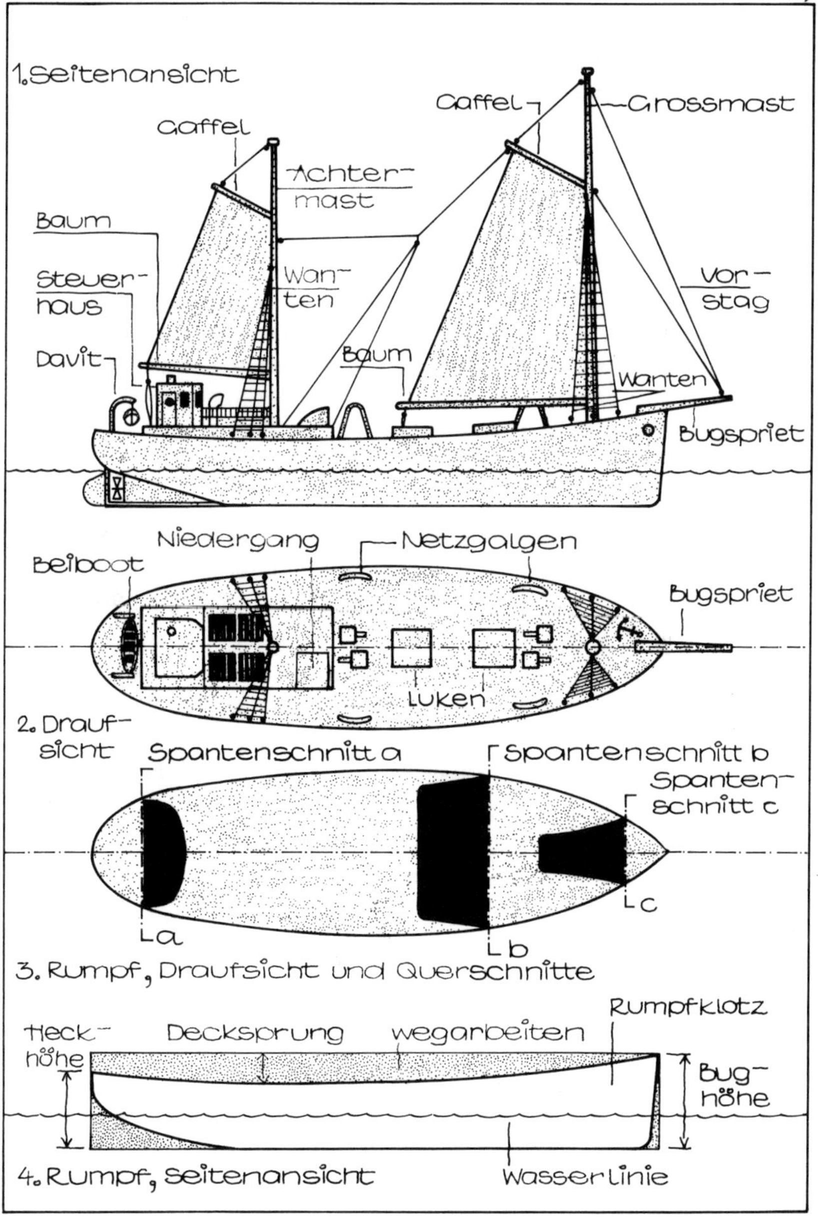
1. Seitenansicht
Gaffel
Gaffel
Grossmast
Achter-
mast
Baum
Steuer-
haus
Wan-
ten
Vor-
stag
Davit
Baum
Wanten
Bugspriet
Niedergang
Netzgalgen
Beiboot
Bugspriet
Luken
2. Drauf-
sicht
Spantenschnitt a
Spantenschnitt b
Spanten-
schnitt c
a
b
c
3. Rumpf, Draufsicht und Querschnitte
Rumpfklotz
Heck-
höhe
Decksprung
wegarbeiten
Bug-
höhe
4. Rumpf, Seitenansicht
Wasserlinie

pelt so groß anzufertigen, was etwa einem Maßstab 1 : 250 entspräche. Ein Modell in der vierfachen Größe würde einem Maßstab von etwa 1 : 125 entsprechen. Bei 1 : 100 müßte der Logger 36 cm, bei 1 : 50 schon 72 cm lang werden. Natürlich wird die Arbeit um so langwieriger, je größer das Modell wird, weil dann größere Holzmengen zu bearbeiten sind.

Zunächst hier unsere Stückliste. Wir brauchen, je nach Größe unseres Modells: Rumpfstück, Decksaufbau, Steuerhaus, Niedergang, Oberlicht, 2 × Luken, 4 × Netzgalgen, 2 × Davits, Beiboot, 4 × Winden, Anker. Für die Takelage benötigen wir: Großmast, 2 × Gaffel, 2 × Baum, Groß-Segel; Groß-Gaffeltop-Segel; Achtermast, Achtersegel, Gaffeltop-Segel. Beim Bau mit Unterwasserschiff außerdem Stevenbrett, Schraube, Rudersteven und Ruder.

Zuerst also müssen wir uns auf einen geeignet großen und starken Holzklotz den Decksriß für unser Modell aufzeichnen. Dann bearbeiten wir den Rumpf so, wie wir es schon von anderen Modellen her kennen. Insbesondere wichtig ist es, daß wir den Deckssprung richtig herausarbeiten (Bild 39 unten). Er macht das Modell erst richtig schön.

Die Größenverhältnisse der Einzelteile ergeben sich aus dem Bauplan. Die Detailzeichnungen erleichtern die Herstellung der Einzelteile. Hier noch einige Hinweise: Türen und Bullaugen an den Aufbauten ebenso wie die Lüfteröffnung am Lüfter können durch Aufmalen entstehen, ebenso wie die Fenster im Oberlicht. Anker und Schraube können wir sicher aus dem Spielzeugladen besorgen. Ob wir uns mit dem Beiboot so viel Mühe machen, daß wir es hohl fertigen und einen Hecksteven und Duchten einsetzen, hängt natürlich ganz vom Maßstab und unserem Geschick ab.

Hier auch ein Hinweis zur Bemalung: Wir machen den Rumpf über Wasser dunkelgrün und das Unterwasserschiff weiß (oder schwarz mit weißem Wasserpaß). Das Deck lassen wir hellholzfarben und lackieren es mit einem farblosen Lack oder wir machen es schwarzbraun. Die übrigen Aufbautenteile aus Holz bemalen wir dunkelbraun, alle Metallbeschläge wie Netzgalgen, Winde und Schraube, machen wir schwarz. Winde, Luken, Galgen und Davits können wir aber auch dunkelgrün anstreichen. Die Masten, Bäume, Gaffel und die Luke werden braun oder schwarz. Übrigens, die Segel brauchen nicht weiß zu sein: wenn wir sie aus einem Stoff mit einer leichten Färbung (z. B. ocker- oder rostfarben) herstellen, wirkt das Modell besonders schön.

Ob wir die in der Seitenansicht gezeigten seitlichen Wanten in dieser Form anbringen können, hängt ebenfalls von der Größe des Modells ab.

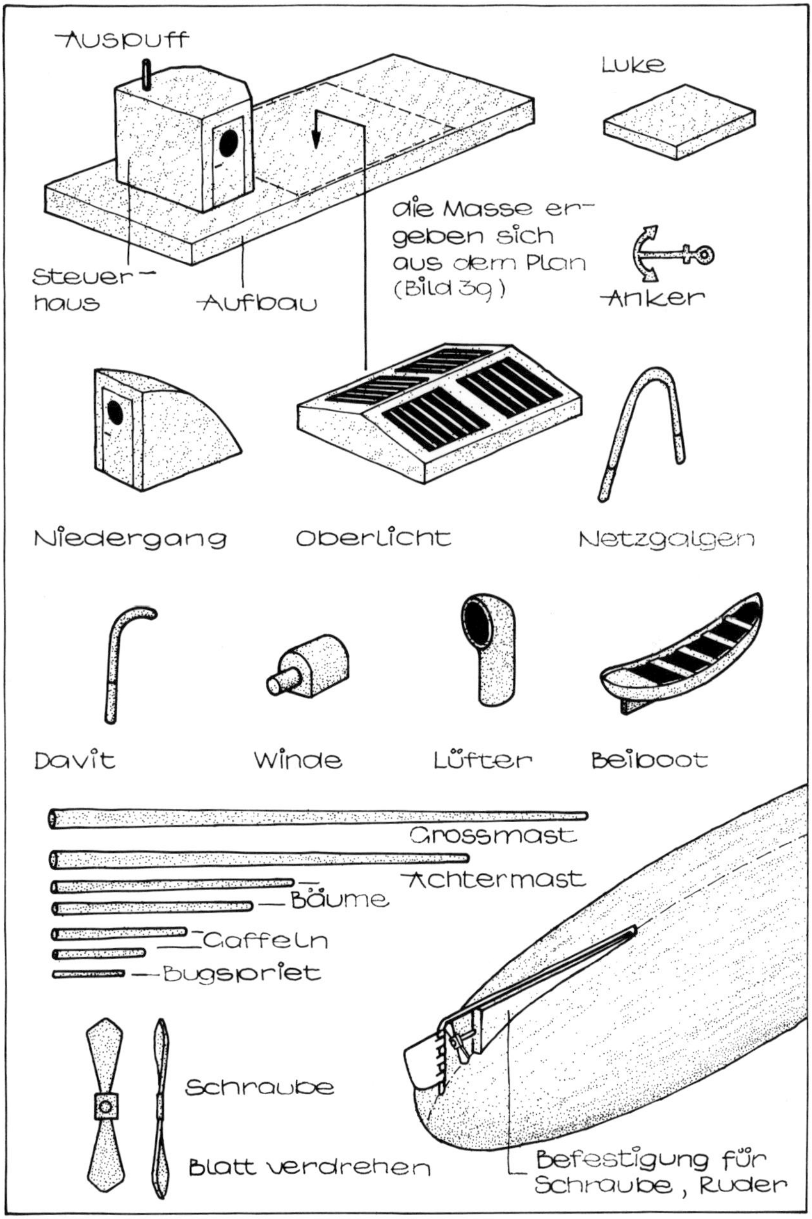
Auspuff
Luke
Steuerhaus
Aufbau
die Masse ergeben sich aus dem Plan (Bild 39)
Anker
Niedergang
Oberlicht
Netzgalgen
Davit
Winde
Lüfter
Beiboot
Grossmast
Achtermast
Bäume
Gaffeln
Bugspriet
Schraube
Blatt verdrehen
Befestigung für Schraube, Ruder

Einzelheiten einer genaueren Betakelung, d. h. der Anbringung der Segel an den Masten, der Anordnung des stehenden und laufenden Gutes entnehmen wir, sofern wir dieses Modell in einem relativ großen Maßstab (größer als 1 : 100) angefertigt haben, den entsprechenden Hinweisen aus den Abschnitten über Takelung und Modelljacht in diesem Buch.
An der Kürze dieser Bauanleitung können wir ermessen, wieviel wir schon über den Schiffsmodellbau gelernt haben. Bald können wir Modelle ohne jede Anleitung, einfach nach dem Bauplan bauen.

Wir bauen eine ganze Flotte

Vielleicht haben wir schon eine ganze Anzahl von Schiffsmodellen gebaut, als Spielzeug, Schmuckstück für die Vitrine oder als Aktionsmodell für den Teich; eines aber hatten alle diese Modelle bisher gemeinsam: Sie waren zwar kleine Abbilder großer Vorbilder, aber sie waren nicht im gleichen Maßstab, d.h. sie paßten nicht zueinander. In unserem Modell waren der große Flußdampfer und das U-Boot »zu klein«, der Katamaran und unser schwimmendes Testschiff »zu groß«, wenn wir die Modelle nebeneinander gestellt betrachten.
Nun wollen wir etwas völlig Anderes beginnen. Etwas, das, wenn es uns Spaß macht, vielleicht für uns »der Schiffsmodellbau überhaupt« wird: Wir wollen nicht ein Modell bauen, sondern eine ganze Handelsflotte von Schiffen verschiedenster Typen, und alle im gleichen Maßstab, d. h. in der richtigen Größe zueinander passend.
Und um noch etwas Neues geht es: Die meisten unserer bisherigen Modelle waren schwimmfähige Vollmodelle. Unsere Handelsflotte soll in Form von Wasserlinienmodellen erstehen. Das sind Schiffsmodelle ohne Unterwasserschiff. Sie stellen also Schiffe so dar, wie sie der Betrachter vom Ufer aus im Wasser schwimmen sieht. Es sind also reine Schau-Modelle. Aber wie schön kann man mit einer solchen Handelsflotte spielen (besonders, wenn wir dann, wie im nächsten Abschnitt angeregt, einen ganzen Hafen dazubauen). Aber schön ist auch, auf geeignetem Untergrund eine solche Flotte als »Ausstellungsstück« immer wieder anzuschauen.
Wen es interessiert, der kann sich aus einem geeigneten Buch auch eine ganze Kriegsflotte herauszeichnen: Flugzeugträger, Kreuzer, Fregatten, U-Boote, Landungs- und Hilfsschiffe. Allerdings sind Kriegsschiffe mit ihren teilweise etwas bizarren Aufbauten sehr viel schwieriger zu bauen als Handelsschiffe. In der Bemalung sind sie allerdings einfach, nämlich grau. Dagegen müssen wir uns mit der Bemalung unserer Handelsschiffe schon viel mehr Mühe geben, wenn wir die ganze Farbenpracht eines Hafens einfangen wollen, mit den Anstrichen und Schornsteinfarben, die sich die Reedereien einfallen lassen.

Und noch etwas zu unserer Wasserlinienflotte: Auch hier gibt es für den Grad der Genauigkeit und Feinheit ebensowenig eine Grenze wie für die verschiedentliche Ausgestaltung. Man kann Handelsschiffe voll beladen, d. h. tief im Wasser liegend darstellen, oder auch leer, so daß die Rümpfe viel weiter aus dem Wasser herausragen und ein breiter Streifen vom Unterwasseranstrich (zumeist rot) über der Wasserlinie sichtbar ist. Wenn wir ein solches leeres Schiff darstellen wollen, dann müssen wir in den Bauplänen 41–47 einfach ein ganzes Grundbrettchen mehr mit Profix Spezial-Kleber Modellbau unter den Rumpf kleben, natürlich entsprechend verjüngt, und diesen Teil des Rumpfes rot (Mennige = Rostschutzfarben bei Schiffen) anstreichen. Frachter können wir aber auch mit offenen Ladeluken in unseren Hafen legen. Dazu bringen wir nicht die Ladeluken auf dem Deck an, sondern schneiden vielmehr an ihrer Stelle in die Rumpfbrettchen viereckige Löcher, die wir innen ebenfalls mit Mennige-Rot bemalen.
Mit unserer Wasserlinienflotte dringen wir auch in die faszinierende Welt der Miniatur-Modelle ein. Das Wort »Miniatur« hat übrigens nichts mit »MINI« (klein) zu tun, diesem so häufig gebrauchten und von »Minimum« (kleinst) abgeleiteten Modewort (Vergl. Mini-Rock, Mini-Bus). Der Begriff stammt vielmehr aus dem frühen Mittelalter, aus der Welt der Klöster, der mönchischen Illustratoren und Manuskript-Schreiber; er entstand lange bevor die schwarze Kunst der Drucker mit dem Buch das erste Massenmedium geschaffen hatte. »Miniaturen« waren vor allem Miniaturzeichnungen, als gemalter »Miniatur«-Schmuck (Ornamentik) von Manuskripten, später von Büchern. Mit Rankenwerk versehene große Anfangsbuchstaben (Initialen), Randzeichnungen und Einfassungen der Schrift sowie in den Text eingestreute kleine Bildchen waren es, die in mittelalterlichen Klöstern von Scriptor und Pictor kunstvoll gefertigt wurden und zur Entwicklung der Kunst der Miniatoren führten, die in den geschriebenen Manuskripten mit ihren Kunstwerken auch ganze Seiten bedeckten. Deshalb wurde mit dem Wort »Miniatur« zumeist Buchmalerei, Miniatur-Malerei und Miniatur-Schmuck bezeichnet. Von der geringen Größe dieser Darstellungen abgeleitet fand der Begriff aber bald auch Anwendung auf alle kleinmaßstäblichen Nachbildungen großer Vorbilder. Müssen wir nun enttäuscht sein von dieser Herkunft, von staubigen Büchern und der Akribie mönchischer Schreiber? Keineswegs, denn schließlich stammt das Wort »Miniatur« im wesentlichen vom lateinischen »Minium«, der Bezeichnung für die von den Illustratoren verwandte rote Schriftfarbe, ein Wortstamm, der in der neuzeitlichen deutschen Sprache im Begriff »Mennige« fortlebt. Und das riecht ja nun wieder herzhaft nach Teer, Schiffsfar-

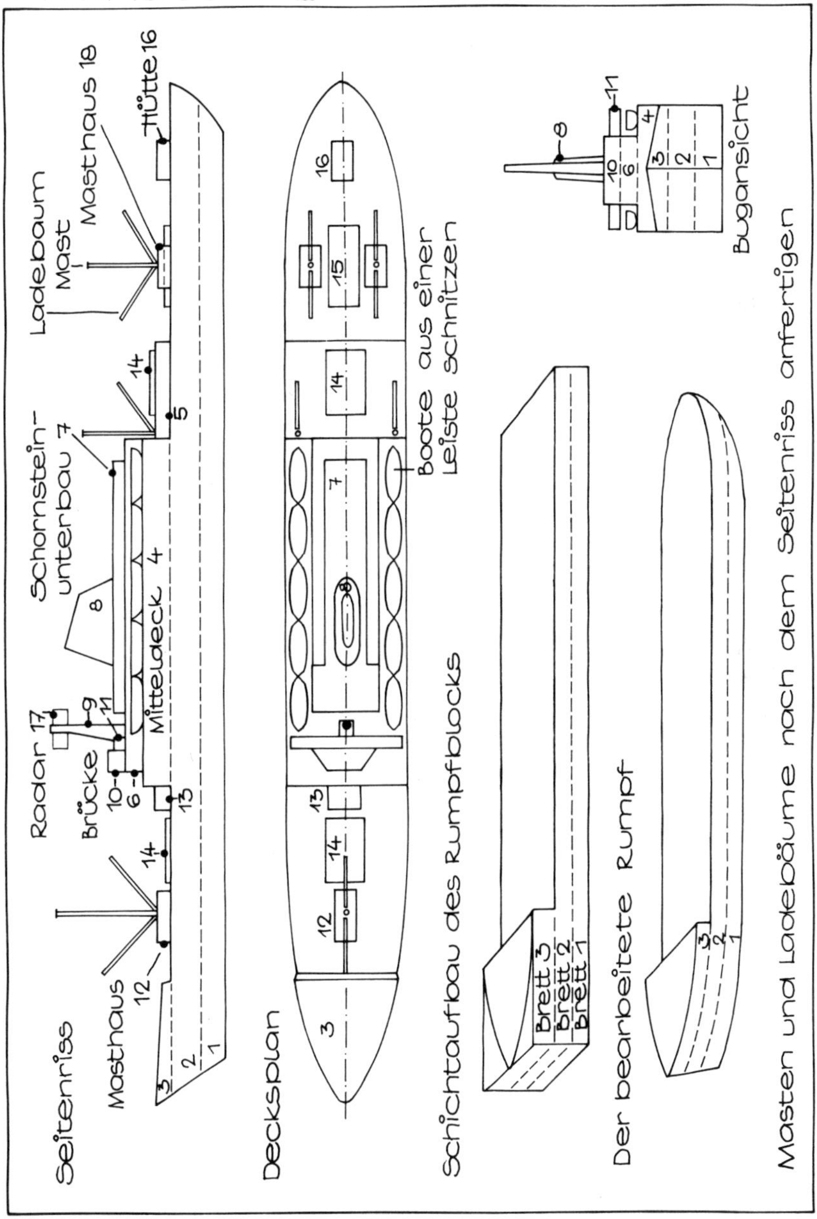

Seitenriss
Masthaus
Radar 17
Brücke
Mitteldeck 4
Schornstein-
unterbau 7
Ladebaum
Mast
Masthaus 18
Hütte 16
Decksplan
Boote aus einer
Leiste schnitzen
Bugansicht
Schichtaufbau des Rumpfblocks
Brett 3
Brett 2
Brett 1
Der bearbeitete Rumpf
Masten und Ladebäume nach dem Seitenriss anfertigen

ben und Salzluft. Und Teer und Salzluft riechen wir förmlich inmitten unserer Miniaturflotte.
Der Bau solcher Wasserlinienmodelle etwa im Maßstab 1 : 1000 ist für uns einfach, weil wir jetzt schon viel Erfahrung mit Schiffsmodellen haben. Aber je kleiner der Maßstab von Modellen ist, um so größere Geschicklichkeit gehört dazu, saubere Miniaturen herzustellen. Wir wollen uns die Arbeit so einfach wie möglich machen, aber trotzdem unsere Modelle schön und solide bauen, so bemalen und (mit Masten und Ladebäumen) ausrüsten, daß sie schön anzusehen sind.
Als Werkstoff können wir geeignete Holzleisten aus Laubholz wie Linde, Erle oder Pappel nehmen. Die Leisten sollten möglichst schon die Breite der Schiffsrümpfe haben. Wir brauchen Leisten in den drei Stärken: 2, 3 und 4 mm. Die Breite richtet sich nach dem zu bauenden Modell. Wir können aber die Einzelteile auch aus beliebig anderem Holz, z. B. aus Sperrholz aussägen.
Die Arbeit wird sicher viel Spaß machen, weil wir in relativ kurzer Zeit und mit wenig Material eine ganze Handelsschiffsflotte auffahren lassen können, die nur wenig Raum beansprucht. Durch den gleichen Maßstab aller Modelle können wir uns auch sofort ein Bild von der tatsächlichen Größe der Schiffe machen. Bei 1 : 1000 entspricht 1 mm im Modell 1 m in der Wirklichkeit. Wir machen die Modelle etwa so groß wie abgebildet. Als Hilfe wurde in den Bildern die Holzstärke schwarz gezeichnet. Unsere Modelle sollen also nicht schwimmen. Wichtig ist jedoch, daß alle Schiffe im gleichen Maßstab gehalten werden, damit unsere Flotte wirklich in der Größe zusammenpaßt. Bei der Größe der einzelnen Schiffe kommt es auch nicht auf einige Millimeter an. Nur die Verhältnisse müssen stimmen. Wir könnten alle Schiffe auch halb so groß oder doppelt so groß machen. Über den Maßstab 1 : 1000 (etwa Bildgröße) wollen wir allerdings möglichst nicht hinausgehen, weil sonst der Hafen (siehe den nächsten Abschnitt) zu groß wird.
Bevor wir mit dem Bau beginnen, studieren wir wie stets die Baupläne zuerst ganz genau, damit wir wissen, aus welchen Teilen sich das jeweilige Modell zusammensetzt und wie diese Teile zusammengehören. Wir wollen zunächst ein Schiff fertig bauen, bevor wir mit dem nächsten beginnen. Die Umrisse der einzelnen Teile übertragen wir mit einem gutgespitzten Bleistift, mit Lineal und einem kleinen Anschlagwinkel auf die Holzleisten. Das Aussägen verlangt ein einfaches Laubsägebrettchen mit Zwingschraube und eine Laubsäge mit feinen Sägeblättern. Zur Bearbeitung brauchen wir ferner eine mittelgroße Holzfeile und einen Satz feinerer Feilen sowie feines Sandpapier. Als Masten und Lade-

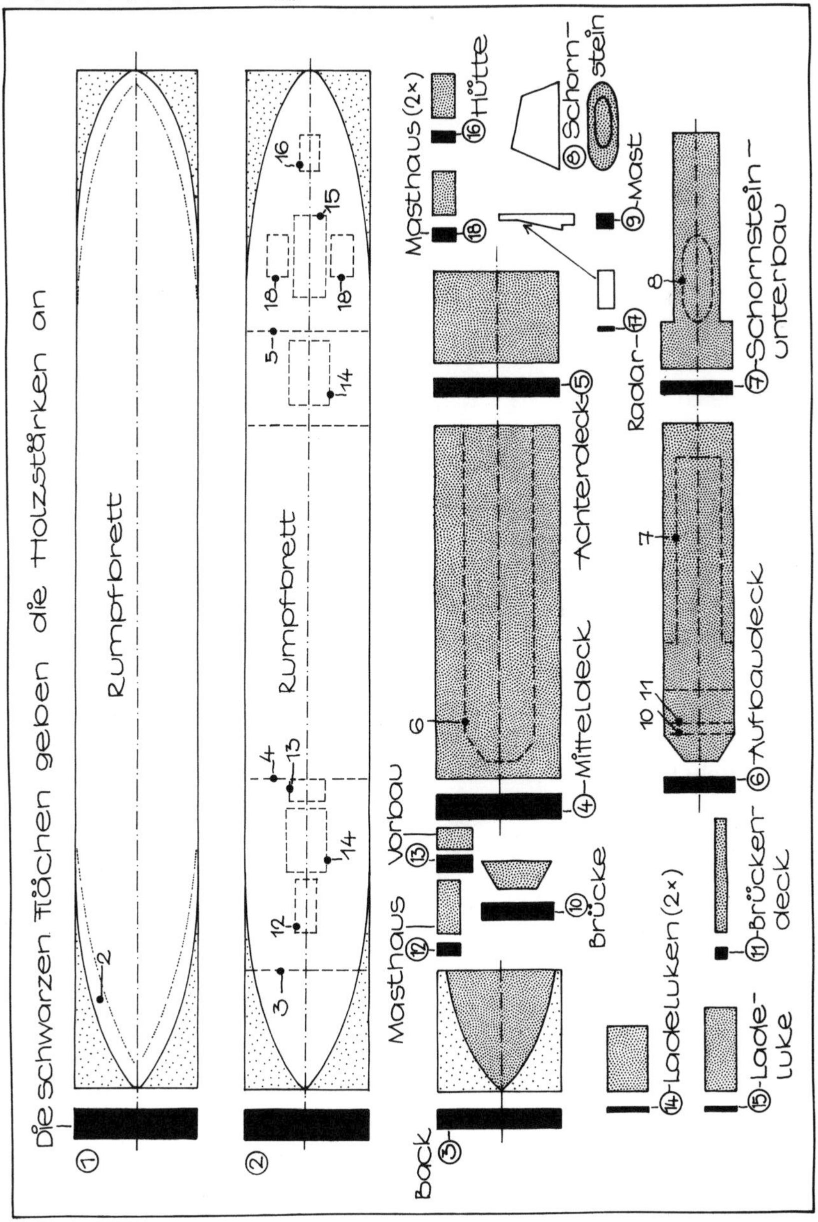
Die schwarzen Flächen geben die Holzstärken an
① Rumpfbrett
② Rumpfbrett
③ Back
⑫ Masthaus
⑬ Vorbau
⑩ Brücke
④ Mitteldeck
⑤ Achterdeck
⑱ Masthaus (2×)
⑯ Hütte
⑧ Schornstein
⑨ Mast
⑰ Radar
⑦ Schornsteinunterbau
⑥ Aufbaudeck
⑪ Brückendeck
⑭ Ladeluken (2×)
⑮ Ladeluke

bäume verwenden wir 0,5 mm starken Stahldraht oder abgezwickte Stecknadeln. Dazu benützen wir eine Flach- oder Kneif-Zange. Zum Kleben nehmen wir wieder Profix Spezial-Kleber Modellbau, der schnell trocknet. Zum Bemalen der fertigen Modelle steht uns die Farbenvielfalt aus unserem Bastelgeschäft zur Verfügung. Ferner brauchen wir dazu feine, weiche Pinsel.
Beginnen wir zunächst mit dem großen Fahrgastschiff der Bilder 41 und 42. Der Rumpf entsteht schichtweise aus Holzleisten der angegebenen Stärken. Das Schiff ist in Wirklichkeit etwa 16 m breit. Also nehmen wir zunächst eine 16 mm breite und 4 mm starke Holzleiste. Bevor wir Holzleisten bearbeiten, müssen wir sie stets mit Sandpapier schön glatt schleifen. Die gesamte Länge des Modells übertragen wir auf die Leiste, zeichnen den Umriß mit dem Anschlagwinkel an und sägen das erforderliche Stück genau rechtwinklig ab. Das gleiche tun wir mit den anderen Rumpfteilen. Dann kleben wir die Stücke haargenau übereinander. Damit sich beim Kleben die Schichten nicht verschieben, schlagen wir von oben zwei kleine Nägel an Bug und Heck, genau auf der Mittellinie und nicht zu weit nach den Enden ein. Die Nägel müssen aber später durch weitere Aufbauten verdeckt werden. Jetzt kleben wir den Deckssprung in der Breite des Rumpfes mit auf und zeichnen den oberen Rumpfumriß auf. Der blockartig geklebte Rumpf kann nun mit der Laubsäge in Gesamthöhe senkrecht ausgesägt werden. Wir können auch die einzelnen Schichten aussägen, den geklebten Schichtblock in einen Schraubstock spannen und mit einer Raspel oder Feile bearbeiten. Dem Rumpf geben wir so die gewünschte Form. Mit Holzfeile und Sandpapier müssen wir besonders am Bug und am Heck fein arbeiten, bis die richtige Form erreicht ist. Bug und Heck sind, wie die Abbildung zeigt, ganz verschieden gewölbt. Auf dem Hauptdeck werden die Anbringungsstellen der Decksaufbauten angezeichnet. Auch die Aufbauten ergeben sich aus dem Bauplan. Wir machen sie ebenfalls aus Leisten verschiedener Stärken. Alles weitere ist aus dem Bauplan ersichtlich.
In der gleichen Weise bauen wir auch das Passagier- und Frachtschiff (Bild 43), das Frachtschiff (Bild 44), den Supertanker (Bild 45) und die weiteren Typen auf Bild 46. Die Größen der Schiffe ergeben sich aus den Bauplänen. Bei so kleinen Modellen können wir auf viele Einzelheiten der Aufbauten verzichten. Zum Einsetzen der Masten mit dem Ladegeschirr schlagen wir mit einem dünnen, spitz zugefeilten Nagel an den betreffenden Stellen Löcher ein. Man kann die Löcher auch vorsichtig einbrennen oder vorbohren. Schön ist es, wenn wir die Rettungsboote aus 2 mm starken und 3 mm breiten kleinen Holzleisten herausmo-

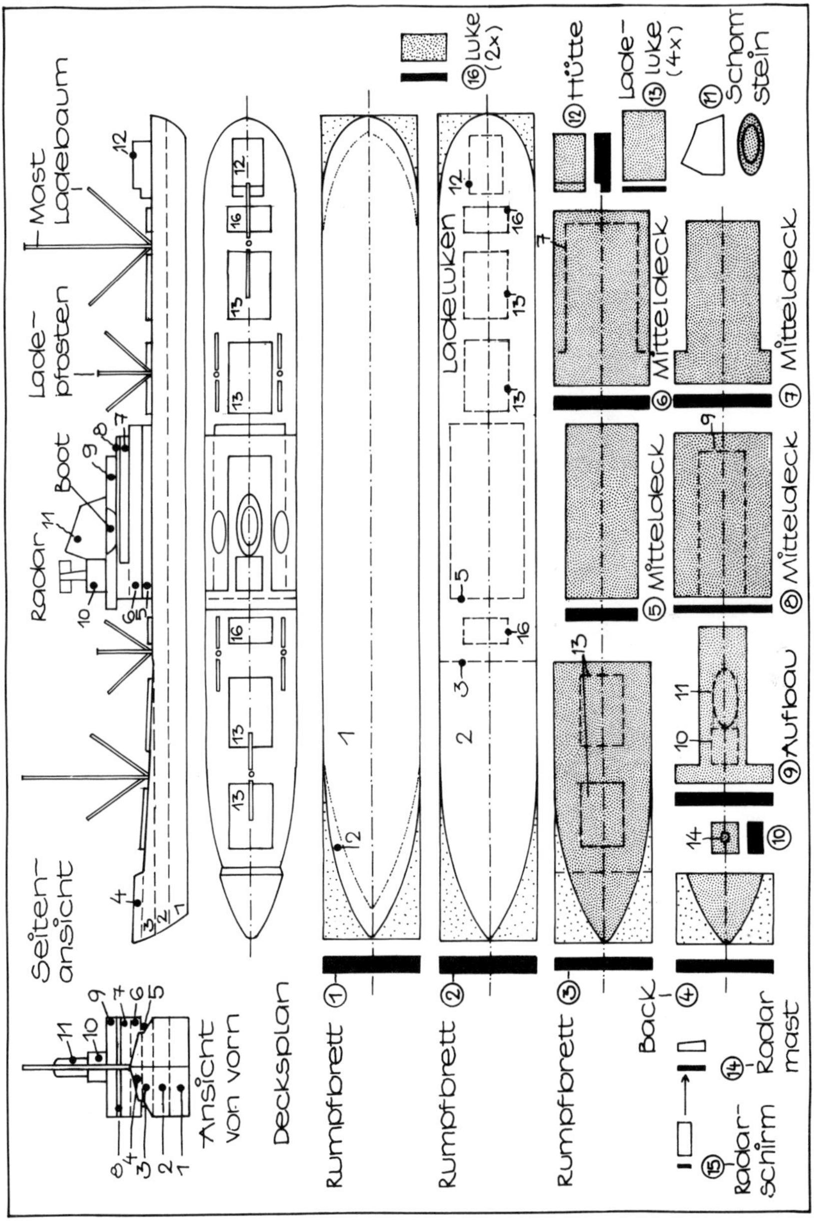
Mast
Ladebaum
Ladepfosten
Boot
Radar
Seitenansicht
Ansicht von vorn
Decksplan
Rumpfbrett ①
Rumpfbrett ②
Rumpfbrett ③
Ladeluken
⑯ Luke (2x)
⑫ Hütte
Lade- ⑬ luke (4x)
⑪ Schornstein
⑥ Mitteldeck
⑦ Mitteldeck
⑤ Mitteldeck
⑧ Mitteldeck
⑨ Aufbau
Back ④
⑭ Radarmast
⑮ Radarschirm

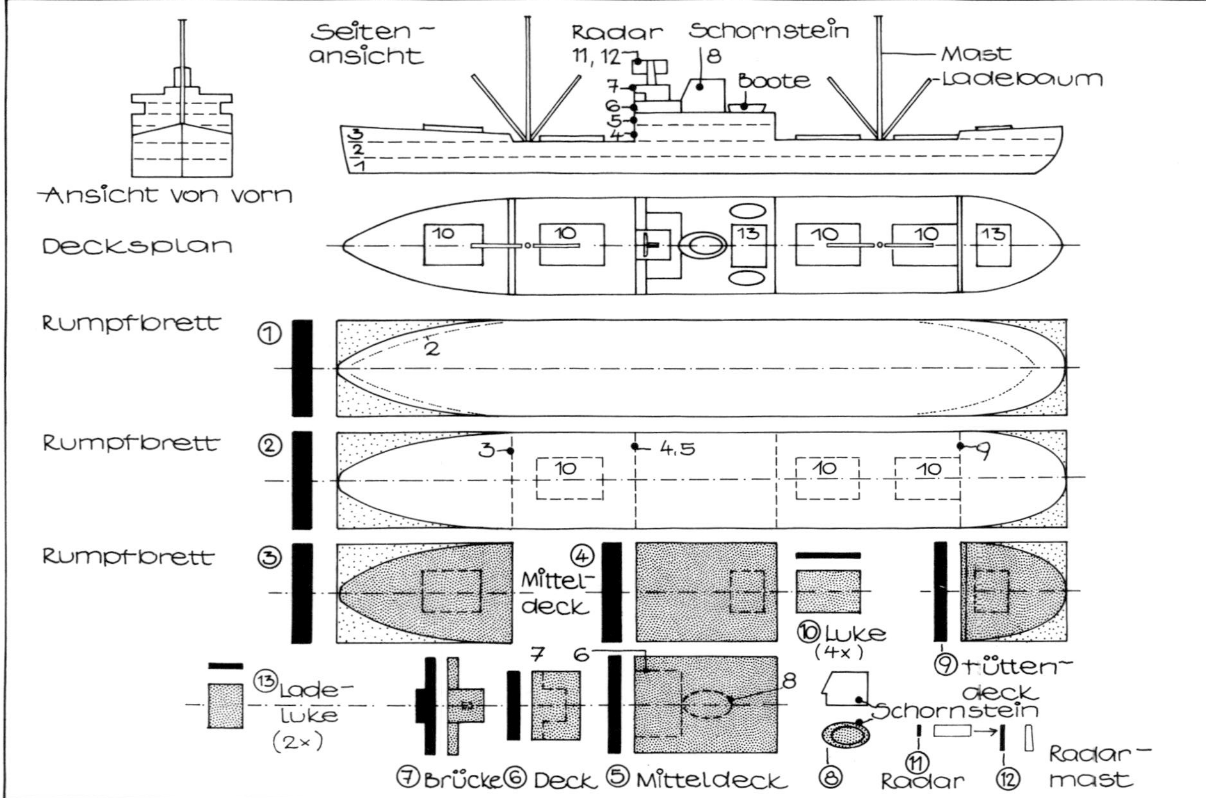
Seitenansicht
Mast
Ladebaum
Schornstein
Boote
8
Radar
11, 12
7
6
5
4
3
2
1
Ansicht von vorn
Decksplan
10
13
Rumpfbrett ①
Rumpfbrett ②
Rumpfbrett ③
4,5
9
④ Mitteldeck
⑤ Mitteldeck
⑥ Deck
⑦ Brücke
⑧ Schornstein
⑨ Hüttendeck
⑩ Luke (4×)
⑪ Radar
⑫ Radarmast
⑬ Ladeluke (2×)

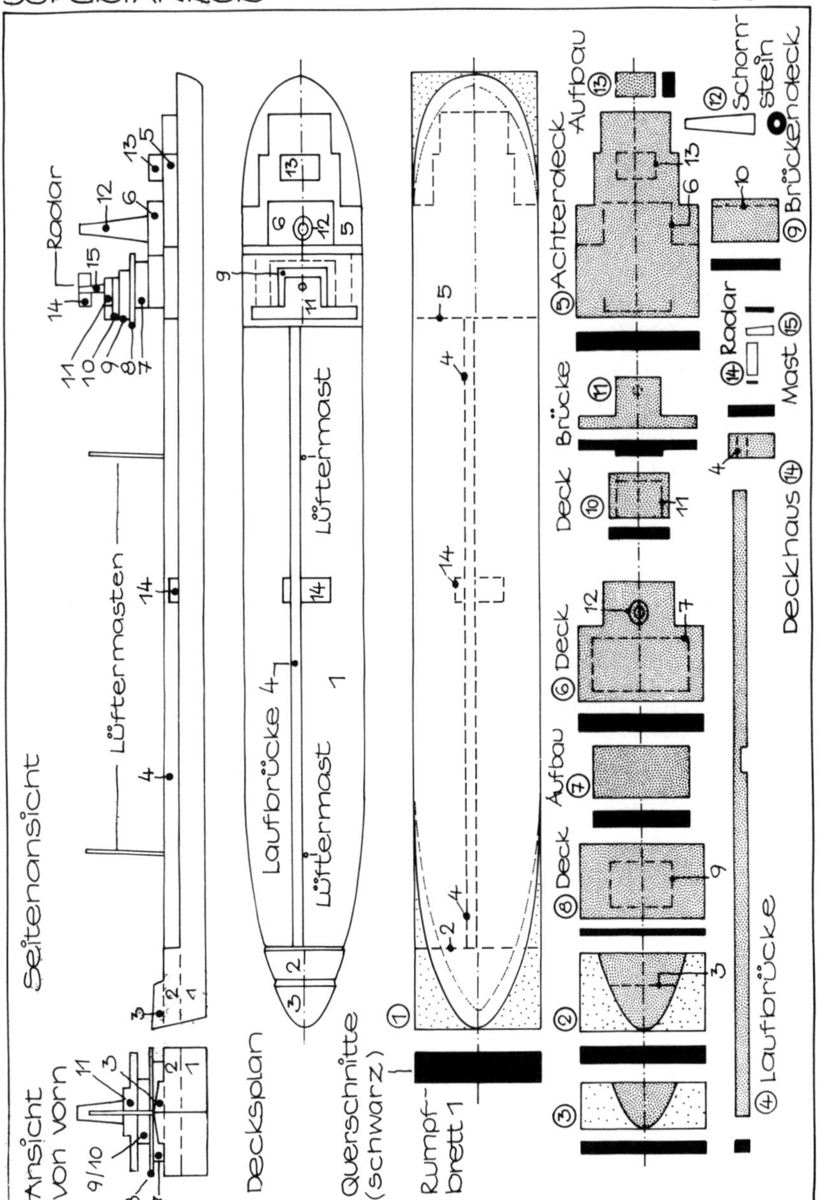

Seitenansicht
Ansicht von vorn
9/10
Radar
Lüftermasten
Decksplan
Laufbrücke 4
Lüftermast
Lüftermast
Querschnitte (schwarz)
Rumpfbrett 1
Achterdeck
Aufbau
Deck
Deck
Aufbau
Deck
Deck
Brücke
Schornstein
Brückendeck
Radar
Mast
Deckhaus
Laufbrücke

dellieren, was aber schon etwas schwieriger ist. Die Hauptsache ist, daß wir uns beim Bau nach Kräften Mühe geben. Die Arbeit soll Freude machen und das Modell schön werden. Beim Bau der Flotte lernen wir viel über die verschiedenen Schiffstypen.

Sind unsere Modelle mit allen Aufbauten fertiggestellt, können wir an die Bemalung gehen, die viel Sorgfalt erfordert. Zur Bemalung befolgen wir die folgenden Farbhinweise: Die Rümpfe machen wir schwarz oder grau, bei Passagier- und Kühlschiffen auch weiß. Die Aufbauten sind fast immer weiß. Decks bleiben hellholzfarben (farblos lackieren) oder wir streichen sie dunkelgrau, die Aufbaudecks dunkelbraun. Die Ladeluken machen wir grau, die Masten und Bäume braun, ocker oder (bei Passagier- und Kühlschiffen) weiß. Die Boote werden rotbraun oder (bei Passagier- und Kühlschiffen) weiß. Die Schornsteine können wir beliebig anmalen, je nach Reedereizugehörigkeit. Farbfotos aus Illustrierten oder Büchern geben uns entsprechende Hinweise. Unser »Ideenbuch« hilft uns auch diesmal. Die zusammengeklebten Aufbauten bringen wir am besten erst dann endgültig auf dem Rumpf an, wenn diese einzeln vorher gestrichen worden sind, damit wir nicht die Decksflächen z. B. mit weißer Farbe verklecksen.

Bei den kleinen Schiffstypen auf Bild 46 sind die Einzelteile übrigens nicht gesondert aufgezeichnet. Diese Modelle können wir uns in der bisherigen Bauweise selbst konstruieren. Wenn wir von jedem Typ gleich zwei oder mehr Stück bauen, erhalten wir Schwesterschiffe, denn von den meisten Handelsschiffstypen werden in Wirklichkeit zumeist ganze Klassen, d. h. zahlreiche gleiche Schiffe gebaut. Da sie oft verschiedenen Reedereien angehören, können wir sie auch verschieden anmalen. Aus den Grundtypen können wir auch – durch Veränderung z. B. der Schornsteine und der Bemastung – vielfältige Varianten entwickeln. Kurz gesagt, wir können nach Herzenslust Schiffe konstruieren. Bald haben wir eine kleine Handelsflotte beisammen. Sicher wollen wir uns noch weitere Schiffe dazubauen. Und es gibt so viele andere interessante Typen: Fährschiffe, Containerschiffe, Bulker, Kümos usw. – und auch die ganze graue Welt der vielfältigen Kriegsschiffstypen. Und was man mit Bemalung und Ausrüstung, auch bei so kleinen Modellen, herausholen kann, zeigt als Hinweis auf die anzuwendende Manier das Bild 47. Wenn wir an den Aufbauten und am Rumpf Bullaugen, Fenster, Türen usw. von unseren Vorlagen abmalen wollen, sollten wir möglichst mit matten Farben arbeiten, auf denen die schwarze Tusche besser hält.

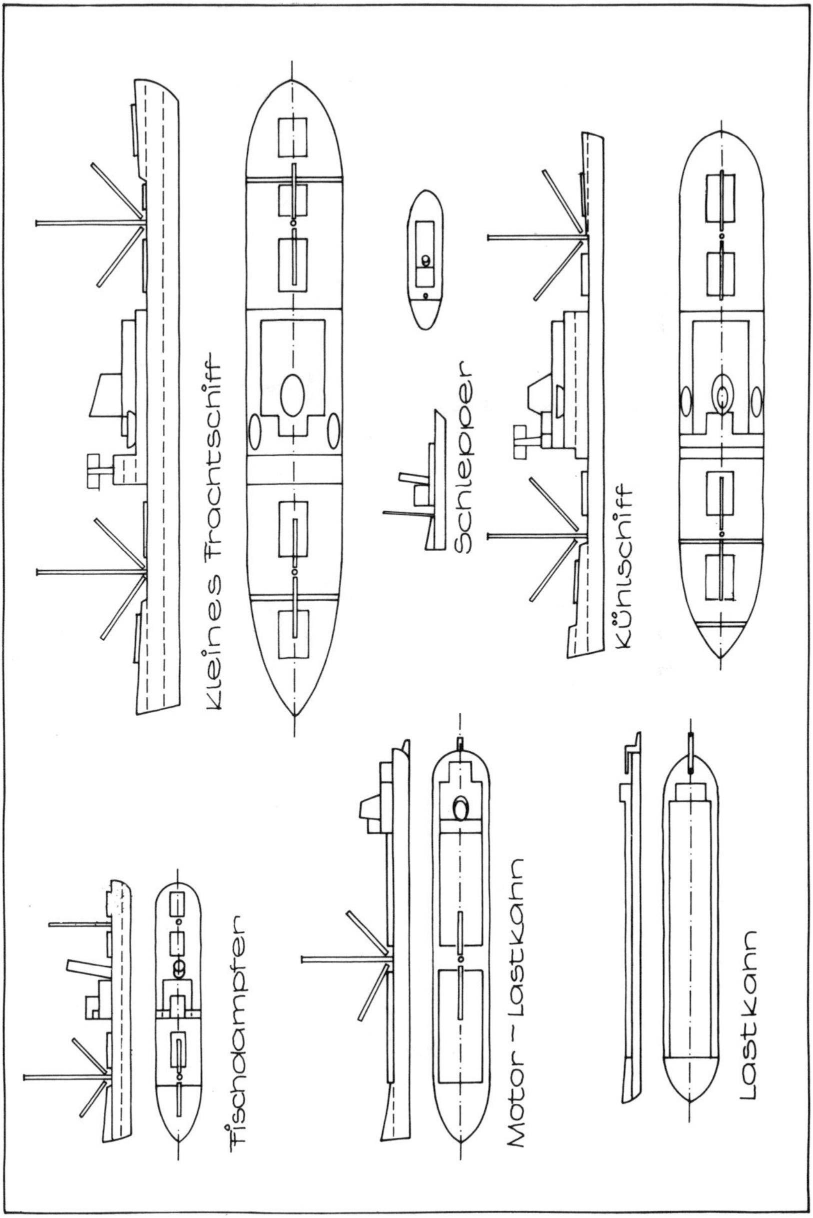
Kleines Frachtschiff
Schlepper
Kühlschiff
Fischdampfer
Motor-Lastkahn
Lastkahn

Bemalung und Ausrüstung
Fischdampfer
Passagierschiff
Frachtschiff

Wir bauen einen Hafen

Durch den Bau der Wasserlinienmodelle haben wir bereits eine bunte und ansehnliche Handelsflotte erhalten. Aber unsere Schiffe sind noch recht heimatlos. Auf Bücherregalen stehen sie herum, im Schrank oder gar – überhaupt nicht sichtbar – in Kartons. Viel Freude beim Bauen und Anschauen, beim Entwerfen und Spielen, beim Ausdenken und Malen bereitet der Bau eines ganzen Modellhafens für unsere Flotte. Dabei können wir unserer Fantasie, unserem Gestaltungsvermögen und handwerklichen Künsten voll die Zügel schießen lassen. Die Bilder 48–54 sollen dabei nur Denkanstöße geben. Denn jeder soll ja möglichst »seinen« Hafen bauen, einen, den sonst niemand hat. Der Bau einer großen Hafenanlage eignet sich übrigens auch sehr gut für Team-Arbeit, etwa für eine ganze Schulklasse oder für einen kleinen Freundeskreis.
Die vielen Arbeitshinweise, die wir in den bisherigen Kapiteln, insbesondere im Abschnitt über die Wasserlinienmodelle, erhalten haben, gelten auch für unser Hafenmodell, das wir jetzt für unsere Wasserlinienflotte bauen wollen.
Die Bilder 48 und 54 zeigen uns zwei Beispiele für die vielen Möglichkeiten. Vielleicht wollen wir ja einen bestimmten Hafen bauen, den Hafen unserer eigenen Stadt vielleicht? Dann hilft uns der Stadtplan mit der entsprechenden Hafenform.
Wir nehmen je nach vorhandenem Platz eine große Platte, am besten aus Sperrholz oder eine Spanfaserplatte, die sich nicht verbiegt. Modellflächen für Eisenbahnen sind zwar auch gut geeignet, aber meist zu teuer, weil sie eben viel stabiler sein müssen. Auf diese Fläche zeichnen wir den gewünschten Hafen auf. Die Grundfläche streichen wir erst zum Schluß wasserblau an. Zuerst stellen wir mit der Laubsäge die Landflächen her. Zum Bau der vielfältigen Molen und Kaianlagen, Lagerschuppen, Kräne, Öltanks, Brücken, Fabrikgebäude usw. lassen wir uns von den Bildern 49–52 anregen. Natürlich ist es bei komplizierten technischen Bauwerken wie Docks, Kränen, Werften, Raffinerien usw. schwierig, das durchbrochene Gitterwerk darzustellen. Wir müssen daher vereinfachen. Wir

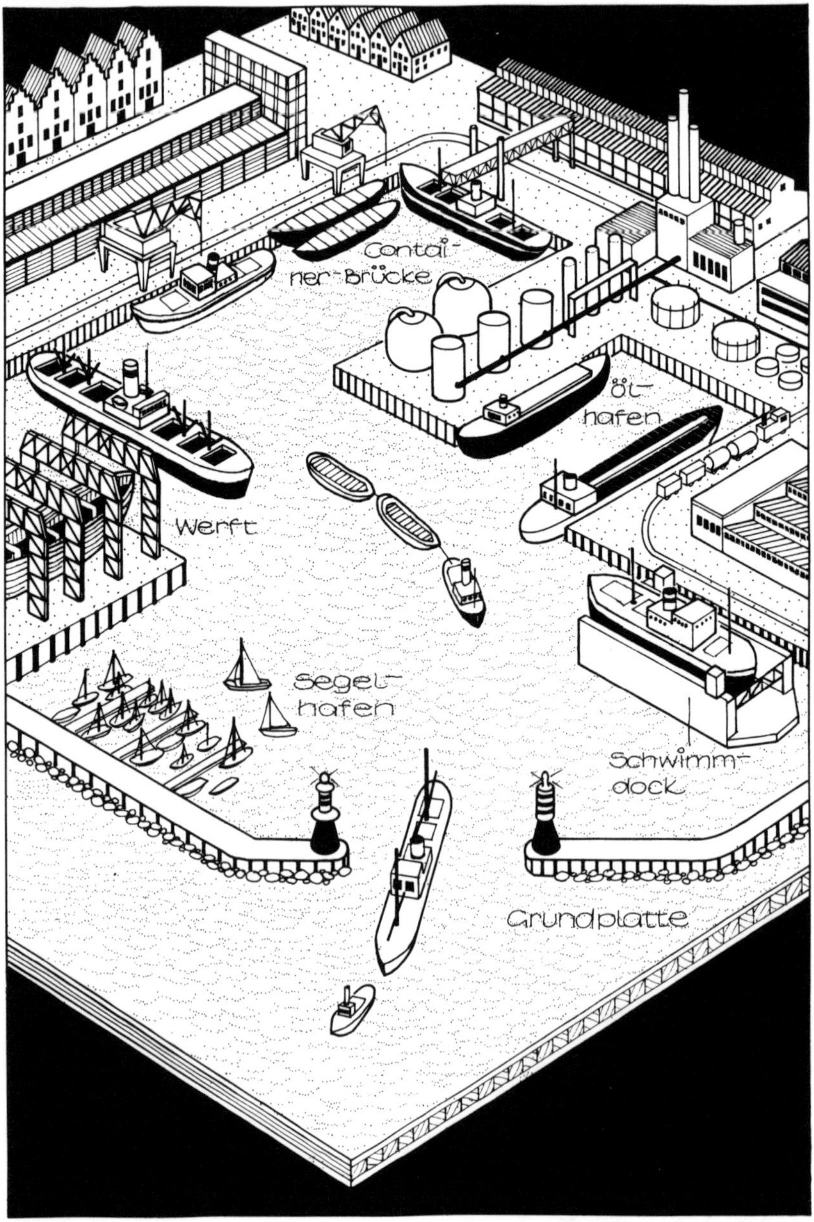
Contai-
ner-Brücke
Öl-
hafen
Werft
Segel-
hafen
Schwimm-
dock
Grundplatte

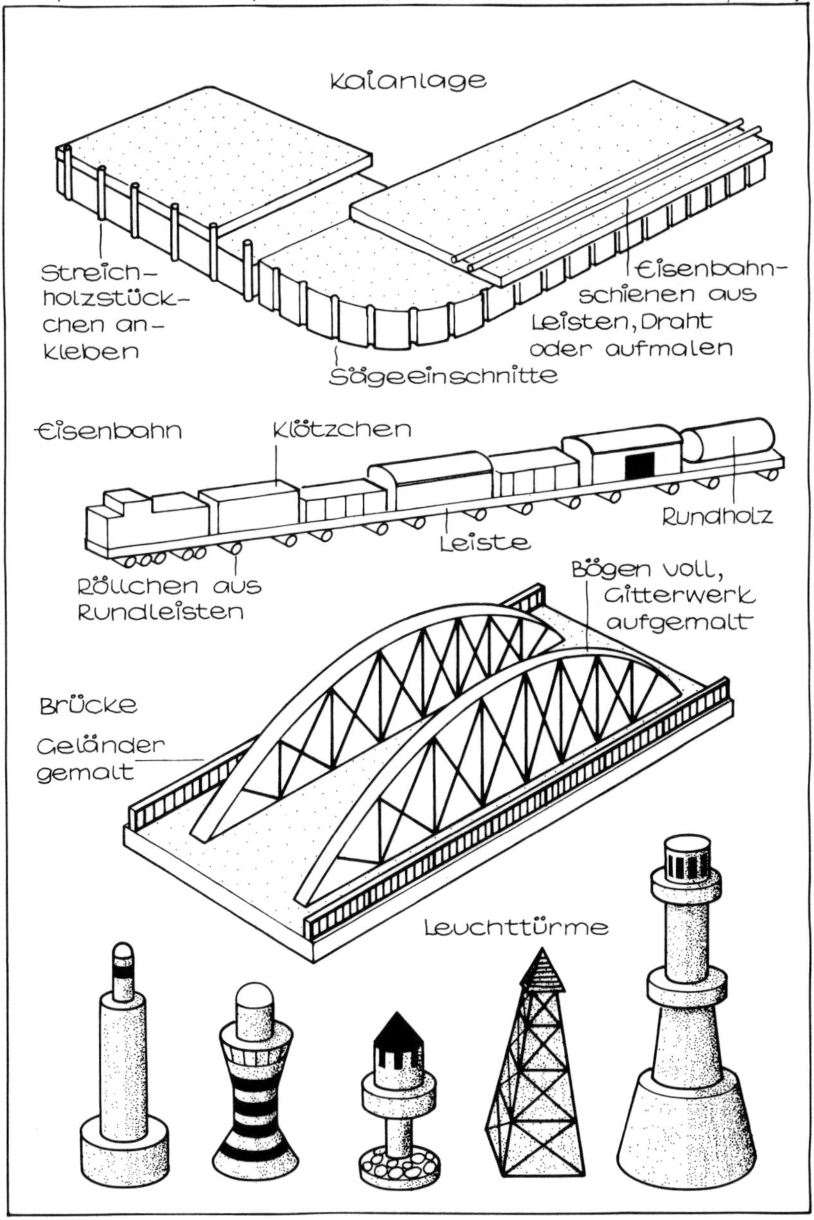
Kaianlage
Streichholzstückchen ankleben
Eisenbahnschienen aus Leisten, Draht oder aufmalen
Sägeeinschnitte
Eisenbahn
Klötzchen
Rundholz
Leiste
Röllchen aus Rundleisten
Bögen voll, Gitterwerk aufgemalt
Brücke
Geländer gemalt
Leuchttürme

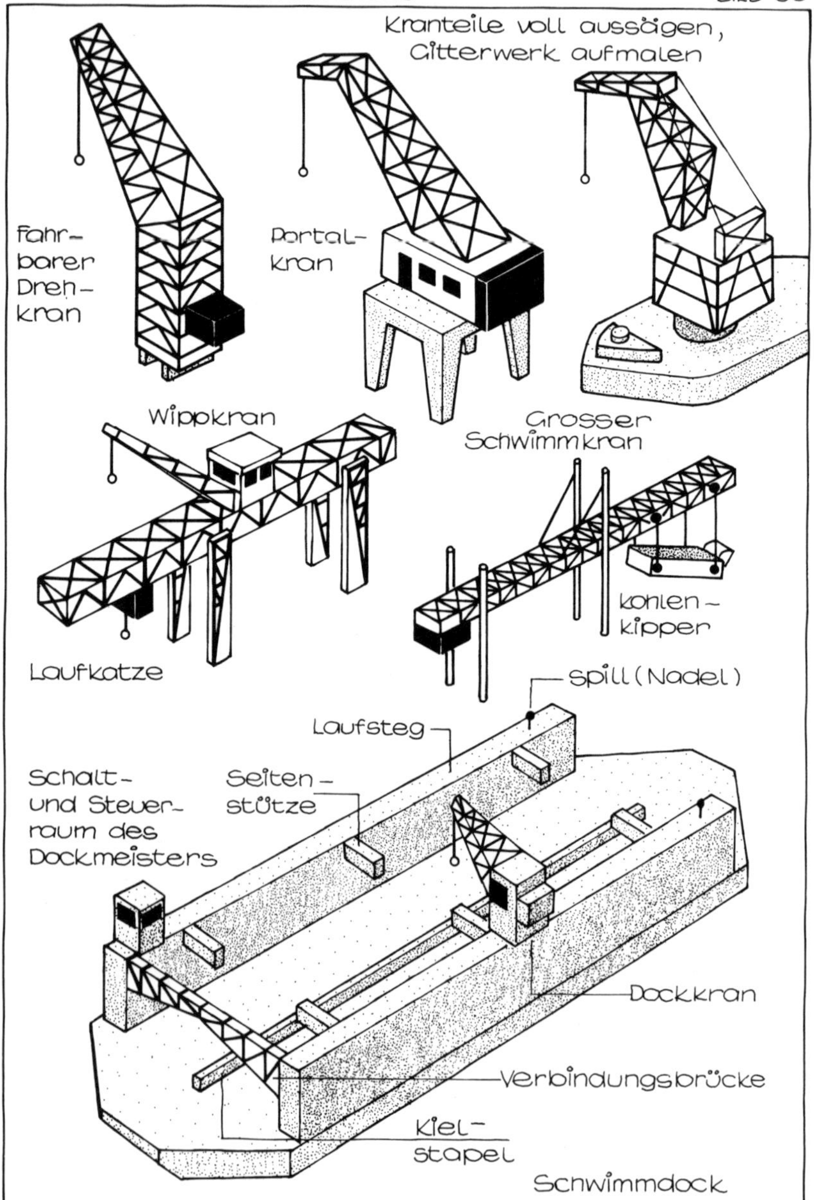
Kranteile voll aussägen,
Gitterwerk aufmalen
Fahrbarer Drehkran
Portalkran
Wippkran
Grosser Schwimmkran
Laufkatze
Kohlenkipper
Spill (Nadel)
Laufsteg
Schalt- und Steuerraum des Dockmeisters
Seitenstütze
Dockkran
Verbindungsbrücke
Kielstapel
Schwimmdock

HÄUSER UND SCHUPPEN

BILD 51

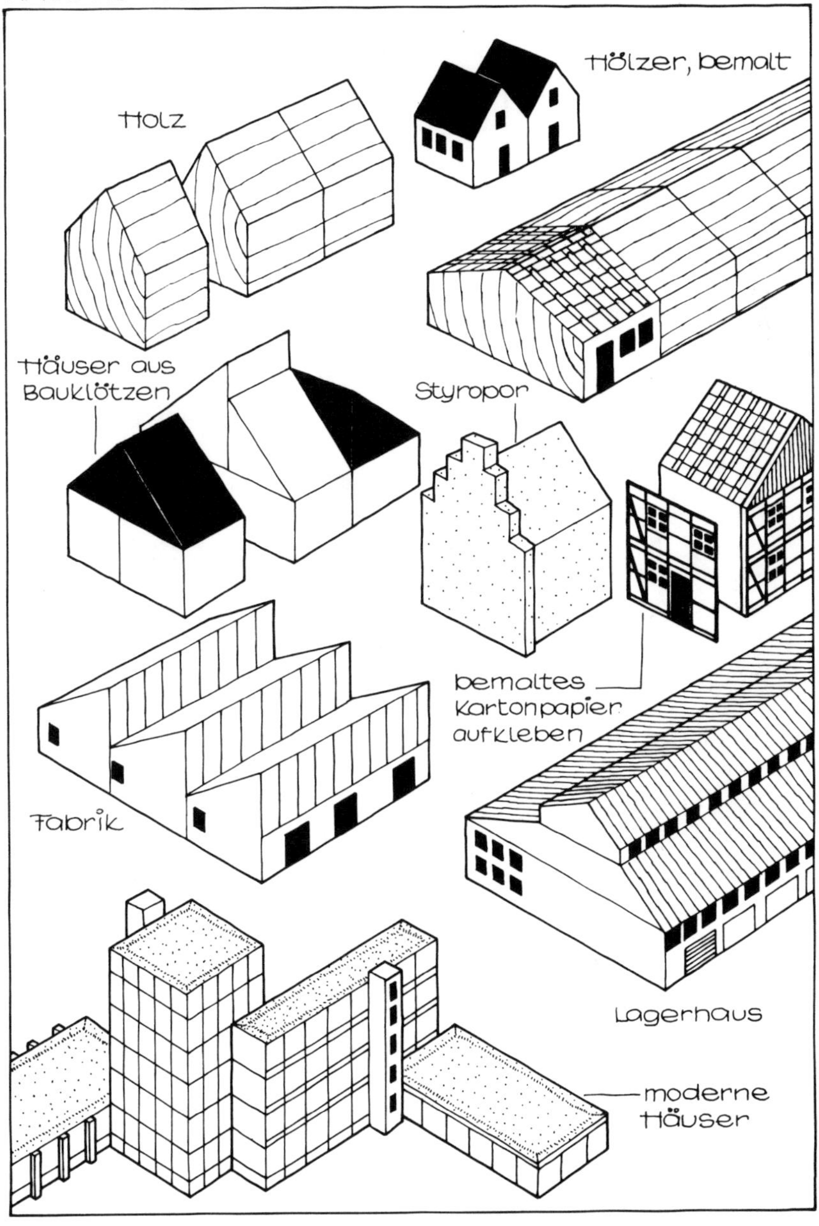

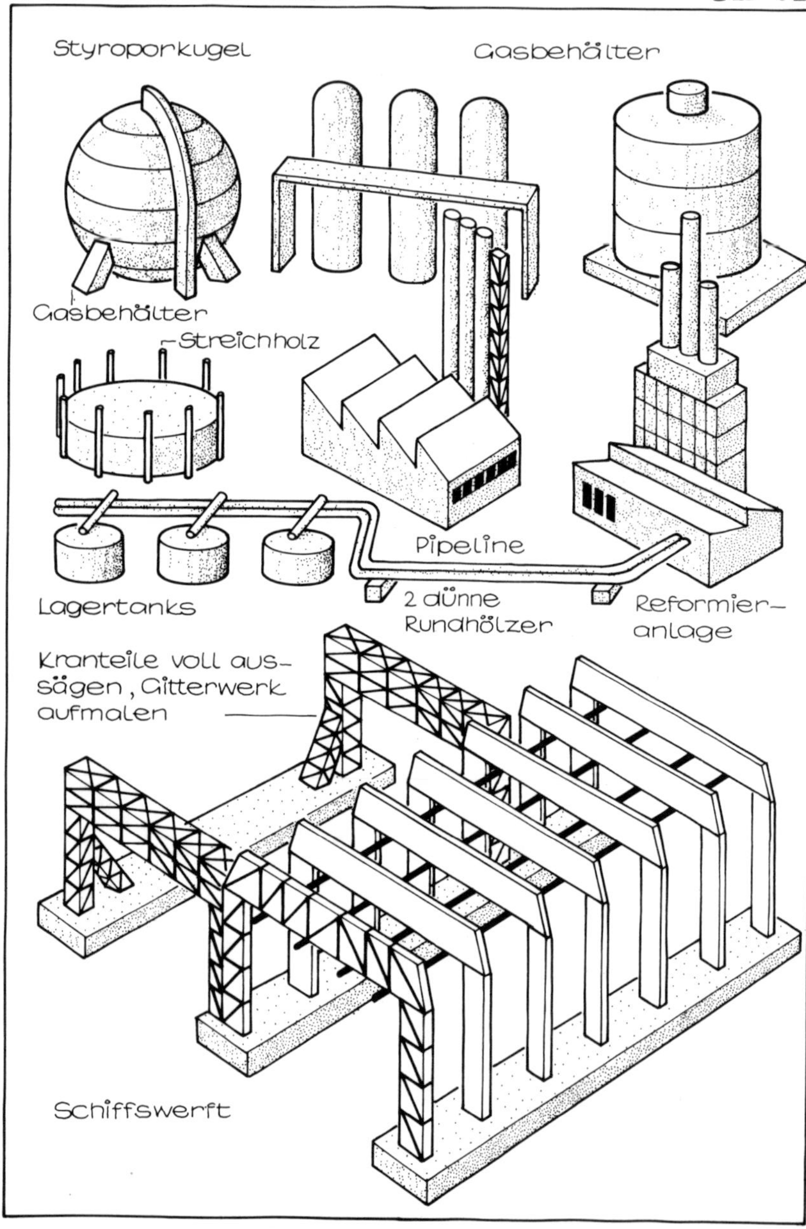
Styroporkugel
Gasbehälter
Gasbehälter
Streichholz
Pipeline
Lagertanks
2 dünne Rundhölzer
Reformier-anlage
Kranteile voll aus-sägen, Gitterwerk aufmalen
Schiffswerft

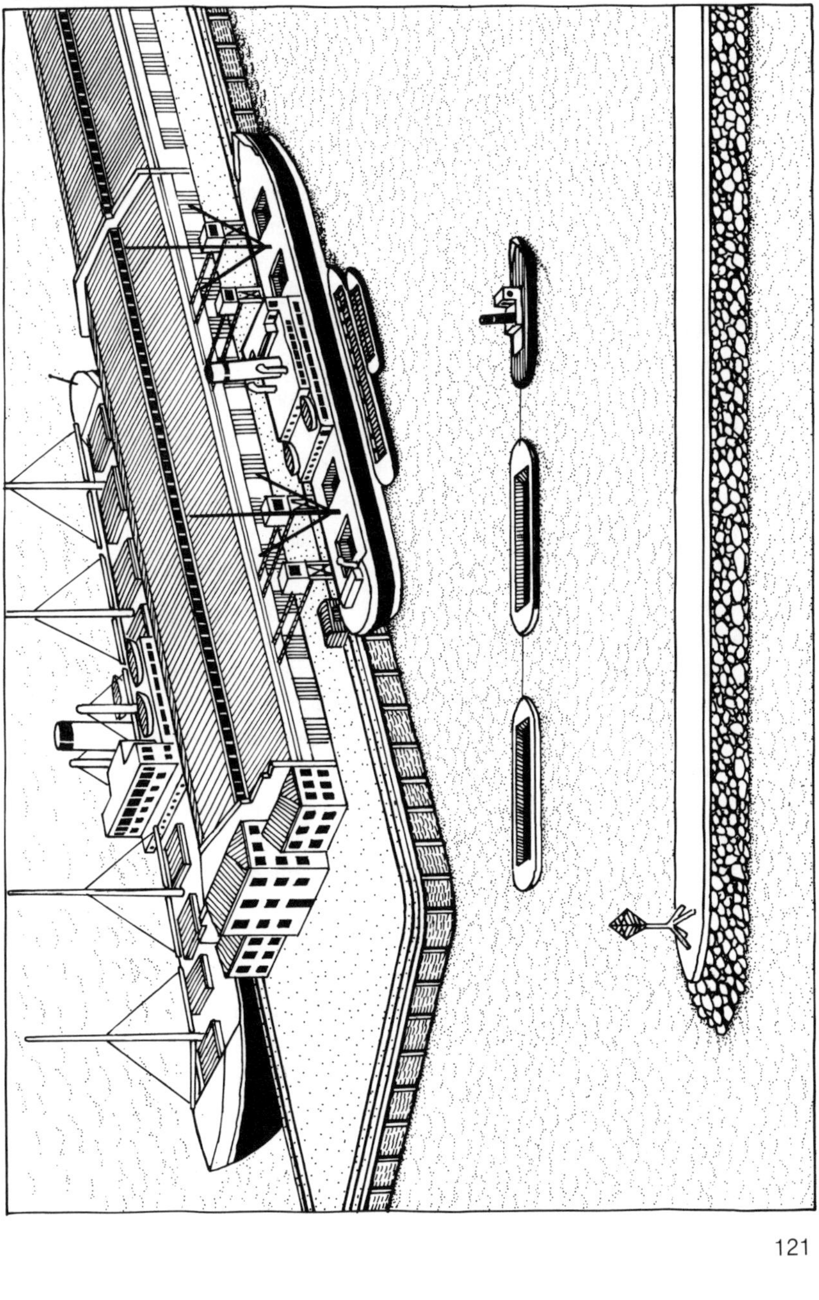

sägen alles aus vollen kleinen Brettchen aus und malen dann die Gitterwerkskonstruktion auf. Solche technischen Teile bemalen wir durchgehend mittel- oder silbergrau, und anschließend geben wir uns beim Malen des Gitterwerks mit schwarzer Tusche besonders viel Mühe.
Unserem Gestaltungswillen steht jetzt eigentlich nur noch die Platzbeschränkung im Wege. Aber schon auf kleinen Flächen lassen sich komplizierte Häfen darstellen (Bild 48). Bild 54 bringt ein Beispiel für eine größere Anlage, bei der wir im Vordergrund auch noch genügend Platz haben, um unsere Flotte »auf hoher See« fahren zu lassen. Die Größe des Hafens muß maßstäblich zu den Wasserlinienmodellen passen. Das Bild 54 zeigt die Größenverhältnisse deutlich.
Bild 53 zeigt schließlich, anhand eines kleinen Hafendetails, was man alles durch sorgfältiges Arbeiten und Malen aus solchen Modellen machen kann.
Wie schön wäre es, wenn wir auch Landflächen mit Bergen und kleine Inseln herstellen könnten. Knetmasse gibt es heute in jeder Preislage und für viele Verwendungsarten. Eines haben sie gemeinsam: Bei den großen Mengen, die wir für eine Küstenlandschaft brauchen würden, sind diese Massen doch recht teuer. Wollen wir uns nicht lieber eine billige Modelliermasse aus Zeitungspapier herstellen? Wir brauchen dazu nur altes Zeitungspapier, das wir in einer Schüssel mit Wasser aufweichen. Wir zerreißen es in kleinere Stücke und drehen es unter ständigem Zusatz von billigem Roggenmehl aus der Küche durch einen Fleischwolf. Bei Verwendung der kleineren Messer und Löcher der Maschine werden wir einen feinen, dünnen Brei, bei größeren einen entsprechend dickeren bekommen. Diese Masse ist bei Zeitungspapier natürlich grau, bei buntem Papier farbig. Wir können die Masse aber durch Zusatz von Wasserfarben wunschgemäß färben, so daß wir eine farbige Modelliermasse erhalten. Für das Modellieren ist nun nichts mehr weiter nötig, als die größeren Erhebungen der »Landschaft« durch Holz oder Styroporstücke aufzubauen. Dann brauchen wir ein Modellierholz für die Feinarbeiten. Alle groben Arbeiten, wie das Drücken der Grundformen und das Herrichten eines Blocks, besorgen wir mit der Hand und den Fingern. So drücken und kneten wir wie sonst beim Knet-Modellieren. Mit diesem einfachen und billigen Material können wir viel erreichen. Wir brauchen uns auch nicht vor einem häßlichen Springen des Materials beim Trocknen zu fürchten. Auch sonst hat unsere »Zeitungspapiermasse« noch Vorzüge: Man kann sie nach dem Trocknen mit Wasser- oder Ölfarbe anstreichen. Wir können die modellierten Formen auch durch einen Überzug aus durchsichtigem Lack gegen Feuchtigkeit und Schmutz widerstandsfähig machen.

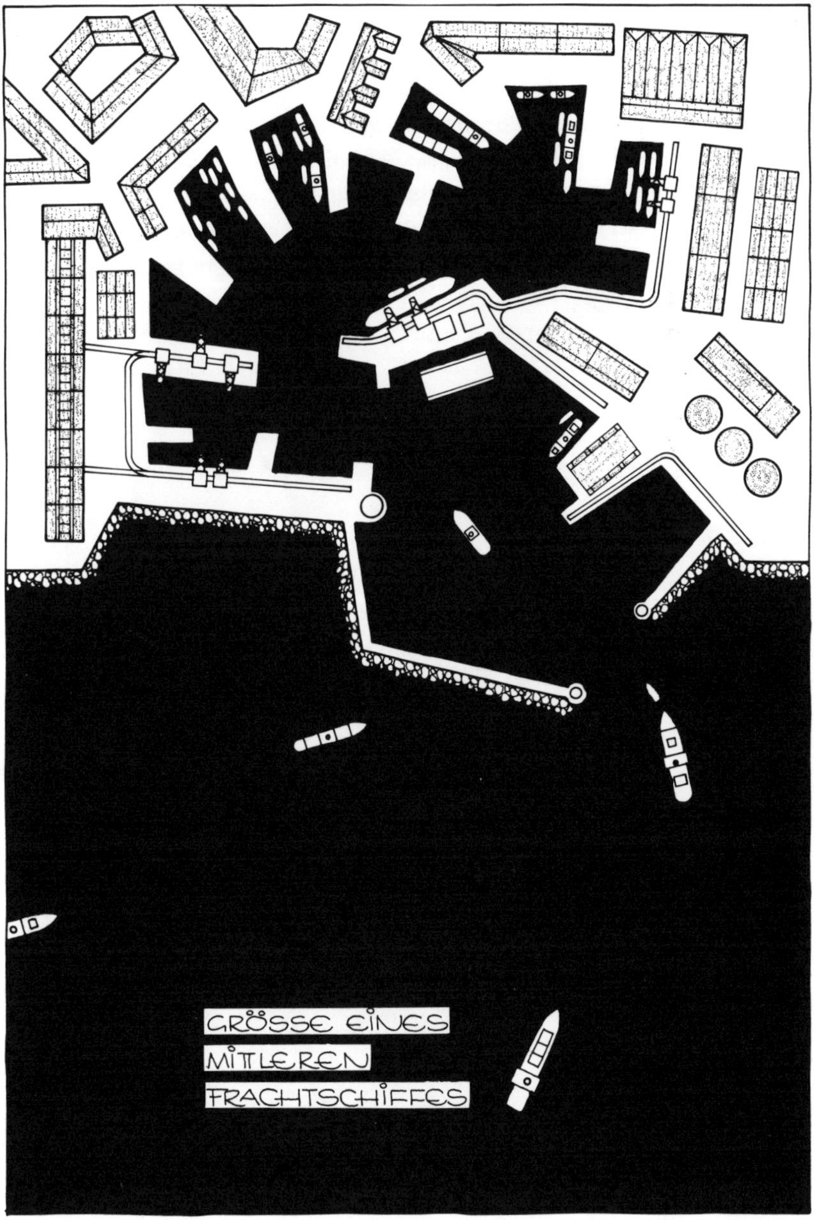
GRÖSSE EINES
MITTLEREN
FRACHTSCHIFFES

Mit diesem Material lassen sich herrliche Küstenlandschaften formen. Flache gelbe Sandstrände mit Dünen dahinter oder steile, jäh ins Meer fallende rote Felsenküsten, Fjorde, Inseln, auch Eisberge und schneebedeckte Küsten sind möglich. Unserer Fantasie sind auch hier wieder keine Grenzen gesetzt. Wie immer hilft uns dabei unser »Ideenbuch«. Wenn wir das Gelände dann noch mit grobem Streumaterial »absplittern«, das in der Eisenbahn-Zubehörabteilung der Spielwarenhandlungen erhältlich ist, ist das Ergebnis noch schöner.
Stellen wir unseren Hafen in einen Kasten, mit Glasscheibe vorn und Beleuchtung oben, dann erhalten wir ein richtiges Diorama, wie wir es oft in Museen finden.

Für alle, die es genau wissen wollen

Jetzt wird es ernst. Aber »tierisch ernst« soll und darf es nicht werden. Denn das paßt überhaupt nicht zu einer Freizeitbeschäftigung, zu Hobbyspaß und Liebhaberei. Der Modellbau darf keine »Arbeit« werden. Er muß Freude bereiten, und zwar nicht nur Freude am fertigen Modell, sondern vor allem an der Tätigkeit, dem Werken selbst, dem Erfinden, Planen und Bauen. Dabei hat sicher jeder eine andere Absicht, ein anderes Ziel. Ein Junge möchte ein eindrucksvolles Modell, ein anderer möchte eben nur mal etwas »selbermachen«. Großvater baut Spielzeugschiffe für die Enkel, Lehrer suchen Anregungen für den Werkunterricht. Einige interessiert vornehmlich das »Basteln«, das »Modell« – sie begeistern sich auch für Flugzeuge und Eisenbahnen. Andere kommen zum Modellbau, weil sie sich vornehmlich für Schiffe interessieren und sie im Modell abbilden wollen.

So gibt es unter den Modellbauern vielfältige Typen. Wir kennen, je nach ihrer Arbeitsweise und Absicht, Schichter, die nur Schichtmodelle bauen, Völler, die alles aus dem vollen Holz herausholen wollen, Spanter und Planker, die wie beim richtigen Schiffbau vorgehen. Die Schnitzler dagegen sind nur glücklich, wenn sie alles mit dem Schnitzmesser bewältigen können. Der eine ist mehr Handwerker und Bastler, der andere Theoretiker, der alles genau planen und verstehen will. Es gibt stille Bewunderer von Modellen und »andere«, die nur mit »Aktions«-Modellen, die fahren, segeln, tauchen, fernsteuerbar sind, etwas anfangen mögen. Es gibt Spieler, Segler, Motorbegeisterte, Flotten- oder Einzelstückbauer, Pläneschmiede, die nie über ihre ausgetüftelten Pläne herauskommen, oder »Macher«, die ohne viel nachzudenken an die Arbeit gehen. Und es gibt Geduldige und Ungeduldige, Penible und Großzügige.

Für alle bietet der Schiffsmodellbau Raum. Viele werden die hier dargestellten Modelle anders bauen, als wir beschrieben haben. Andere aber sind vielleicht für detaillierte Hinweise dankbarer. Insgesamt aber gibt es nicht »den« Schiffsmodellbau. Er ist so vielfältig wie die Menschen selbst.

Einem geht es also darum, selbst etwas zu schaffen, einem anderen um ein funktionstüchtiges oder schönes Modell und ein dritter, schließlich, hat sich einfach an die Welt der Schiffahrt verloren. Was und wie man baut, hängt daher von so vielen Faktoren ab: vom Was, Wie schnell, Wie, Wozu oder Warum. Jeder wird bald selbst einen eigenen »Arbeitsstil« beim Modellbau gefunden haben. Die Skala reicht vom groben Spielzeug bis hin zum museumsreifen Ausstellungsstück. Ganze Bibliotheken sind von und für Modellbauer geschrieben worden. Mit unserem Buch wollen wir aber dem Anfänger, wie in einer Schaufensterauslage, exemplarisch vorführen, was man so alles machen kann, und wie. Das Buch soll vor allem anregen und Interesse wecken. Daher haben wir nicht mit diesen allgemeinen Bemerkungen begonnen, sondern am Anfang schnell zu leichten, einfachen, dann aber immer schwierigeren Projekten geführt. Es sollten vor allem die angeregt werden, die selbst etwas machen wollen. Die verschiedenen Modellanregungen bieten eine breite Palette, wirklich »für jeden etwas«.
Wer sich bis hierher durchgearbeitet und einige der beschriebenen Modelle schon gebaut hat, der weiß, daß man doch viel lernt und lernen muß – beim Modellbau. Und daher fügen wir – aber dies wiederum nur zur Anregung – einige mehr theoretische Kapitel ein, »für die, die es genau oder genauer wissen wollen«, Kapitel über Werkzeuge und Material, Pläne und schließlich Schiffe, bevor wir uns dann an das »Gesellenstück« machen, das den Abschluß des Buches bildet.

Werkzeuge

Auch hierzu keine Sorge: Wir brauchen keinen wohleingerichteten Hobbykeller, nicht einmal die in Bild 55 gezeigte Werkstatt. Wir kennen einerseits hervorragende Modelle, die in einem unordentlichen Winkel entstanden sind, aber andererseits auch mit allen kostspieligen Werkzeugen ausgestattete Hobbyräume, in denen nie ein vernünftiges Modell vom Stapel gelaufen ist. Nicht auf den Aufwand kommt es an, sondern auf die Liebe zur Sache, auf Handfertigkeit und Geduld. Wir brauchen tatsächlich kein Arsenal an Werkzeugen. Immerhin wird einiges Wichtige in den Bildern 56–58 gezeigt.
In den meisten Haushalten dürfte ein Großteil der abgebildeten Werkzeuge schon vorhanden sein. Die Zahl und Art der Werkzeuge hängt auch ganz von

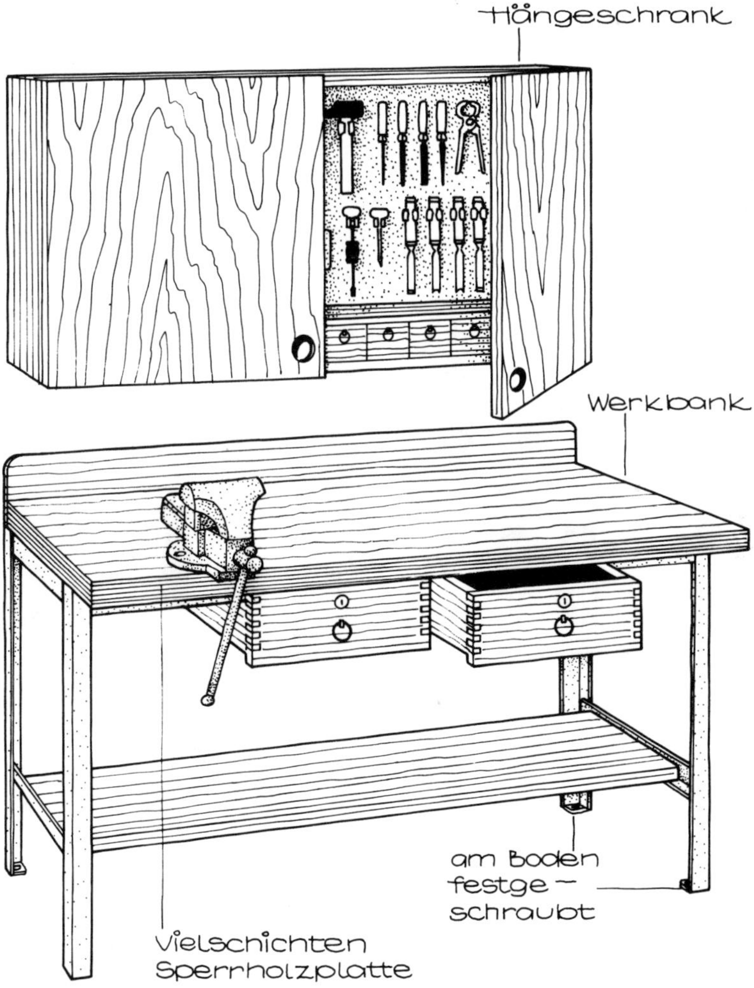
Hängeschrank
Werkbank
am Boden festge- schraubt
Vielschichten Sperrholzplatte

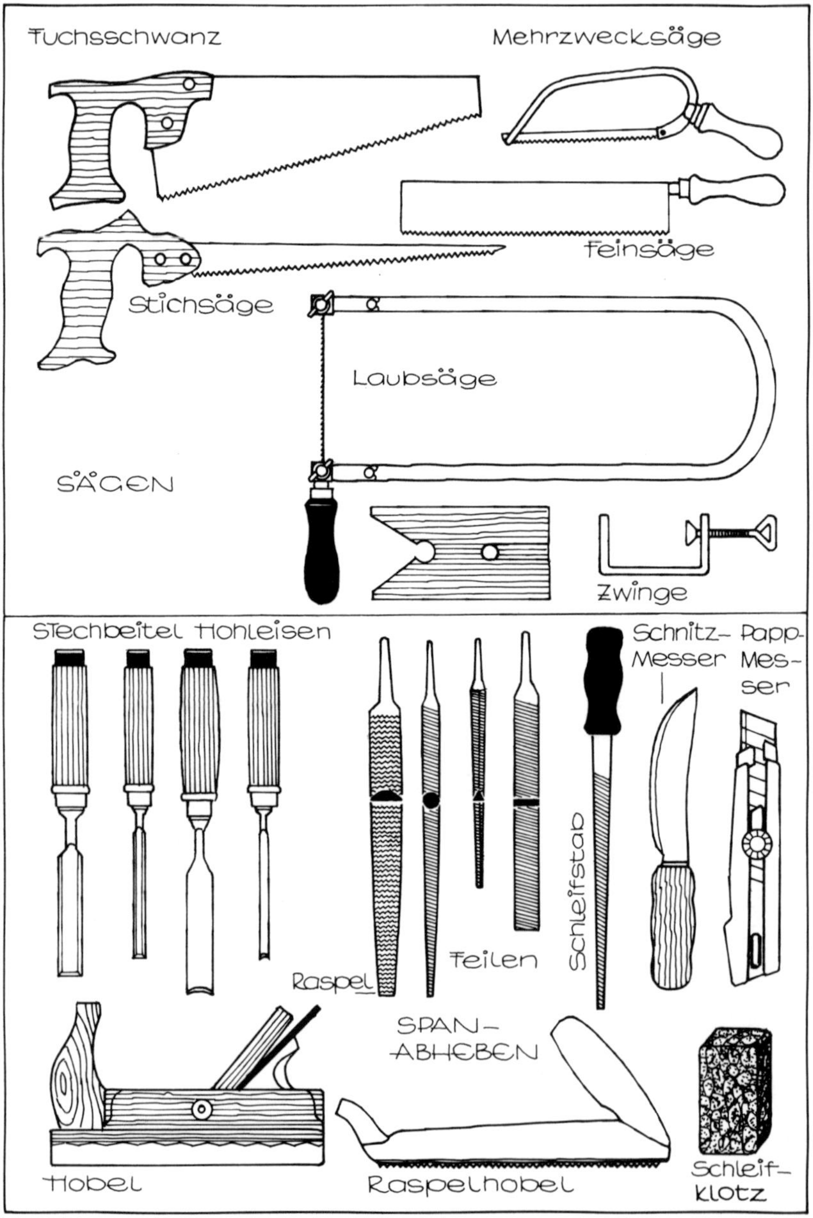
Fuchsschwanz
Mehrzwecksäge
Feinsäge
Stichsäge
Laubsäge
SÄGEN
Zwinge
Stechbeitel Hohleisen
Schnitz-Messer
Papp-Messer
Schleifstab
Raspel
Feilen
SPAN-ABHEBEN
Hobel
Raspelhobel
Schleif-klotz

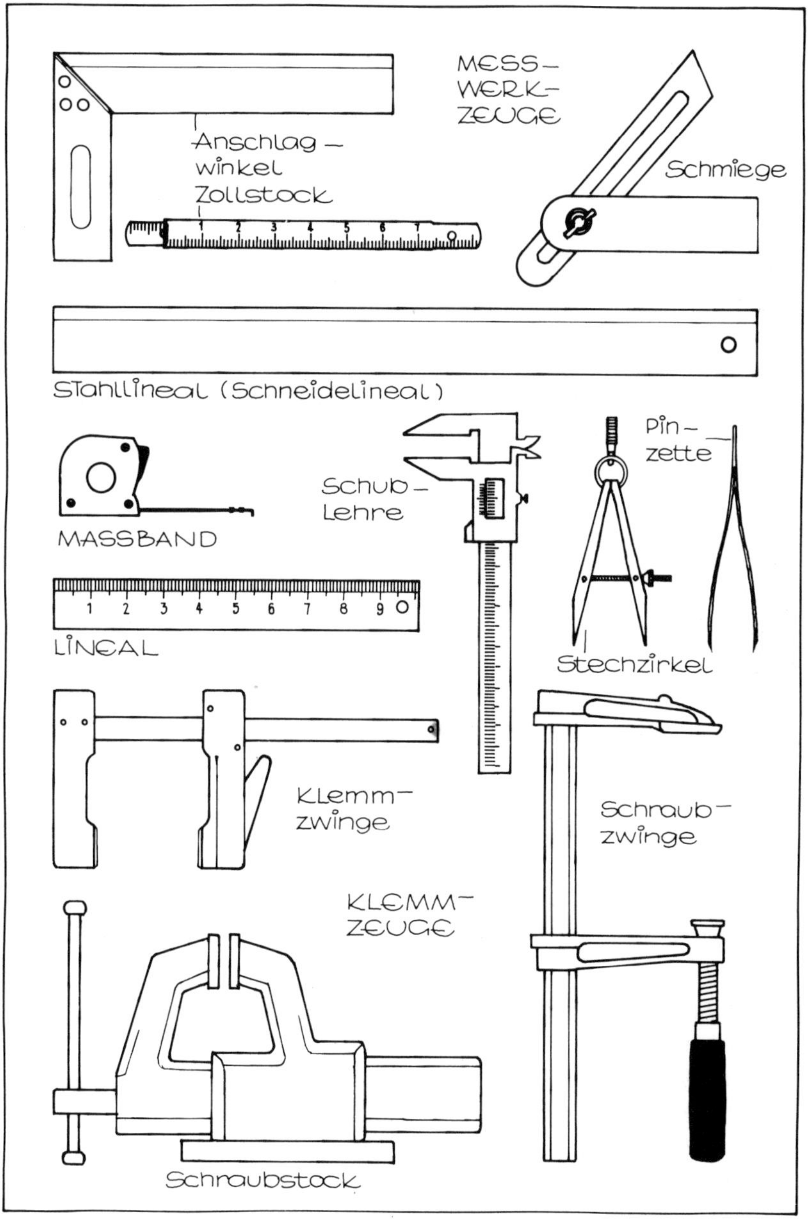
MESS-
WERK-
ZEUGE
Anschlag-
winkel
Zollstock
1 2 3 4 5 6 7
Schmiege
Stahllineal (Schneidelineal)
MASSBAND
Schub-
Lehre
Pin-
zette
1 2 3 4 5 6 7 8 9 0
LINEAL
Stechzirkel
Klemm-
zwinge
Schraub-
zwinge
KLEMM-
ZEUGE
Schraubstock

dem zu bauenden Modell ab. Aber eines wollen wir uns angewöhnen: Die einzelnen Werkzeuge selbst müssen gut sein; wir wollen sie stets sauber und scharf halten. Es gibt natürlich Meister der Improvisation. Im allgemeinen aber gilt: Je besser das Werkzeug, um so schöner das Ergebnis. Und noch etwas ist wichtig: Selberbauen heißt nicht etwa, selber alles zu wissen oder zu erfinden. Der menschliche Fortschritt beruht auf Arbeitsteilung und den Erkenntnissen, wie sie von einem zum anderen, von einer Generation zur anderen weitergegeben werden. Ein echter Modellbauer wird sich nie scheuen, bei anderen Rat zu suchen: In Büchern, bei Freunden, beim Vater, Großvater oder Werklehrer. Wenn alle Menschen immer nur alles hätten selbermachen und erfinden wollen, hätten sie bis heute wohl noch nicht einmal das Wagenrad oder das Floß erfunden. Modellbau heißt Aufgeschlossensein für alle Informationen. Und gerade vor der Arbeitsvorbereitung, bei der Planung wie bestimmte Arbeiten auszuführen oder die einzelnen Werkzeuge einzusetzen sind, dabei helfen die Erfahreneren, und zwar gern. Also keine Scham davor, andere zu fragen, sich von anderen zeigen zu lassen, »wie man es macht und womit«.
Die Werkzeugliste für unser Gesellenstück könnte etwa wie folgt aussehen. Das Vorhandensein eines stabilen Tisches und die erreichte Handfertigkeit genügen noch nicht ganz zum Bau unserer Modellsegeljacht. Wir brauchen außerdem:

Eine Zimmermannssäge mit einem breiten Blatt und einem schmalen, nur 4 mm breiten Schweifsägeblatt.
Einen Fuchsschwanz von annähernd 65 cm Länge.
Einen stabilen Laubsägebogen mit groben und feinen Holz- und Metallsägeblättern.
Zwei Stechbeitel, 5 und 14 mm breit.
Einen Hohlbeitel, 25 mm breit.
Einen Holzhammer, zum Eintreiben der Stech- und Hohlbeitel.
Eine Raspel (halbrund) mit mittelfeinem Hieb.
Eine Holzfeile (schlicht) zum Nachputzen.
Eine Ziehklinge, 1 mm stark, zum Abziehen vorgeputzter glatter Flächen.
Drei Bogen Glaspapier, fein, mittelfein und grob.
Einen Schleifklotz aus Kork zum Führen des Glaspapiers.
Ein kräftiges Schnitzmesser.
Eine Bohrwinde mit Zentrumsbohrer (5, 7, 9, 14, 20 mm Durchmesser), Krauskopf und Schraubenziehereinsatz.

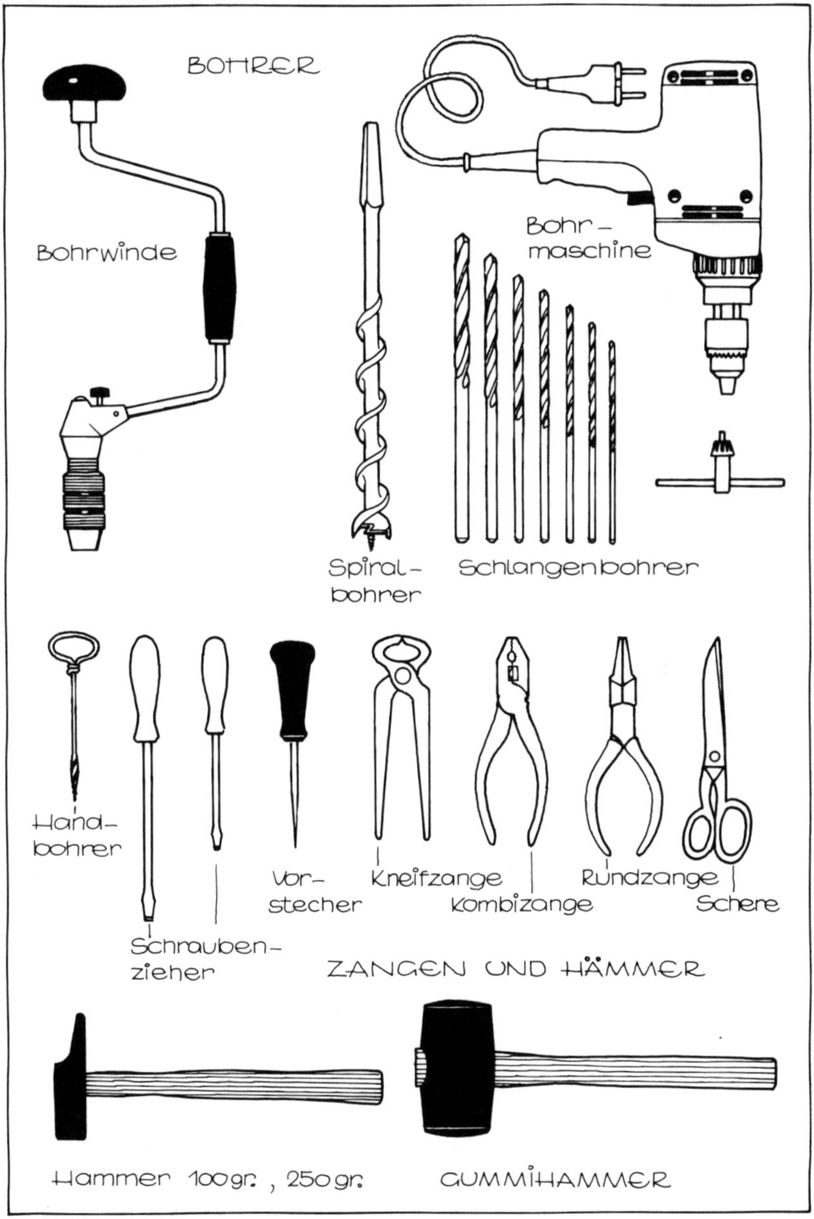
BOHRER
Bohrwinde
Spiral-
bohrer
Schlangenbohrer
Bohr-
maschine
Hand-
bohrer
Schrauben-
zieher
Vor-
stecher
Kneifzange
Kombizange
Rundzange
Schere
ZANGEN UND HÄMMER
Hammer 100 gr., 250 gr.
GUMMIHAMMER

Eine kleine Handbohrmaschine mit mehreren Spiralbohrern (1, 2, 3, 4 und 5 mm Durchmesser).
Einen mittelschweren Hammer.
Eine Beißzange.
Eine Flachzange.
Eine Rundzange.
Zwei kräftige Schraubzwingen.
Ein Metermaß.
Einen Anschlagwinkel.
Einen Schmiegestock.
Einen Stechzirkel zum Übertragen der Maße aus der Zeichnung auf das Werkholz.
Einen Außentaster zum Abgreifen der Außenhautstärke.
Einen feingespitzten Bleistift und dazu
eine dünne schmiegsame, etwa 5 × 2 mm starke Leiste, eine sogenannte »Straklatte«.
Über den Einsatz der weniger geläufigen Werkzeuge ist übrigens in den Jachtbauplänen (Bild 77–94) vieles erläutert.

Holz und sonstige Werkstoffe

Holz – was für ein schönes, liebenswertes und »lebendes« Material in unserer Welt voller Plastik und Kunststoffe. Der Auswahl unseres wesentlichen Baumaterials wollen wir daher besondere Aufmerksamkeit schenken. Sicher lassen sich auch aus Abfallstücken, Kistenholz und Besenstielen mit Geschick recht ansehbare Ergebnisse erzielen. Aber ein schönes Modell lebt vor allem von seinem Baustoff. Je mehr Sorgfalt wir daher der Beschaffung des Holzes widmen, um so mehr Freude werden uns Arbeit und Ergebnis machen. Es ist eben einfach so, daß bestimmte Holzarten für manche Aufgaben gar nicht, für andere besonders geeignet sind. In früheren Generationen hätte ein Buch wie dieses gerade dem Thema Holz breiten Raum widmen müssen, da die damals noch vereinzelten Bastler ihr Rohmaterial beim Tischler oder in der Holzhandlung besorgen mußten. Heute ist das Werken mit Holz so verbreitet, daß es in allen Städten viele sachkundige Fachgeschäfte gibt, die alles für den Modellbau Erforderliche bieten. Dort werden wir uns eingehend beraten lassen und dann auch das

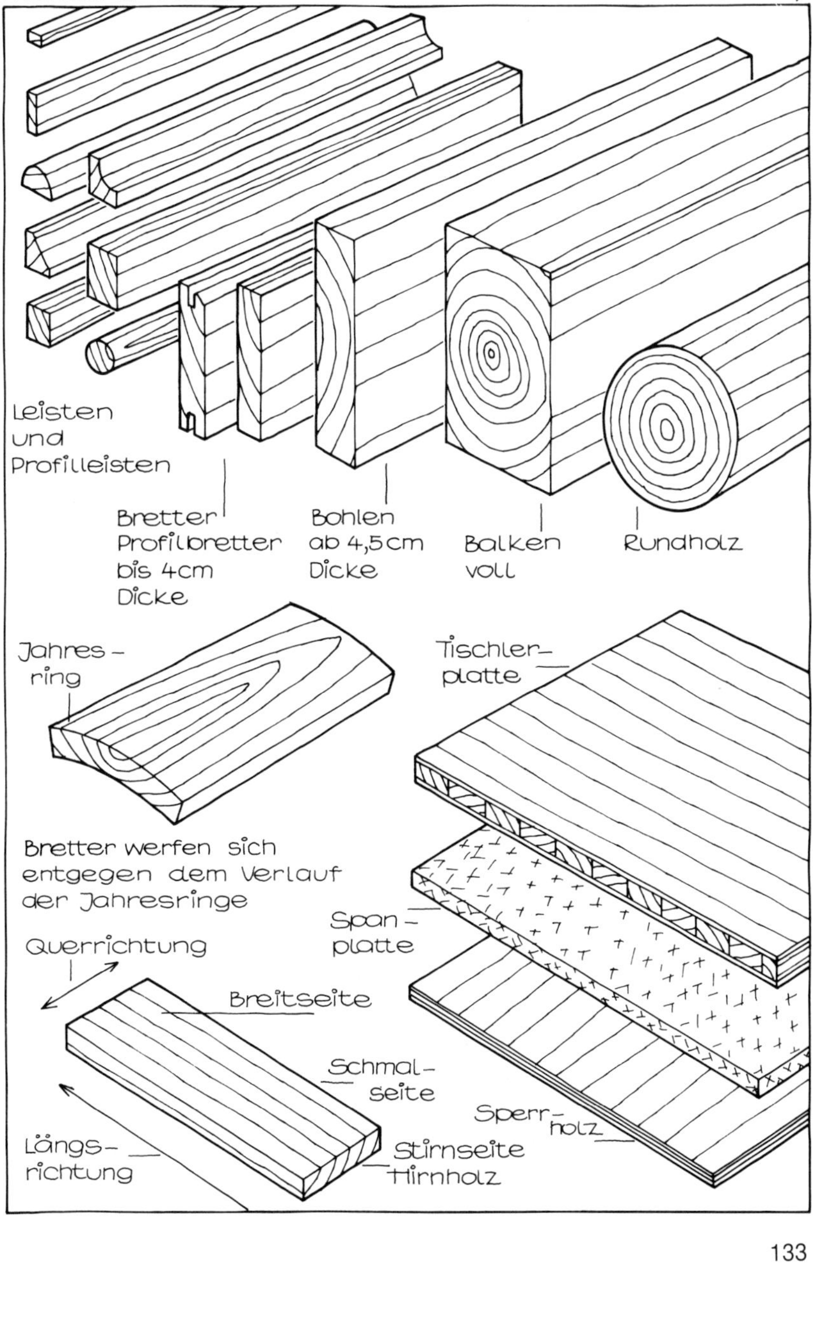
Leisten
und
Profilleisten
Bretter
Profilbretter
bis 4cm
Dicke
Bohlen
ab 4,5cm
Dicke
Balken
voll
Rundholz
Jahres-
ring
Tischler-
platte
Bretter werfen sich
entgegen dem Verlauf
der Jahresringe
Span-
platte
Querrichtung
Breitseite
Schmal-
seite
Sperr-
holz
Längs-
richtung
Stirnseite
Hirnholz

Passende erhalten. Trotzdem möchten wir dennoch einige kurze Hinweise geben.

Am wichtigsten sind die großen Stücke für Rumpfblöcke. Dafür brauchen wir gesundes, abgelagertes Holz. Unser Material darf weder krumm gewachsen, noch sonst schadhaft sein. Auch Risse, Äste, gestockte und/oder faule Stellen darf es nicht haben. Wir wählen Blöcke, d. h. Kantholz, das aus einem älteren, möglichst im Herbst oder Winter geschlagenen Stamm geschnitten ist. Frisch geschlagenes Holz verzieht sich später mehr oder weniger stark, weshalb ein daraus gefertigtes Modell seine Form verliert. Schon nach kurzer Zeit zeigt es Risse. Wichtig als Hinweis für die Brauchbarkeit von Holz sind der Verlauf der Jahresringe und der Fasern. Kantholz soll derart aus dem Stamm geschnitten sein, daß seine Hirnholzfläche entweder Kern- oder Splintholz zeigt. Halbliegendes Kernholz ist ungeeignet für den Modellschiffbau. Dazu müssen noch die Fasern parallel zu den Langkanten verlaufen. Sonst haben wir Quer- oder Widderholz vor uns, das ebenfalls unbrauchbar ist. All dies zeigt Bild 78.

Von den deutschen Hölzern eignen sich besonders Linden-, Pappel-, Lärchen- und Fichtenholz. Ein Modell läßt sich um so leichter ausarbeiten, je feinfaseriger und astreiner die gewählte Holzart ist. Auf jeden Fall lohnt es sich, wenn wir uns in mehreren Fachgeschäften über das reichhaltige Angebot informieren. Einige weitere wichtige Hinweise zum Thema Holz geben die Bilder 59 und 60.

Kleber

Zum Kleben der Teile nehmen wir den bewährten Profix Spezial-Kleber Modellbau. Soll Sondermaterial (z. B. Metall, Kunststoff) geklebt werden, so kaufen wir im Hobbyladen einen Spezialkleber, z. B. Stabilit ultra oder Profix Spezial-Kleber Hart-Plastik. Das Kleben ist heute, dank der Anstrengungen der Industrie, wesentlich problemloser geworden als in den Tagen, da es nur Tischlerleim gab.

Zubehör

Das besorgen wir uns gemäß Stückliste, die wir vor jedem Modellbauprojekt sorgfältig aufstellen, in unserem Bastelladen, sofern wir es nicht in unserer »Grabbelkiste« gefunden haben. Im Verlauf der Arbeiten haben wir ja schon gelernt, daß wir grundsätzlich Holz- und Metall-Abfälle, Kleinkram usw. aufheben, und in diese – nach einiger Zeit – wahre Wunderkiste tun.

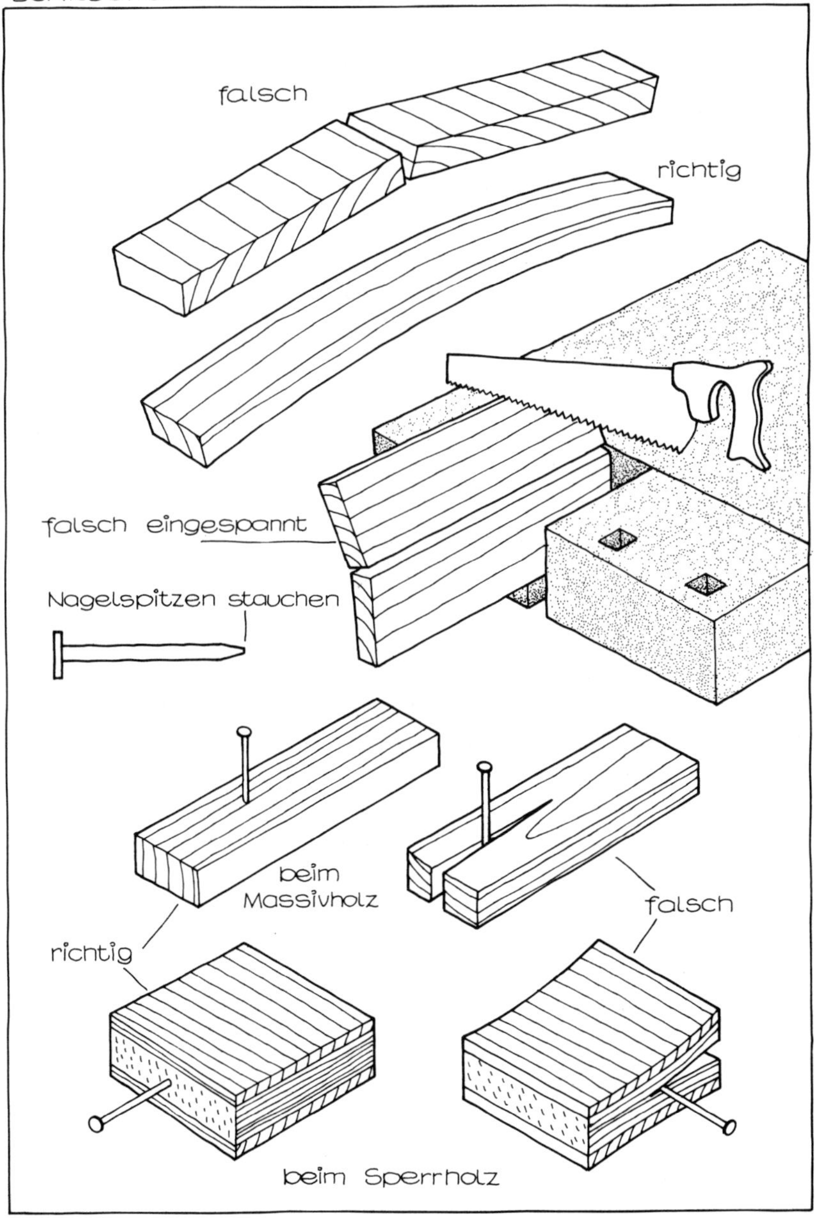
falsch
richtig
falsch eingespannt
Nagelspitzen stauchen
beim Massivholz
falsch
richtig
beim Sperrholz

Farben und Anstriche

Ein noch so gut hergestelltes Modell kann durch schlechte Bemalung ruiniert werden. Nie dürfen wir beim Bemalen zu hastig oder zu ungeduldig sein. Nie wollen wir ein Modell dadurch schnell »fertigmachen«, indem wir einfach in irgendeinem Stadium des Modells die Farben daraufklecksen, die gerade da sind.

Wenn wir ein schönes und sauberes Modell haben wollen, müssen wir stets so vorgehen: Nachdem wir alle Teile einwandfrei von allen Sägefasern durch Schmirgeln mit Sandpapier befreit haben, blasen wir den ganzen Staub ab und bringen zunächst einmal einen Grundanstrich an. Dies kann ein Lack oder eine andere Grundierungsfarbe sein, die uns hilft, das Holz entsprechend abzudichten (d. h. die Fasern zu verschließen) und für die folgende Lackschicht vorzubereiten. Wenn wir das nicht tun, erhält die Oberfläche ein sehr unregelmäßiges und unschönes Aussehen. Wenn man wirklich »penibel« sein möchte und eine geradezu profihafte glasklare Oberfläche aufbringen will, muß man vorher noch eine Schicht eines Füllers aufbringen, bevor die Grundierung aufgebracht wird. »Füller« sind farbähnliche Materialien, denen ein feines Pulver beigemischt ist, das in die kleinen Risse, Poren und Unregelmäßigkeiten des Holzes eindringen kann. Solche Unregelmäßigkeiten waren entweder im Holz oder sind bei der Bearbeitung entstanden. Diese wollen wir voll ausfüllen. Solches Füllmaterial bringen wir mit dem Pinsel auf und lassen es je nach Herstelleranweisung ausreichend trocknen. Einen eventuellen Überschuß an Füller wischen wir mit einem groben Lappen ab. Das Holz lassen wir über Nacht trocknen und schmirgeln es dann noch einmal mit feinem Sandpapier ab.

Wenn die Abdichtungsschicht trocken und noch einmal abgeschmirgelt ist, blasen wir wiederum den Staub sorgfältig ab und bringen dann den Grundanstrich und Anstrich auf. Niemals tragen wir Farbe oder Lack mit einem alten schmutzigen Pinsel auf, bei dem die Pinselborsten zusammengeklebt sind. Wir verwenden immer Pinsel der richtigen Größe: Kleine Pinsel für kleine Flächen oder dünne Linien, mittlere Pinsel für die übrigen Arbeiten und recht große Pinsel für das Auftragen der Farbe auf größeren Rümpfen und auf den Decks. Ein 25-mm-Pinsel ist für durchschnittliche Modelle meist sehr gut geeignet. Wichtig ist, daß die Pinsel nach Gebrauch immer im richtigen Lösemittel gesäubert werden. Das Etikett unserer Lackdose sagt uns zumeist, welches Lösemittel für die verwendete Farbe jeweils richtig ist. Terpentin nehmen wir als Lösemittel für Ölfarben, Wasser für Wasserfarben und Alkohol für Schellacke. Wenn man etwas mehr ausgeben will und spritzen möchte, so ist das Ergebnis noch schöner. Spritzen können wir, wenn wir eine richtige Grundierung angebracht haben, auch mit einer Aerosoldose, die wir auch in Autozubehörgeschäften in allen Farben erhalten können. Gespritzte Flächen sehen immer viel sauberer aus als mit dem Pinsel aufgetragene. Aber Vorsicht: Möglichst im Freien bei windstiller Luft spritzen.

Nachdem die erste Schicht getrocknet ist, wird noch einmal mit einem extrafeinen Sandpapier geschmirgelt, der Staub abgeblasen und die nächste Schicht aufgebracht. Bei den meisten Modellen brauchen wir nicht mehr als zwei Schichten.

Die Hobby-Industrie stellt für den Schiffsmodellbau Spezialfarben her. Sie werden in Dosen verschiedenster Größe, nicht zu groß und nicht zu klein, und in fast jeder Farbschattierung geliefert. Wenn man jedoch größere Flächen unter Verwendung vieler Farben anstreichen muß, so werden diese doch recht teuer. Also gut planen! Die meisten Farben werden glänzend oder matt geliefert. Bei den Modellbauern gibt es zwei »Schulen«. Die einen schwören nur auf glänzende Farben, die anderen auf matte. Als Regel kann man vielleicht sagen, daß sorgfältig aufgebrachte glänzende Emailfarben auf einfacheren Modellen am besten aussehen, während sich matte Farben auf komplizierteren Modellen schöner ausnehmen.

Wenn wir an einer Stelle eine sehr saubere Übergangskante zweier verschiedener Farben herstellen müssen (z. B. am Wasserpaß), müssen wir einen Abdeckstreifen verwenden. Dazu können wir, wenn die Flächen nicht zu uneben oder unregelmäßig sind, einfach Klebstreifen, Isolierband oder Tesafilm verwenden. Die Streifen müssen fest auf das Material aufgebracht werden, damit keine Farbe darunter eindringen kann. Dann streichen wir die Flächen etwas über die Kante des Bandes. Nachdem die Farbe aufgebracht und leicht getrocknet ist, ziehen wir den Streifen ab. Wir erhalten dann eine saubere, durchgehende und scharfe Kante, die sehr gut aussieht. Bei den meisten Farben braucht man gar nicht zu warten, bis die Farbe völlig getrocknet ist, bevor man den Streifen abzieht. Nachdem man das einmal etwas ausprobiert hat, wird man sehen, daß die Herstellung von Wasserlinien mit Hilfe von Abklebstreifen einfach ist.

Wollen wir den Rumpf einfarbig lassen, d. h. das Ober- und Unterwasserschiff in der gleichen Farbe belassen, aber einen z. B. weißen Trennstreifen aufbringen, so bringen wir einen dünnen Klebstreifen an der entsprechenden Stelle auf dem unteren (weißen) Anstrich an. Dann streichen wir das Ganze mit der eigentlichen

Rumpffarbe. Nach Abzug des Streifens, haben wir an dem Modell einen schönen und regelmäßigen Wasserlinienstreifen.
Und noch etwas Wichtiges: Es ist allgemein am besten, wenn wir die verschiedenen Einzelteile eines Modells bemalen, bevor wir sie endgültig auf dem Modell befestigen. Dies gilt insbesondere dann, wenn an dem Modell viele verschiedene Farben verwendet werden. Auf diese Weise vermeiden wir, daß andere Farbteile mit dem Pinsel verkleckst werden und unser Modell erhält ein viel schöneres Aussehen.
Die einfachen Schiffsmodelle der ersten Abschnitte dieses Buches können wir, wenn wir mit schönem Holz gearbeitet haben, unbemalt lassen. Wir bringen dann nur eine Schicht von einem geeigneten Decklack auf, der das Holz schützt, aber die schöne Holzmaserung durchscheinen läßt. Modelle aus gutem Holz mit schöner Maserung, ohne Astlöcher oder Fehlerstellen, können so als mit Hochglanzlack überzogene Naturholzmodelle sehr attraktiv aussehen.

Zeichnungen, Risse und Baupläne

So wie es »Lehnstuhlreisende« gibt, die sich wissensdurstig und interessiert an Landkarten von Ländern begeistern, die sie nie bereisen werden, gibt es auch Schiffsliebhaber, die nur mit den Augen auf Bauplänen schöner oder berühmter Schiffe spazierengehen, die sie aber nie als Modell zu bauen planen. Denn gute Baupläne sind Beschreibungen der Seelen und Körper von Schiffen. Auch wer Schiffe weniger romantisch betrachtet, wird sich allmählich an den klaren Linien guter Baupläne – die es zum Glück in Fachgeschäften reichlich gibt – erfreuen. Einen Bauplan studieren und begreifen, das heißt nichts weniger, als im Geist ein Schiff zu bauen und das große Vorbild kennenzulernen.
Beim Modellbau wollen wir nicht zu ehrgeizig sein. In der Entwicklung eines guten Bauplans steckt viel Überlegung und Arbeit. Gelungene Eigenkonstruktionen sind selten. Daher halten sich selbst erfahrene Modellbauer meist an fertige Baupläne, die ihren gewünschten Modelltypen entsprechen. Das Gute an Bauplänen ist, daß sie uns genaue Außenansichten des Modells mit einer Seiten-, einer Decks- und einer Bug- und Heck-Ansicht liefern. Die gleichen Vorlagen als Zeichnungen oder Fotos brauchen wir, wenn wir ein bestimmtes Vorbild selbständig konstruieren oder abwandeln wollen. Baupläne zeigen auch den in Längsrichtung durchschnittenen Rumpf als »Längen«- bzw. »Seitenlinienriß«

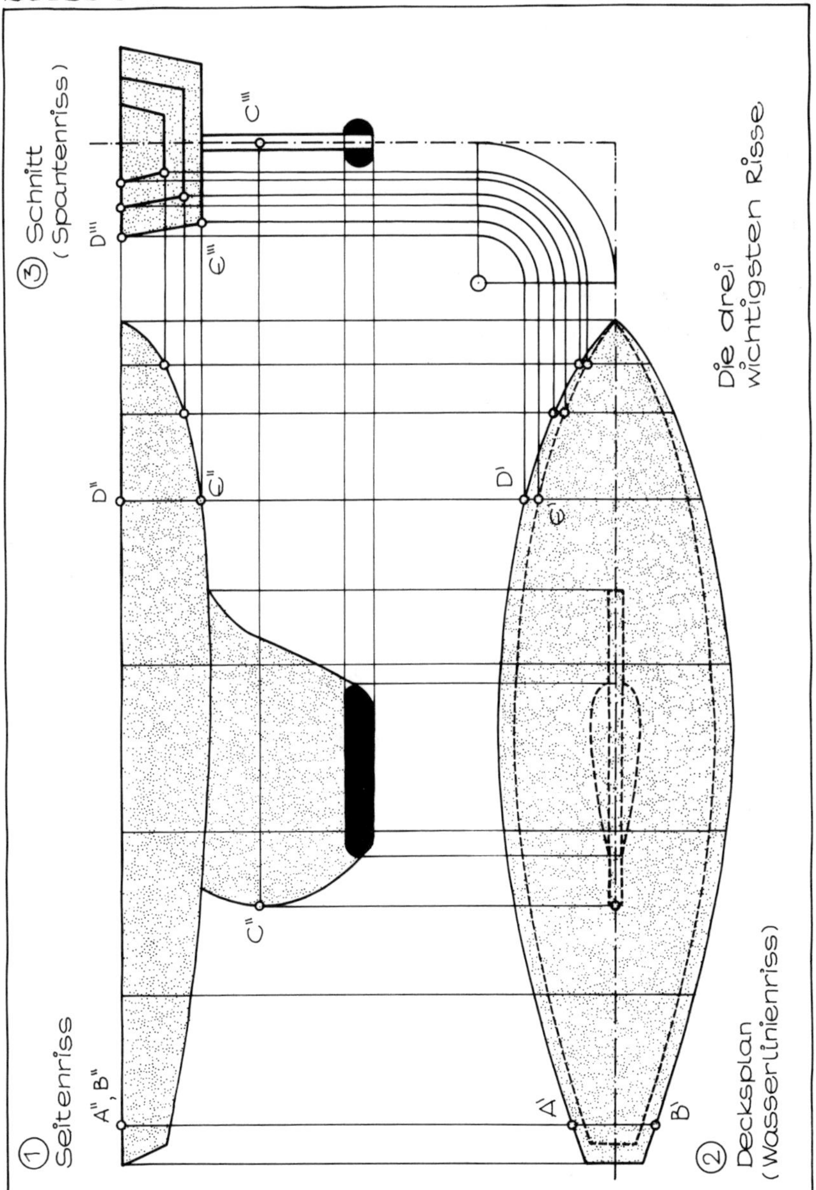
① Seitenriss
A'', B''
C''
D''
E''
③ Schnitt
(Spantenriss)
D'''
E'''
C'''
D'
E'
A'
B'
② Decksplan
(Wasserlinienriss)
Die drei
wichtigsten Risse

von der Seite und in mehreren »Linienrissen« von oben. Aus den Spantenrissen ergeben sich die Rumpfquerschnitte an den Stellen, die im Seiten- und Linienriß angegeben sind. Die Spanten sind im Spantenriß nur mit je einer Hälfte eingetragen. Alle aus diesen Darstellungen nicht ersichtlichen Einzelheiten gehen aus besonderen Zeichnungen hervor. Das Schönste an Bauplänen aber ist, daß sie uns das Modell und seine Teile (zumeist) in dem Maßstab darbieten, in dem wir das Modell bauen wollen. Um einen Bauplan richtig verwenden zu können, müssen wir jedoch die Bedeutungen der einzelnen Darstellungen genau verstehen.

Im Bild 61 sind die klassischen drei Schnitte dargestellt, wie wir sie brauchen: Denn wer ein Schiffsmodell bauen will, muß das Vorbild von allen Seiten kennen. Bei achssymmetrischen Gegenständen genügt je ein Bild von der Seite, von vorn (oder hinten) und von oben (oder unten).

Beim Aufreißen (Aufzeichnen) eines Schiffes ergibt die Projektion auf die Mittschiffsebene (Bild 61/1) den Seitenriß (Längsriß). Die Projektion auf die Schwimmebene ergibt den Grundriß, beim Schiff den Wasserlinienriß (Bild 61/2). Die Projektion auf die quer zum Schiff liegende Ebene den Spantenriß, der so genannt wird, weil er den für den Bau eines Schiffes wichtigen Verlauf der Spanten zeigt (Bild 61/3). Eine Betrachtung der drei Ansichten ergibt, daß der Seitenriß des Schiffes den Verlauf der Decksmittellinie, die Abweichung der äußeren Deckslinie von der Horizontalen, die Kiellinie und die Kielflosse sowie den Steven und den Spiegel des Schiffes zeigt. Die Wasserlinien erscheinen als Horizontallinien, die Spanten als zwei gleichlaufende Linien. Bei Block- und Schichtmodellen, die keine eingebauten Spanten haben, zeigen Pläne durch rechtwinklig zur Decksmittellinie stehende einfache volle Striche die Lage der einzelnen Spantschnitte an.

Der Spantenriß des Schiffes ist, der klaren Übersicht halber, durch eine senkrechte Mittellinie geteilt. Links der Mittellinie liegen die Spantformen von hinten bis zur Mitte des Schiffes, rechts die Spantformen von der Mitte bis vorn. Durch Betrachten des Spantenrisses erhalten wir eine räumliche Vorstellung des halben Schiffskörpers. Die Wasserlinien erscheinen wie im Seitenriß als Horizontale.

Der Grundriß (Wasserlinienriß und Decksplan) gibt den Verlauf der äußeren Deckslinie und damit die Krümmung der Balkweger (Deckenbalkenträger) an. Die eingezeichneten Wasserlinien haben als gedachte Linien nur konstruktive Bedeutung.

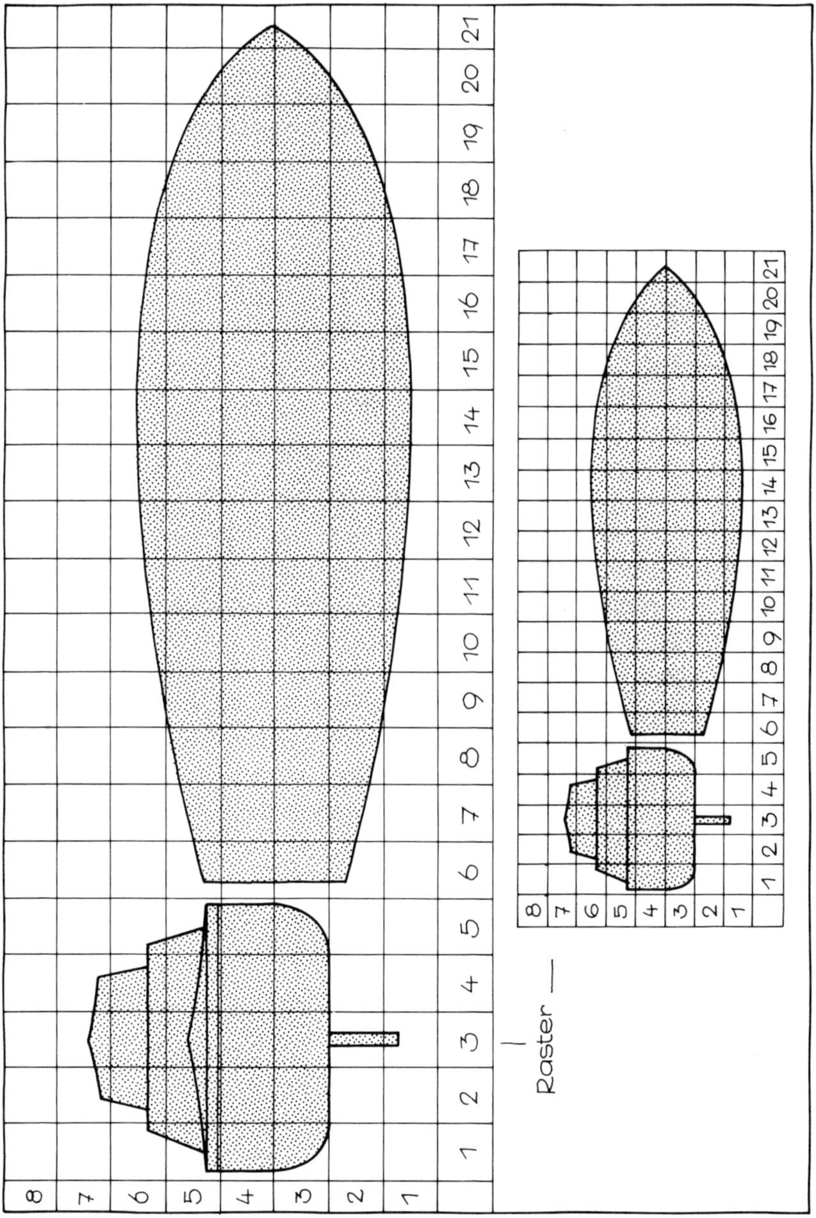
Raster

Diese drei Ansichten genügen zumeist, um alle Bauteile in ihren Ausmaßen genau aufzureißen. Bei komplizierten Formen werden die drei Risse ergänzt durch Darstellung von Schnitten des Körpers. Die Lage dieser Schnitte wird im Riß durch eine strich-punktierte Linie bezeichnet. Auch perspektivische Darstellungen erleichtern das Verständnis für die geometrische Form eines Gegenstands. Für den Schiffsmodellbauer aber sind stets die drei klassischen Projektionen: Seitenriß, Wasserlinienriß (Decksplan) und Spantenriß, die wichtigsten, ja unbedingt erforderlichen Form-Informationen.
Häufig entspricht der Maßstab des Bauplans aber doch nicht der gewünschten Modellgröße. Das ist insbesondere bei Bauplänen in Büchern wie in diesem der Fall, weil ja die vorliegenden Pläne auf die Größe einer Buchseite verkleinert werden müssen. Ein bewährtes Vergrößerungs- oder Verkleinerungsverfahren besteht darin, daß wir ein Rasternetz über den vorhandenen Originalplan zeichnen und dieses Rasternetz entsprechend der gewünschten Modellgröße verdoppeln, verdreifachen usw. Wie man dies machen kann zeigt Bild 62, also eine Maßstabveränderung etwa von 1:200 auf 1:100 oder 1:50. Grundsätzlich soll man diese geraden Maßstäbe wählen und nicht »krumme«, wie etwa 1:78. Sie erleichtern die Arbeit, werden in Wettbewerben schlechter bewertet und es ist schwerer, passendes Zubehör zu bekommen. Grundsätzlich versucht man natürlich, »seinem« Maßstab treu zu bleiben, was die Beschäftigung mit ähnlichen Schiffsgattungen zur Folge hat. Schwimmfähige Passagierschiffe könnte man noch im Maßstab 1:200 bauen und käme dann auf Modellängen von bis zu 150 cm. Da schwimmfähige Modelle wegen der Zuladung (Antrieb, Fernsteuerung usw.) selten kleiner als 80 cm werden, muß man für kleinere Frachtschiffe schon den Maßstab 1:100, für Schlepper u.ä. sogar 1:50 wählen. Auch Modellsegeljachten sollten möglichst zwischen 70 cm und 1 m groß sein. Während man für Schaumodelle (Standmodelle) mit etwa 30 cm auskommt, würde ein solches Schiffchen auf dem Wasser kaum zu sehen sein.
Viel mehr an theoretischen Überlegungen brauchen wir hier nicht zu erläutern, weil unser Motorlogger (Bild 39 und 40) und die Jacht (Bild 77–92) sowie die Wasserlinienflotte (Bild 41–47) uns schon eine praktische Vorstellung von Bauplänen geben.

Schiffsformen

Schiffe und Wasser, das erinnert an Wikinger und Entdecker, Hansekoggen und Kreuzfahrer, aber auch an die eisernen Matrosen, die sich auf ihren hölzernen Schiffen um das berüchtigte Kap Horn herumkämpften. Wir denken ferner an das Blaue Band der Ozeanriesen und an Schiffe für Kreuzfahrten, an Fischdampfer vor Grönland und an Containerschiffe, an Supertanker und Autofähren und an die bizarre graue Welt der Kriegsschiffe. Welche Vielfalt der Formen und Typen, die sich nach dem Verwendungszweck des Schiffes richten!

Unser Ideenbuch hält diese vielen Anregungen für uns bereit. Und eine Menge gibt es auch zu lernen über die einzelnen Teile eines Schiffes oder Bootes. In diesem Buch müssen wir uns darauf beschränken, die wichtigsten Formeigenschaften von Schiffstypen kennenzulernen, die wir im Rahmen unserer handwerklichen Fähigkeiten schon bauen können. Es geht dabei wohl stets nur um kleinere Fahrzeuge, vor allem um Boote und Segelschiffe.

Besonders charakterisierend für das Aussehen eines Schiffes – von Aufbauten und Takeleinzelheiten abgesehen – sind die Rumpfformen und dabei insbesondere die Gestaltung von Bug und Heck. Bild 63 zeigt die wichtigsten Bug- und Heckformen von kleineren Segelschiffen und eine Reihe weiterer wichtiger Grundbegriffe. Über die Rumpfgestaltung geben die Querschnitte des Bildes 64 Auskunft. Hier sind einige der wichtigsten Rumpfschnitte und Spantformen dargestellt, wie sie bei kleinen Segelbooten und Modelljachten Verwendung finden. Es ist gut, dieses Bild im Zusammenhang mit Bild 69, das die Bauweisen wiedergibt, zu betrachten.

Die Querschnitte moderner Handels- und Kriegsschiffe sehen natürlich ganz anders aus. Aber wir wollen ja allmählich Kenntnisse und Interesse gewinnen für die ungeheure Typenzahl, die die Welt der Schiffahrt ausmacht. Wenn uns diese wenigen Darstellungen anregen, immer mehr über Schiffe aus Zeitungen, Büchern und bei einem eigenen Besuch an Bord herauszubekommen, dann haben sie ihren Zweck erfüllt. Sie sollen doch unseren Appetit nach immer mehr Wissenwollen über Schiffe anregen. Denn wir dürfen ja eines nicht vergessen: Dieses Buch soll kein allgemeines »Schnittmuster« darstellen, das wir nur zu kopieren brauchen, sondern uns in ein Gebiet einführen, von dem wir schließlich mehr und immer mehr wissen möchten. Die Möglichkeiten, dieses Wissen zu erweitern, sind fast unbegrenzt und werden sich wohl nur an unserem Geldbeutel stoßen. Aber, wie schon vielfach erwähnt – es gibt so viele nahezu kostenfrei erhält-

HECK- UND BUGFORMEN BILD 63

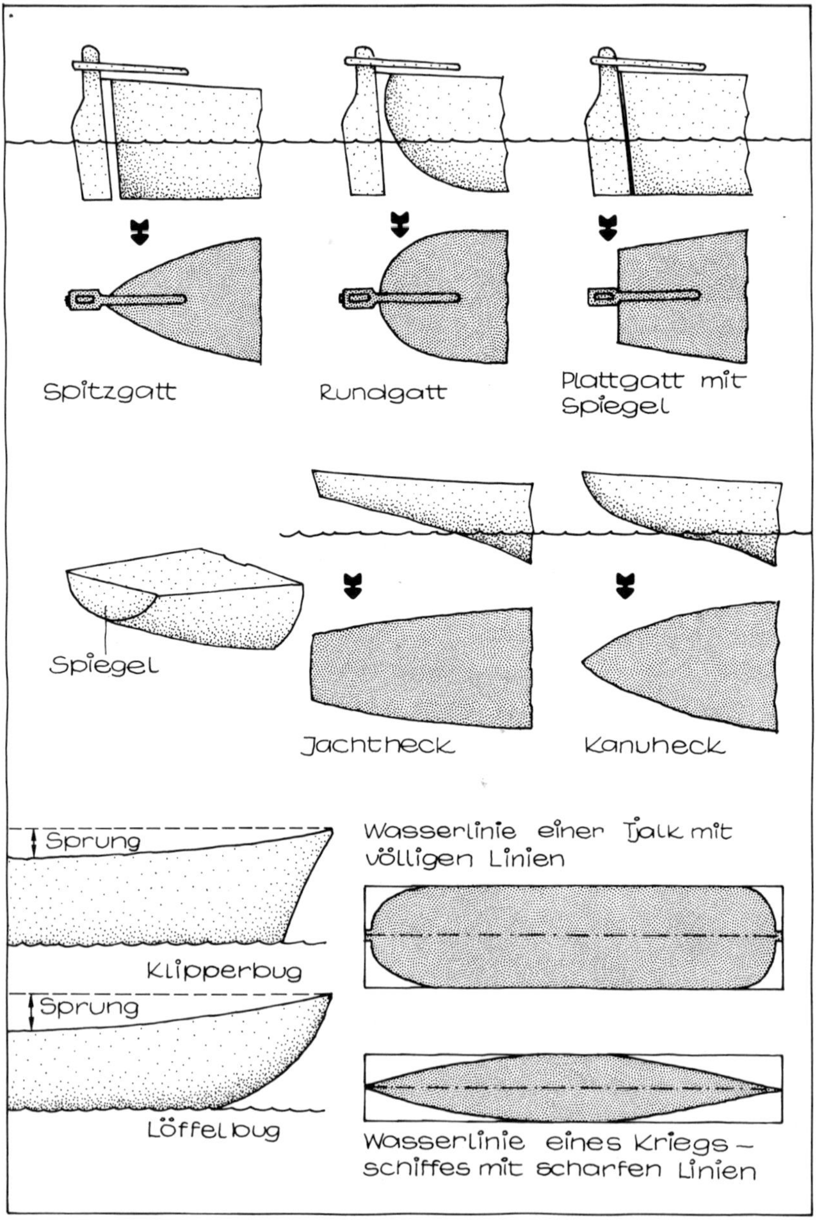

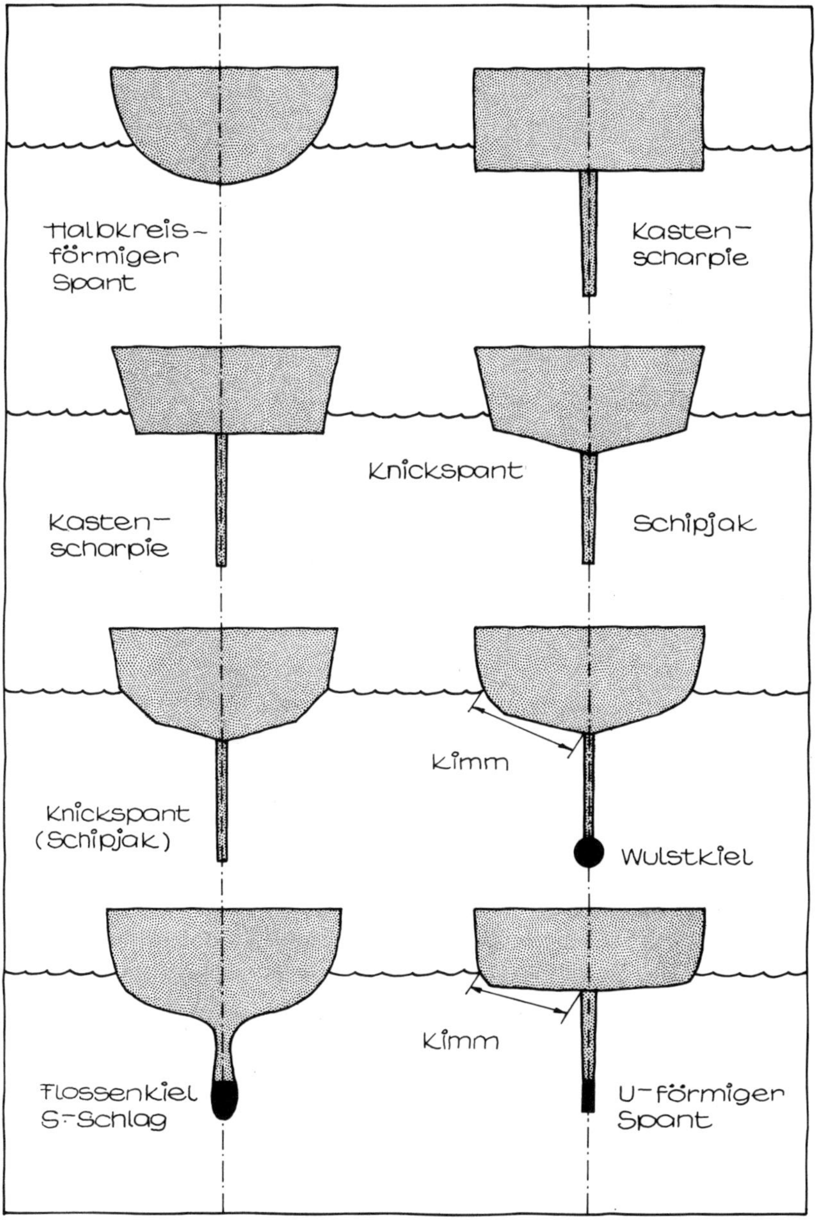
Halbkreis-
förmiger
Spant
Kasten-
scharpie
Kasten-
scharpie
Knickspant
Schipjak
Knickspant
(Schipjak)
Kimm
Wulstkiel
Flossenkiel
S-Schlag
Kimm
U-förmiger
Spant

liche Informationen, daß wir mit dem Zusammensuchen und Zusammenstellen allein dieser Unterlagen mehr als beschäftigt sein werden. Wo ein Wille ist (zu lernen), ist auch zumeist ein Weg (das Lernmaterial zu bekommen). Und wenn wirklich mal ein Buch auftaucht, das zu besitzen uns nahezu »unerläßlich« erscheint, dessen Preis aber unsere Mittel bei weitem übersteigt – nun, dann schmuggeln wir den Eltern einen solchen Wunsch für den nächsten Geburtstag oder für Weihnachten zu. Sicher brauchen wir dann nur noch die Geduld aufzubringen, bis zu diesem Festtag zu warten.

Modellbauweisen

Vielfältig wie die Formen von Schiffen und Modellen sind auch die Bauweisen, die man zur Herstellung guter Nachbildungen oder Aktionsmodelle anwenden kann. Die Wahl der Bauweise hängt dabei von einer ganzen Reihe von Umständen ab, wie Größe des Modells, Baumaterial, Art des dargestellten Schiffes und, vor allem, von der Funktion, die das fertige Modell haben soll. Spiel-, Schau- und Standmodelle sowie Wasserlinienmodelle brauchen nicht zu schwimmen. Ihr Rumpf kann auch aus einem Block bestehen. Aktionsmodelle aber sollen wie Schiffe schwimmen und fahren, sie benötigen daher einen hohlen Rumpf. Beim Studium des Bauplans machen wir uns schon Gedanken über das anzuwendende Bauverfahren, wenn es uns nicht vom Bauplan-Konstrukteur schon vorgegeben ist.
Bild 65 zeigt die für Anfänger besonders geeigneten Modellbauweisen bei Verwendung des Werkstoffes Holz. Da ist zunächst einmal das Blockmodell mit seinem gerade und voll bleibenden Rumpf, wie wir ihn etwa für unseren Spielzeugschlepper (Bild 6–10) gebaut haben. Dieses Modell hätten wir auch in der nächstgezeigten Form, als abgerundetes und volles Blockmodell herstellen können. Einer Steigerung der handwerklichen Fähigkeiten würde ein abgerundetes und hohles Blockmodell bedürfen. In dieser Bauform ist unser »Gesellenstück«, die große Segeljacht (Bild 77–94), ausgeführt. Volle Schichtmodelle stellen wir mit unserer Wasserlinienflotte (Bild 41–47) her. Große schwimmfähige Modelle werden wir wohl als hohles Schichtmodell anfertigen. Diese Modellbauform wird meist für größere Handels- und Kriegsschiffsmodelle angewandt.

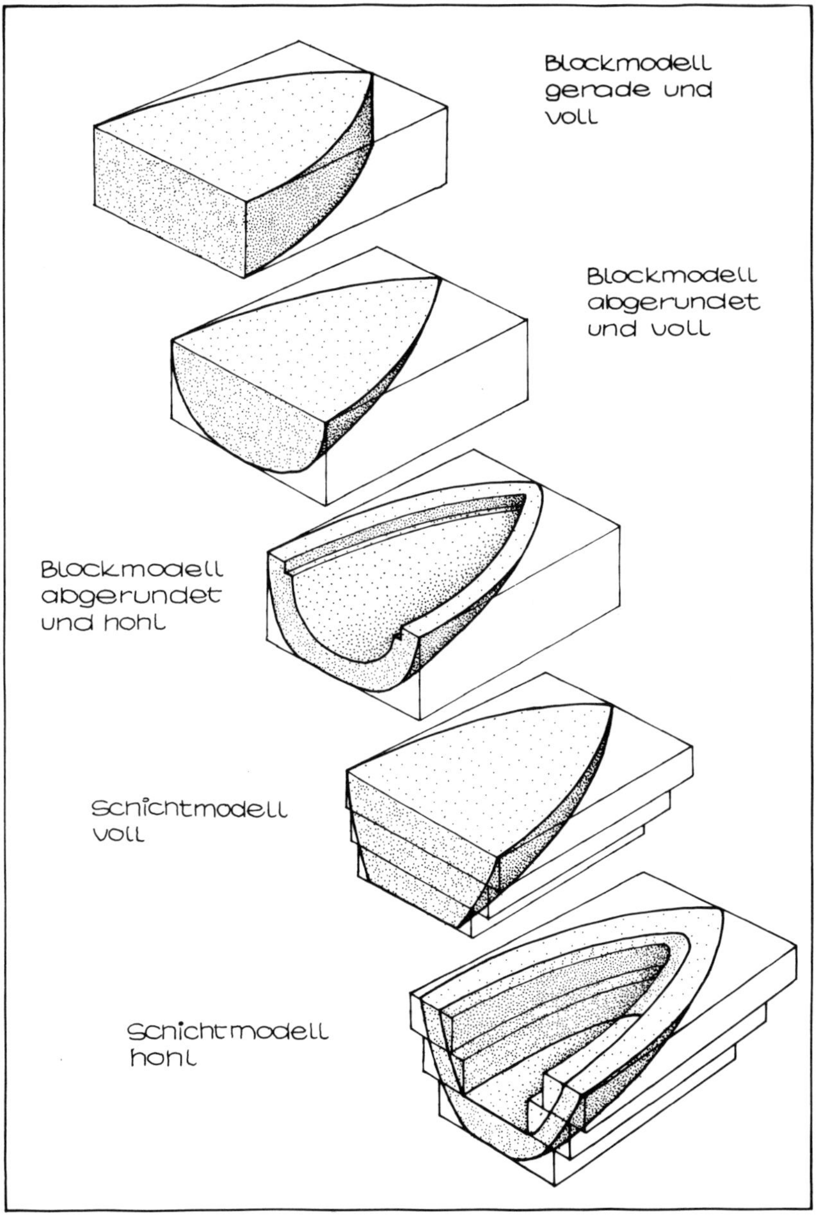
Blockmodell
gerade und
voll
Blockmodell
abgerundet
und voll
Blockmodell
abgerundet
und hohl
Schichtmodell
voll
Schichtmodell
hohl

Bild 66 und 67 zeigen uns einmal alle Schritte bei der Entstehung eines Blockmodells in allen Einzelheiten, Bild 68 zeigt schematisch das Vorgehen beim Aufbau eines größeren Schichtmodells. Das Bild vermittelt einen Eindruck, wie wir z. B. ein Segelboot (Darstellung oben) oder den Rumpf eines größeren Handels- oder Kriegsschiffes aus einzelnen Schichten (Holzlagen) herstellen.
Bild 69 schließlich vermittelt einen Eindruck der komplizierteren Bauweisen von Segelschiffs- oder Bootsmodellen, bei denen wir zur Erzielung bester Schwimm- und Segeleigenschaften den Rumpf – wie beim Original – gewichtssparend hohl lassen. Die dabei einfachste Bauform ist das auf Bild 69 in der Darstellung 1 gezeigte Kastenspantenmodell, das einen flachen Boden aufweist und aus Stringern, einer Bodenplatte, den Spanten und der Beplankung besteht. Darstellung 2 zeigt ein Knickspant-Modell (Schipjak), das in der Aufbauform ähnlich ist, aber einen V-förmigen Boden und zusätzlich einen Kiel aufweist. Darstellung 3 illustriert eine spantlose Bauart, die immer dann angewandt wird, wenn der Rumpf aus einem selbsttragenden Material besteht. Dieses Verfahren nennen wir auch Mallenbauweise, nach den sogenannten »Mallen«, das sind spantähnliche nur für den Bau erforderliche Schablonen, die nach Fertigstellung des Rumpfes herausdrehbar sind.
Sehr viel bauaufwendiger geht es bei der Fertigung eines Schiffsmodells zu, wenn wir die Rumpfaußenhaut nicht aus Gesamtteilen (Flächen) herstellen, sondern die Beplankung wie bei einem richtigen Schiff in einer der beiden klassischen Beplankungsarten anbringen, also in Klinkerbauweise, wobei eine Planke immer die nächst darunterliegende überlappt, oder in Karweelbauweise (auch Kraweel genannt), bei der die Planken stumpf aneinanderstoßen, so daß die Außenbeplankung nach Anstrich einen glatten Eindruck macht. Diese Prinzipien zeigen die Darstellungen 4 (Rundspantmodell in Klinkerbauweise) und 5 (U-Spantmodell in Karweelbauweise) in Bild 69.
Bild 70 schließlich zeigt den Rumpf einer Modellsegeljacht im Gesamtaufbau vor Beplankung in seinen wichtigsten Bestandteilen: Bug- und Heckblock, Stringer (Balkweger), Spanten, Kielverstärkung und Kielflosse.
An die schwierigeren Spantmodelle wollen wir uns aber im Rahmen dieses Einführungsbuches nicht heranwagen, sondern lieber zunächst die dargestellten Block- und Schichtbauweisen meistern. Dies bedarf schon einiger Übung.

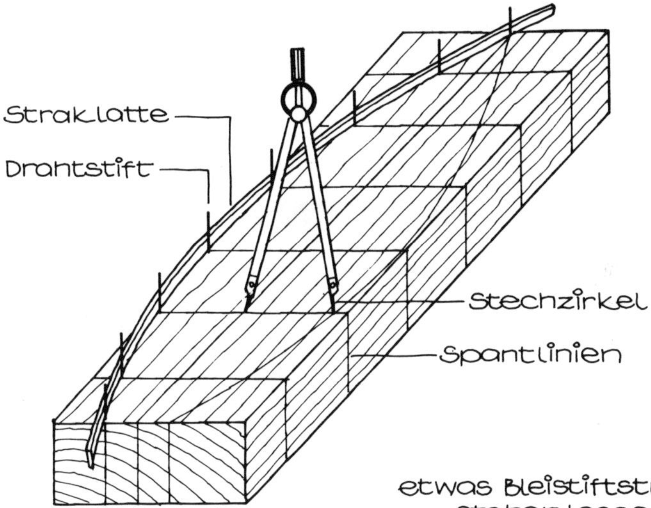

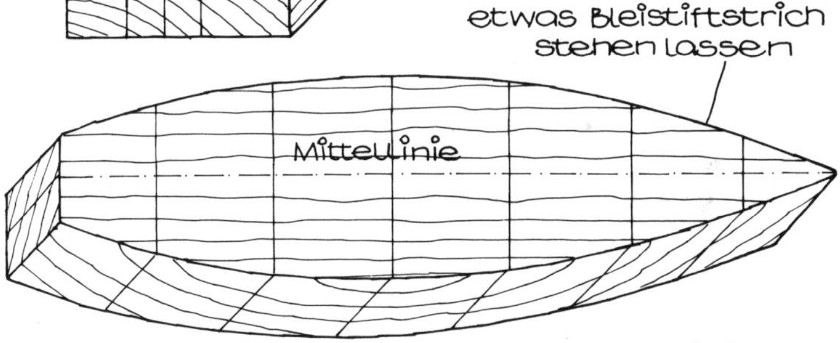

Rumpfblock nach Aussägen der Decklinie

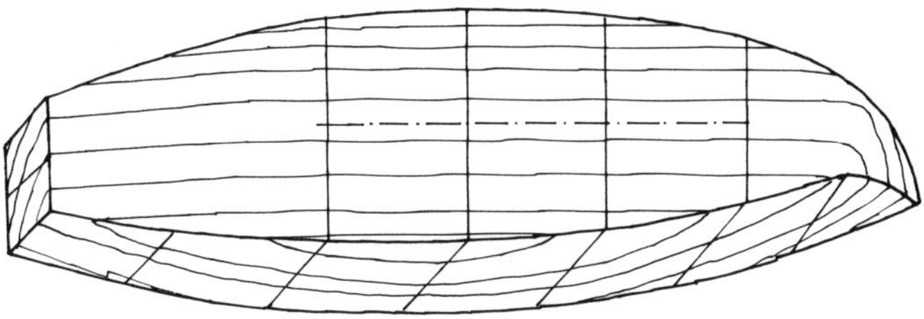

Rumpfblock nach Ausschneiden der Kiellinie

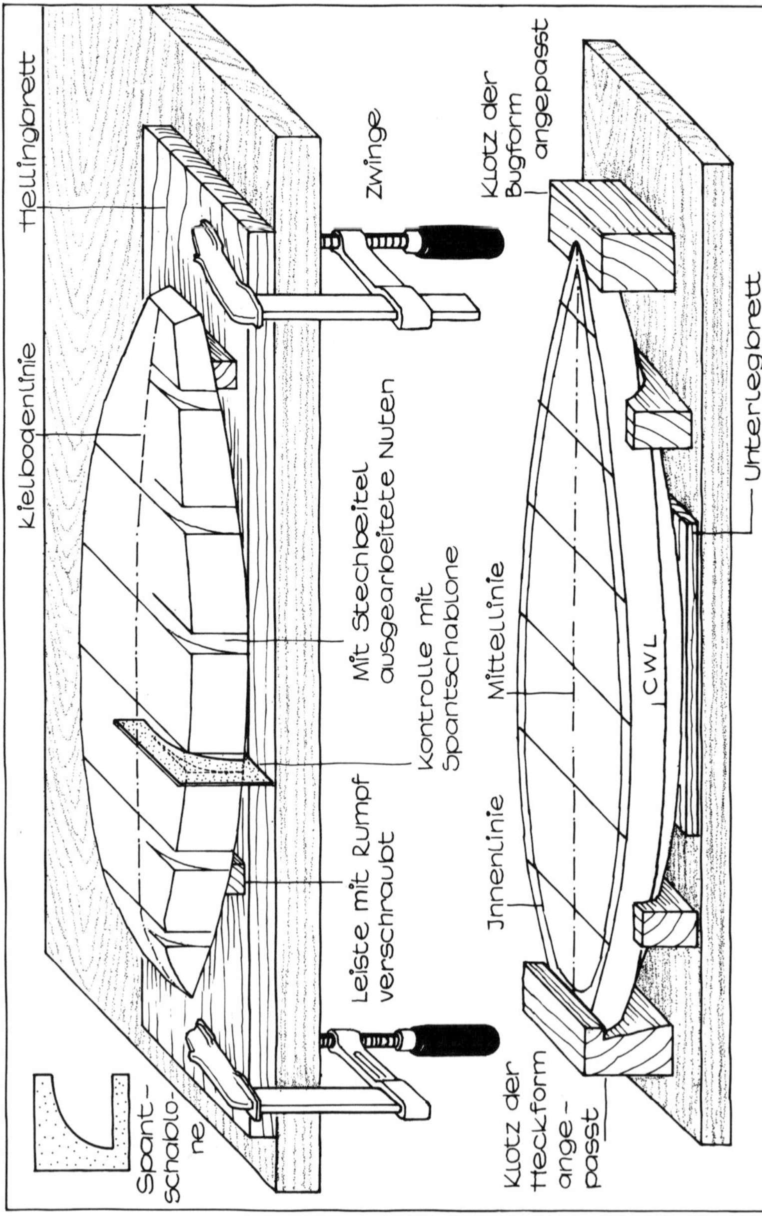

Befestigung des Rumpfes beim Aushöhlen

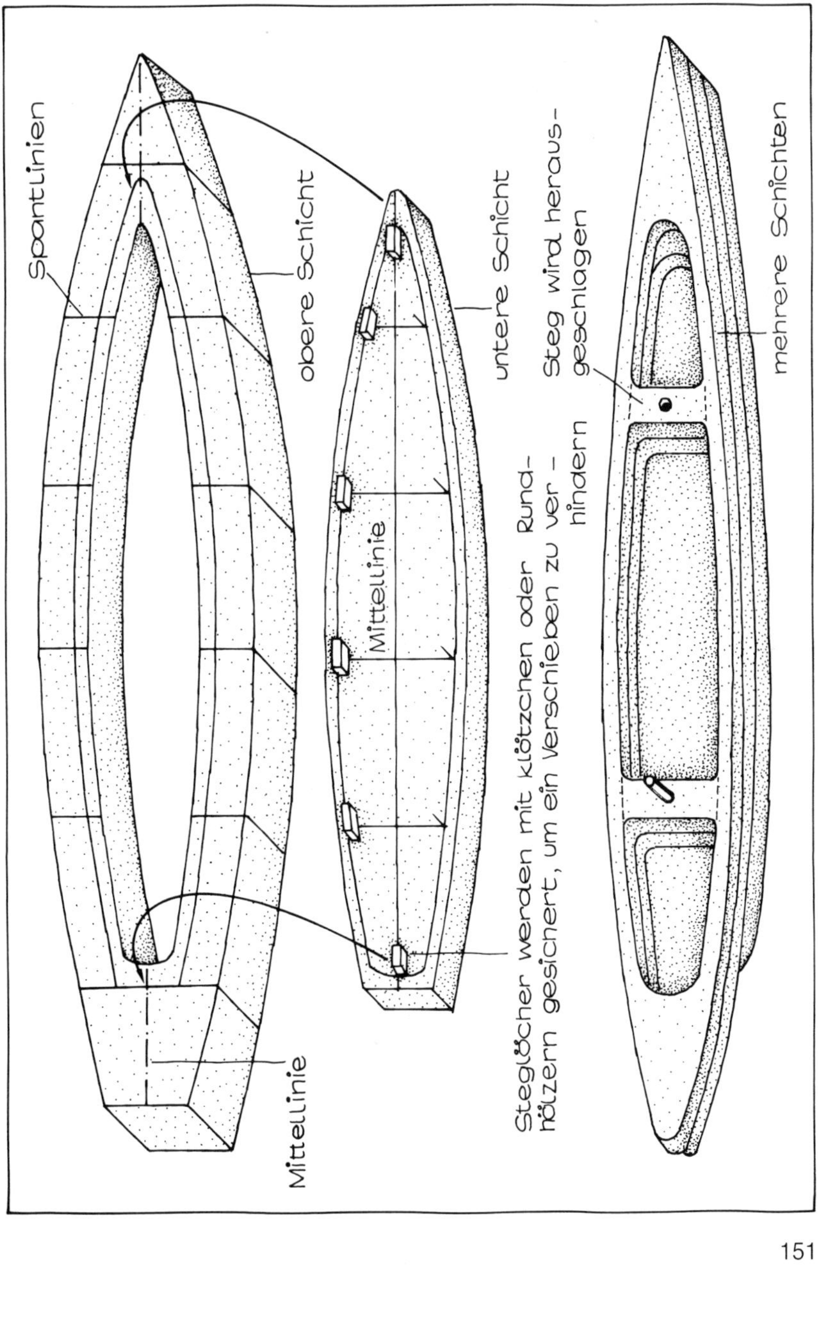
Spantlinien
obere Schicht
Mittellinie
untere Schicht
Mittellinie
Steglöcher werden mit klötzchen oder Rund-
hölzern gesichert, um ein Verschieben zu ver-
hindern
Steg wird heraus-
geschlagen
mehrere Schichten

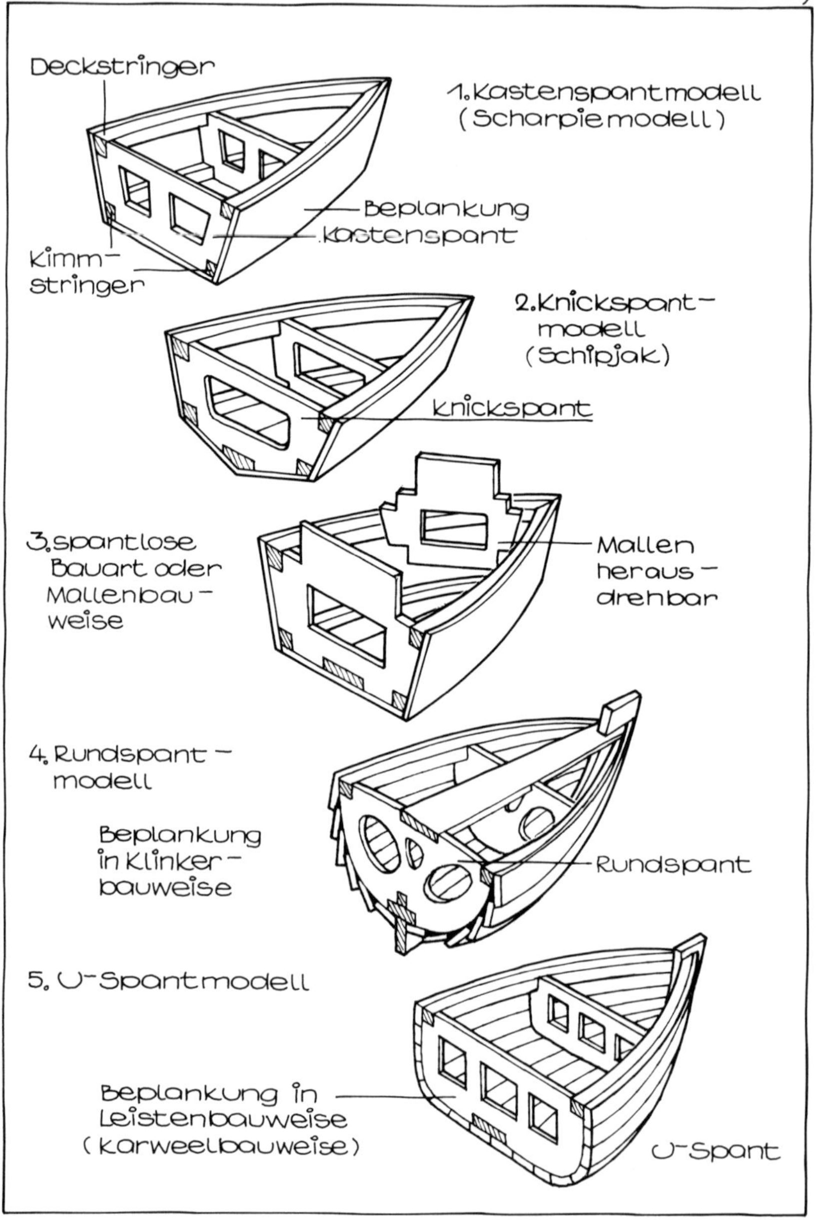
Deckstringer
1. Kastenspantmodell
(Scharpiemodell)
Beplankung
Kastenspant
Kimm-
stringer
2. Knickspant-
modell
(Schipjak)
Knickspant
3. spantlose
Bauart oder
Mallenbau-
weise
Mallen
heraus-
drehbar
4. Rundspant-
modell
Beplankung
in Klinker-
bauweise
Rundspant
5. U-Spantmodell
Beplankung in
Leistenbauweise
(Karweelbauweise)
U-Spant

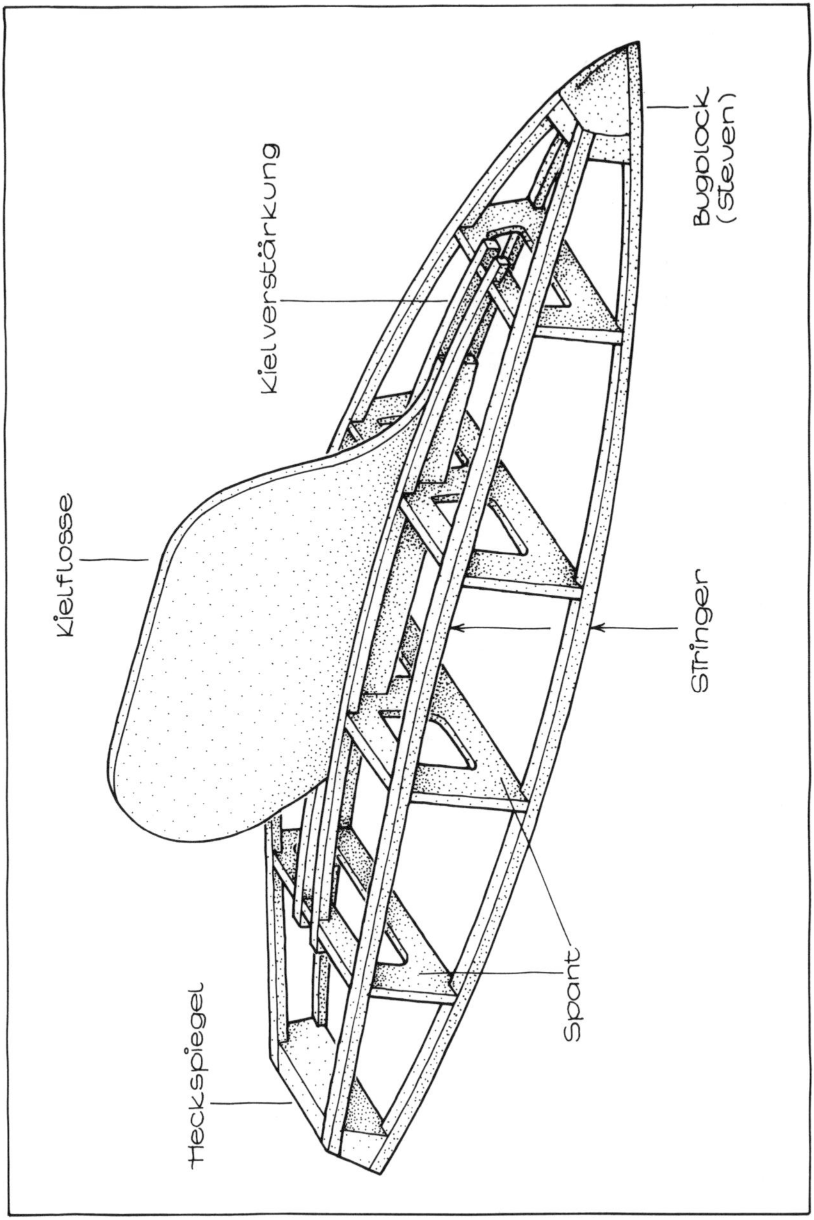
Bugblock (Steven)
Kielverstärkung
Kielflosse
Stringer
Spant
Heckspiegel

Die Teile einer Modelljacht

Den Schluß des Buches bildet die Bauanleitung für unser »Gesellenstück«, eine segelfähige größere Modelljacht. An diesem Schiffsmodell lernen wir auch vieles über die Welt der Segelschiffe und Schiffe kennen, was wir später für andere Projekte gut werden brauchen können. Die Sprache der Seeleute ist eine der ältesten Fachsprachen der Welt. Schiffe sind komplizierte Gebilde. Die vielen Einzelteile müssen mit eindeutigen Bezeichnungen benannt werden. Daher ist auch die Fachsprache der Schiffbauer und Modellbauer so vielfältig. Wenn wir den Jachtbauplan und später andere Baupläne verstehen wollen, geht es daher nicht ohne ein Minimum an Fachausdrücken. In diesem Buch wollten wir die Bilder und Bauzeichnungen natürlich nicht mit Erklärungen überladen. Daher erklärt das folgende kleine »Wörterbuch« alle wichtigen in den Plänen verwendeten Fachausdrücke. Wer also als Binnenländer das eine oder andere Wort in den Plänen oder Beschreibungen nicht versteht, der liest es hier in dieser Liste nach. Denn es geht nicht nur darum, daß wir sehen, wie ein Teil aussieht und wie es heißt, sondern auch darum, was es bedeutet, d. h. welche Funktion es hat. In diesem Wörterverzeichnis weisen wir auf die Bilder hin (insbesondere Bild 61–94) auf denen die erklärten Teile und Begriffe dargestellt sind. Die Bilder 71–76 bringen ferner eine Reihe von Varianten für Teile, die wir für unsere Jacht brauchen werden, und zeigen, daß wir uns auch dabei nicht sklavisch an die Baupläne (Bild 77–94) zu halten brauchen. Wir glauben vor allem, daß Bilder (oft) besser als alle Wörter sprechen. Daher studieren wir vor allem die Zeichnungen mit Geduld und Sorgfalt. Die alphabetische Auflistung der Wörter ermöglicht ein schnelleres Auffinden.
Und noch eines: Hier erscheint nicht etwa ein »Schiffbau-Wörterbuch« und eine Darstellung des Jachtbaus, sondern lediglich ausgewählte Hilfen, die es ermöglichen sollen, daß wir »unser« Modell besser verstehen.

Anschlagen: Zwei Dinge miteinander verbinden, z. B. das Segel am Baum mit der Marlleine anschlagen.

Backbord: Links an Bord von achtern (in Fahrtrichtung). Backbord ist alles, was sich von achtern gesehen links von der Mittellinie eines Schiffes befindet. Gegensatz: Steuerbord = Rechts.

Balken: Der Decksbalken eines Schiffes trägt das Deck und verbindet die oberen Enden der Spanten (Bild 80, 83).

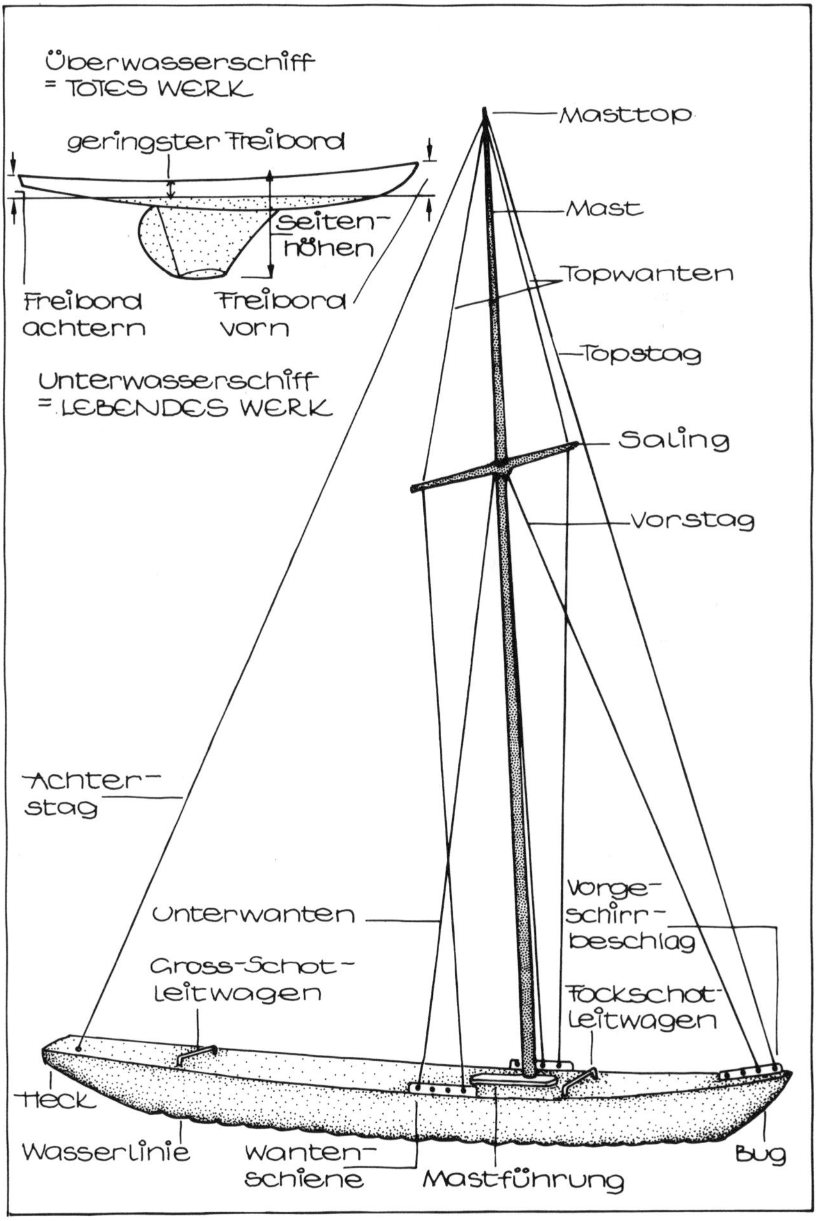
Überwasserschiff
= TOTES WERK
geringster Freibord
Seiten-
höhen
Freibord
achtern
Freibord
vorn
Unterwasserschiff
= LEBENDES WERK
Masttop
Mast
Topwanten
Topstag
Saling
Vorstag
Achter-
stag
Unterwanten
Vorge-
schirr-
beschlag
Gross-Schot-
leitwagen
Fockschot-
leitwagen
Heck
Wasserlinie
Wanten-
schiene
Mastführung
Bug

Balkenbucht: Das Maß für die Krümmung des Decksbalkens, auch Form der Deckskrümmung querschiffs. Sie läßt das etwa überkommende Wasser leichter außenbords fließen (Bild 80).

Balkweger: Ein auf Innenkante Spant parallel der obersten Planke laufender Weger, auf dem die Decksbalken endigen. Der Balkweger ist ein Teil des Längsverbandes (Bild 70).

Ballast: Zuladung eines Schiffes zur Erreichung von Stabilität. Segeljachten haben einen Ballast aus Gußeisen (Modelle aus Blei), der meist außen unter dem Kiel hängt und »Ballastkiel« genannt wird (Bild 83).

Baum: Jedes Stück Rundholz und jede »Spiere«, d.h. Bäume von Schrat-, Gaffel- oder Stagsegel.

Belegen: Das kreuzweise Herumlegen eines Tauendes zur Befestigung um einen Poller, eine Klampe oder einen Belegnagel.

Belegnagel: Ein an den Enden gut abgerundeter Dorn, der durch eine Nagelbank gesteckt wird. Daran werden Tauenden, wie Fallen, Flaggleinen usw. belegt.

Bodenwrange: Querschiffs liegende Bodenverstärkung, meist aus Profilstücken.

Bucht: = Balkenbucht (Bild 80)

Bug: Das vordere scharf zulaufende Ende eines Schiffes.

Bugspriet: Fest mit dem Schiff verbundener »Klüverbaum«, denn der eigentliche Klüverbaum kann weggenommen werden. Die Spiere, die über den Steven nach vorn hinausragt und an der Vorsegel gefahren werden, z.B. Stagfock (Bild 39).

Decksbalken: Querverbundstücke, welche die gegenüberliegenden Spanten verbinden. Sie tragen das Deck (Bild 80, 83).

Decksprung: = Siehe Sprung

Fall: Das Tau, mit dem Segel oder Rahen vorgeheißt werden. Jedes Fall heißt nach seinem Segel, z.B. Klüverfall, Fockfall usw. (Bild 72, 92).

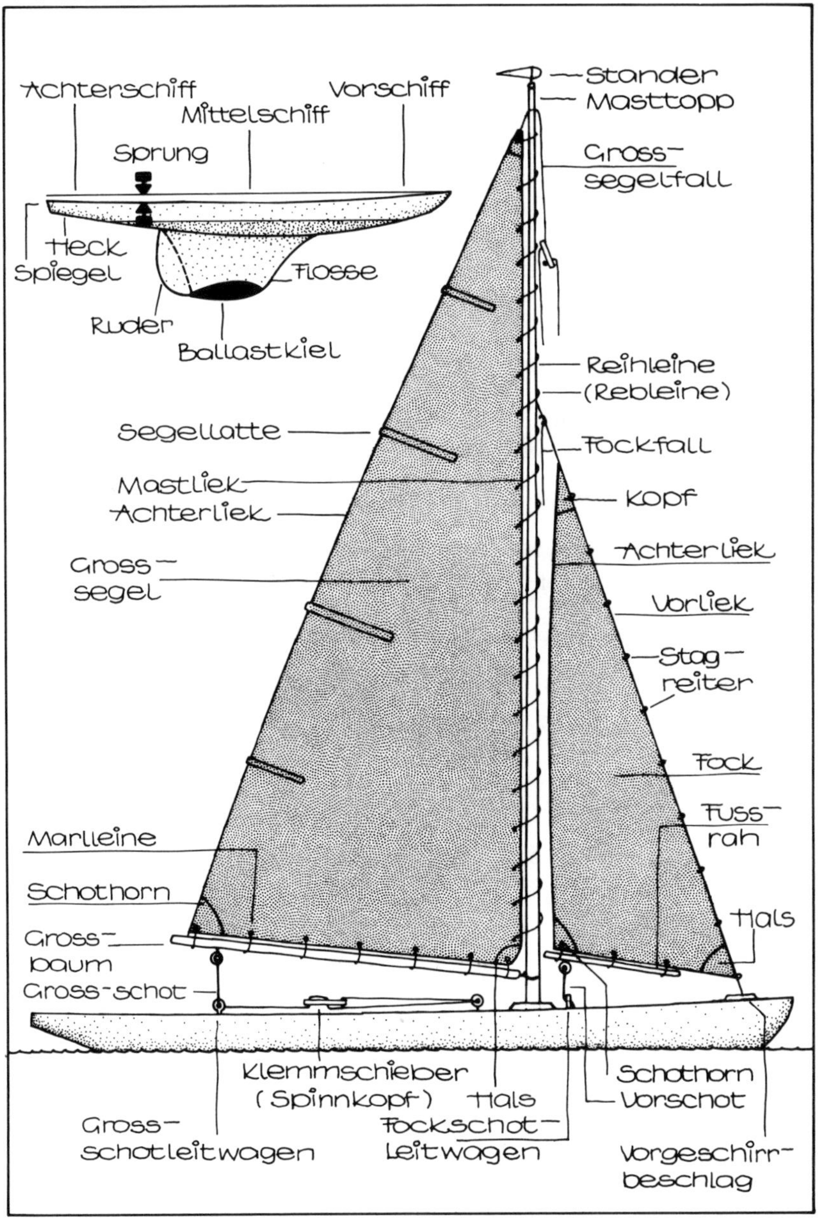
Achterschiff
Mittelschiff
Vorschiff
Sprung
Heck
Spiegel
Flosse
Ruder
Ballastkiel
Stander
Masttopp
Gross-
segelfall
Reihleine
(Rebleine)
Segellatte
Fockfall
Mastliek
Achterliek
Kopf
Achterliek
Gross-
segel
Vorliek
Stag-
reiter
Fock
Fuss-
rah
Marlleine
Schothorn
Hals
Gross-
baum
Gross-schot
Klemmschieber
(Spinnkopf)
Hals
Schothorn
Vorschot
Gross-
schotleitwagen
Fockschot-
Leitwagen
Vorgeschirr-
beschlag

Fieren: Einen Gegenstand, z. B. ein Segel oder eine Spiere, am zugehörigen Fall herunterlassen.

Fußliek: Das Unterliek eines Segels (siehe Liek).

Fußrah: Eine kürzere Rah am Unterliek eines Segels, z. B. einer Stagfock. Ist sie so lang wie die Unterkante (Liek) des Segels, so heißt sie Fockbaum (Bild 75).

Gut: Gesamtheit des Tauwerks der Takelage. Wir unterscheiden »stehendes Gut« (Bild 71), z. B. Wanten, Stage usw., die fest bleiben, und »laufendes Gut« (Bild 72), das beim Bewegen der Segel, Spieren usw. selber bewegt wird, z. B. Fallen und Schoten.

Heißen: Hieven (Emporziehen) eines Segels oder einer Flagge.

Kausch: Gekehlter Ring, der zur Bildung einer Öse in das Ende eines Taus oder in eine Segelkante gespleißt wird.

Killen: Flattern der Segel, wenn diese im Winde liegen.

Kimm: Teil des Schiffsquerschnitts, der die stärkste Krümmung, den kleinsten Krümmungsradius besitzt (Bild 64).

Heck: Achterteil eines Schiffes. Nach der Form des Hecks unterscheiden wir Rundheck, Spitzgatt usw. Es gibt verschiedene Formen (Bild 63).

Klampe: Vorrichtung, eine Art Knaggen aus Holz oder Eisen, zum Belegen von Tauwerk (Bild 83).

Klar: Bedeutet soviel wie »in Ordnung«, »fertig«.

Kiel: Bei einem großen Schiff der am Boden über die ganze Schiffslänge gehende eigentliche Träger des Schiffes, an dem die einzelnen Spanten befestigt sind.

Klüver: Dreieckiges Segel am Bug.

Konstruktionswasserlinie: Abgekürzt KWL (auch CWL). Diejenige Schwimmlinie, die dem Konstruktions-Gewicht bzw. der entsprechenden Konstruktions-Wasserverdrängung entspricht (Bild 80).

Laufendes Gut: Siehe Gut (Bild 72).

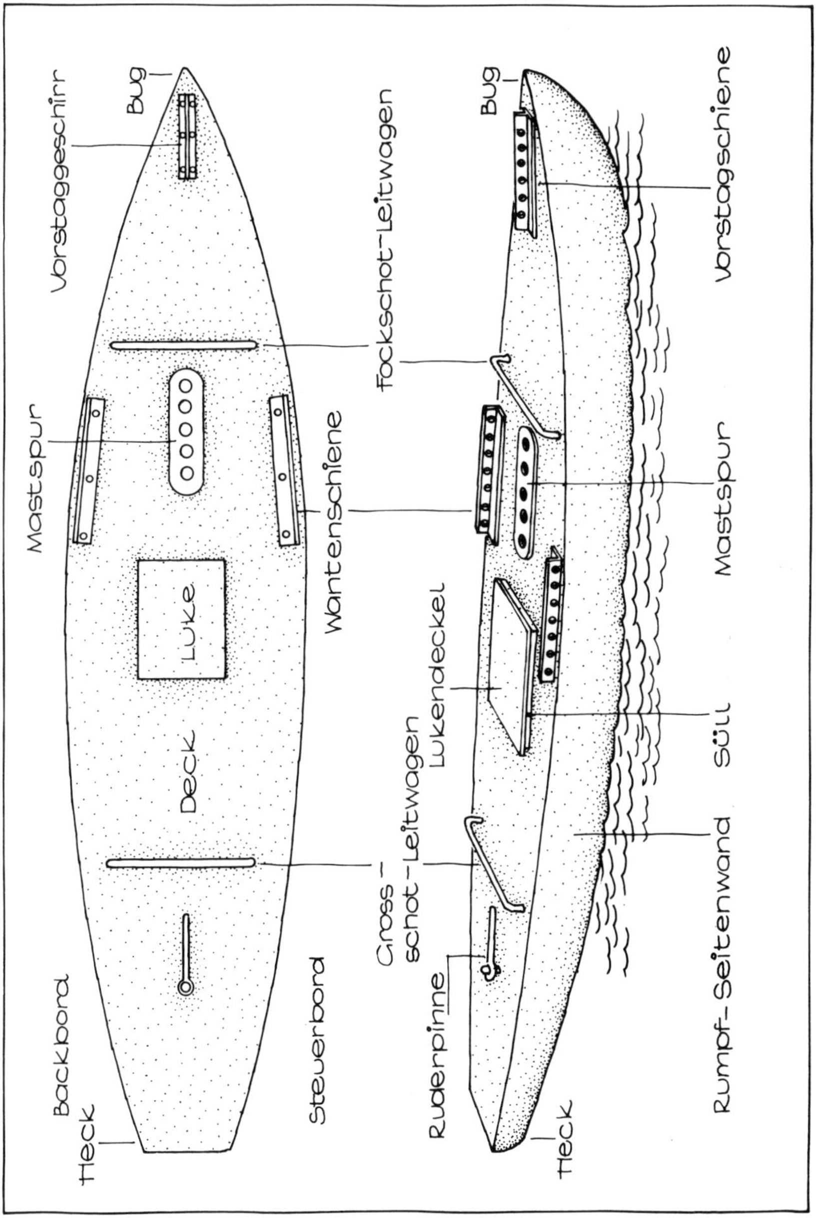
Bug
Vorstaggeschirr
Mastspur
Fockschot-Leitwagen
Wantenschiene
Luke
Deck
Gross-
schot-Leitwagen
Backbord
Steuerbord
Heck
Bug
Vorstagschiene
Mastspur
Lukendeckel
Süll
Rumpf-Seitenwand
Ruderpinne
Heck

Lebendes Werk: Der Teil des Rumpfes eines Schiffes oder Schiffsmodells, der unterhalb der Wasserlinie liegt, also das Unterwasserschiff. Gegensatz: Totes Werk (Bild 71).

Lee: Die dem Winde abgekehrte Seite an Bord eines Schiffes. Gegensatz: Luv.

Leine: Dünnes Tauwerk haltbarer Qualität.

Leitwagen, Leuwagen: Vorrichtung, um bei Schratsegel den an Deck befindlichen Schotblock stets in Lee an Deck zu halten, d.h. ein starker Dübel, auf dem der Schotblock von selbst nach Lee hinübergleitet (Bild 76, 91).

Liek (Lieck): Tau zum Einfassen von Segel an ihren Kanten und Kante von Segel. Je nach seiner Lage am Segel: Vorliek, Achterliek, Fußliek, Mastliek usw. (Bild 91).

Linienriß: Eine Zeichnung, welche die Schnittlinien eines Schiffes und damit die Form seines Rumpfes festlegt. Zu unterscheiden sind »Wasserlinien«, das sind Schnitte parallel zur Wasserlinie, »Schnitt«, das sind Schnitte parallel zur (senkrecht stehenden) Symmetrieebene und »Spanten«, das sind Querschnitte des Schiffes (Bild 61, 80).

Luv: Die Seite eines Schiffes, von der der Wind herweht. Gegensatz: Lee.

Marlleine: Eine Schnur, die zum Marlen (Anschlagen) eines Segels am Baum benutzt wird (Bild 75).

Marlschlag: Ein Knoten, der beim Marlen eines Segels angewandt wird. Der »richtige« Marlschlag klemmt auch dann sich selber und damit das Segel fest, wenn die Marlleine auf dem geraden Stück bricht. Sein Nachteil ist, daß das Liek des Segels nie in der Länge reguliert werden kann, wenn die Marlleine festbleibt. Deshalb wird oft der »falsche« Marlschlag angewandt, der ein leichtes Lösen gestattet (Bild 75, Bruchstellen mit Pfeil angedeutet).

Mast: Aufrechtstehende Spiere, die den »Grundstock« der gesamten Takelage bildet. An ihm sind Rahen oder Bäume für Segel befestigt.

Mastfuß: Das unterste Ende des Mastes (Steckmast), mit dem er in der Mastspur steht. Er endet meist in einem einfachen Vierkant, der Spur, wenn nicht ein besonderer, zwingenartiger Beschlag vorhanden ist (Bild 76).

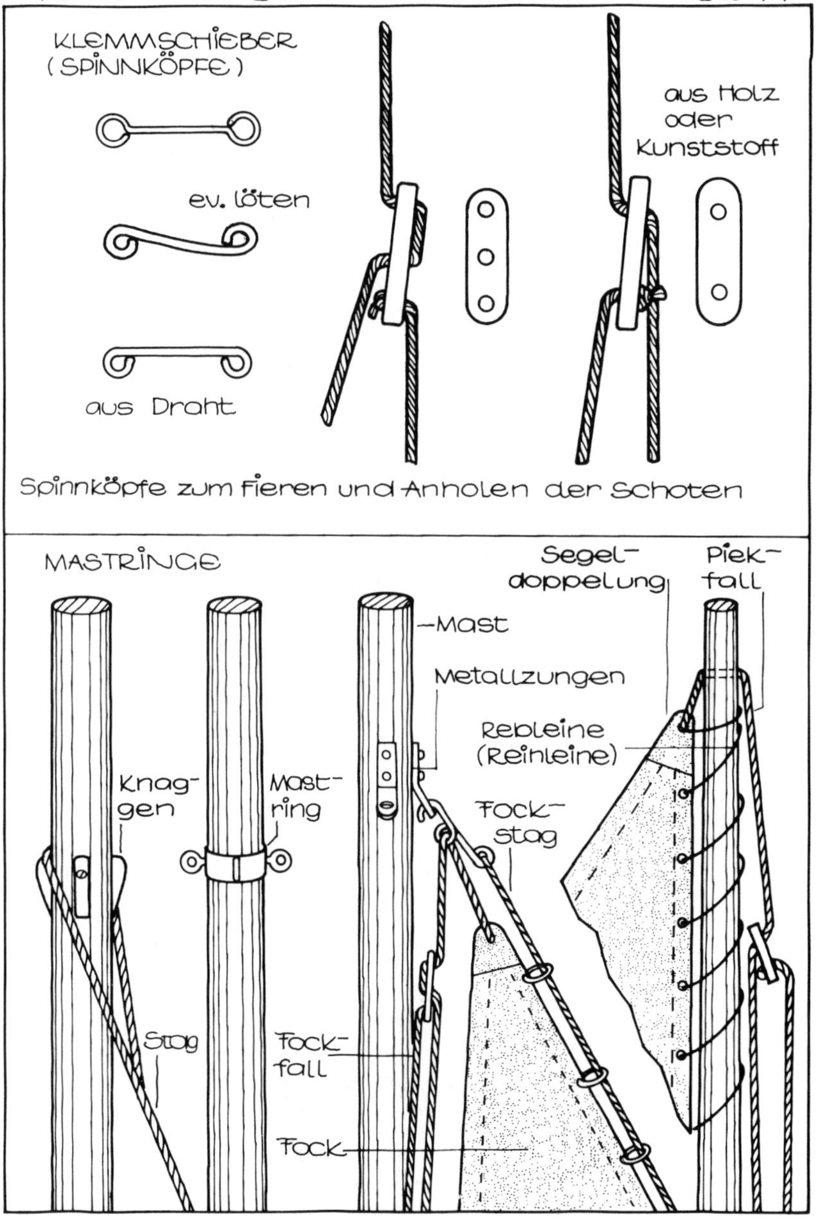
KLEMMSCHIEBER
(SPINNKÖPFE)
ev. löten
aus Draht
aus Holz
oder
Kunststoff
Spinnköpfe zum Fieren und Anholen der Schoten
MASTRINGE
Segel-
doppelung
Piek-
fall
Mast
Metallzungen
Rebleine
(Reihleine)
Knag-
gen
Mast-
ring
Fock-
stag
Stag
Fock-
fall
Fock

Mastliek: Siehe Liek.

Piek: Bedeutet Ecke, Spitze. Daher heißen die äußersten spitzen Räume an den Enden des Schiffes Piekräume. Auch das oberste Ende eines Gaffelsegels heißt Piek.

Piekfall: Beim Gaffelsegel das Fall, das am oberen Ende der Gaffel und damit auch an der Piek des Segels befestigt ist (Bild 72).

Mastring: (Mastband). Ringe, die lose um den Mast sitzen und an denen Schratsegel (Gaffelsegel usw.) zum Setzen festgemacht werden. Die Mastringe ersetzen auf größeren Schiffen die Reihleine der Segel (Bild 74, 90).

Masttopp: Der oberste Teil des Mastes, an dem zumeist eine Flagge (Stander) geführt wird (Bild 90).

Maßstab: Auf Bauzeichnungen usw. das Größenverhältnis der dargestellten Dinge zur Originalgröße. So bedeutet z. B. »Maßstab 1 : 100«, daß das dargestellte Schiff selber 100 mal so groß ist als seine Darstellung auf dem Plan oder im Modell. Mit anderen Worten: 1 cm auf dem Plan oder am Modell sind dann 1 m in Wirklichkeit.

Pinne: Bei Jachten eine Latte, mit der das Ruder bewegt wird.

Pütting: Siehe Rüsteisen.

Rah (Raa, Rahe): Eine waagerechte Spiere, an der die Segel eines Rahschiffs aufgehängt sind.

Rebleine: Siehe Reihleine.

Reff (Reef): Der Teil eines Segels, der zum Verkleinern des Segels (zum Reffen) eingerichtet ist. Auch die Bahn oder Dopplung auf dem Segel, auf dem die Reffbändsel oder -kauschen sitzen, sowie jede Vorrichtung oder Art, in der gerefft wird, heißen Reff.

Reffen: Ein Reff einstecken. Siehe Reff.

Reihleine, Rebleine: Die Leine, mit der ein Schratsegel am Mast gehalten wird. Die Reihleine muß ziemlich lose sein, um das Segel nicht zu vertrimmen und sein Setzen und Bergen zu ermöglichen. Sie muß leicht zu lösen (zu reffen) sein (Bild 74, 94 Detail A und B).

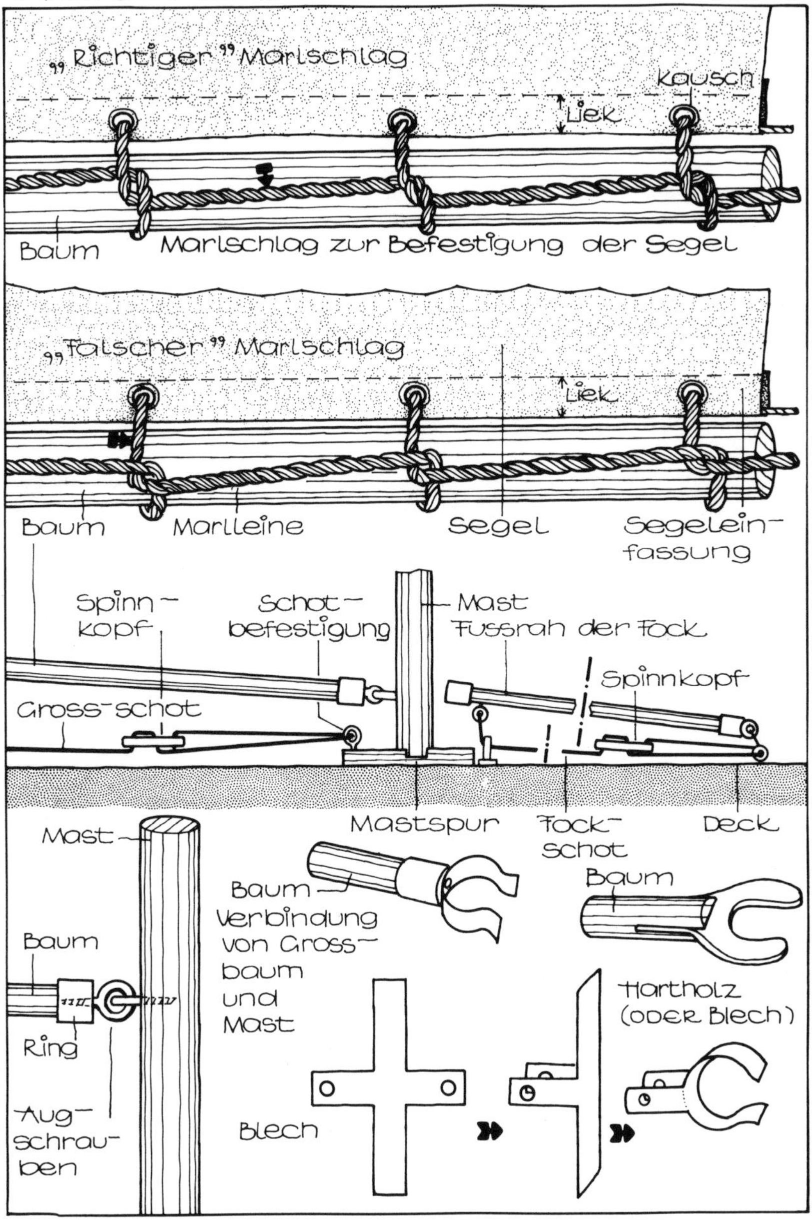

„Richtiger" Marlschlag
Kausch
Liek
Baum
Marlschlag zur Befestigung der Segel
„Falscher" Marlschlag
Liek
Baum
Marlleine
Segel
Segelein-
fassung
Spinn-
kopf
Schot-
befestigung
Mast
Fussrah der Fock
Spinnkopf
Gross-schot
Mastspur
Fock-
schot
Deck
Mast
Baum
Verbindung
von Gross-
baum
und
Mast
Baum
Baum
Ring
Aug-
schrau-
ben
Hartholz
(ODER Blech)
Blech

Ruder: (nicht: Steuer) Vorrichtung zum Steuern des Schiffes. Es besteht aus einem längsschiff stehenden Blatt. Durch Drehen (»Legen«) des Ruders erhält es einen seitlichen Druck (Querkraft), den es auf das Schiff überträgt. Was Landratten »Ruder« (zum Rudern) nennen, bezeichnet der Seemann als »Riemen«.

Rumpf: Der Körper des Schiffes oder Schiffsmodells.

Rundholz: Bearbeitetes rundes Langholz, z. B. Masten, Bäume, Spieren usw.

Segel: Leinwandstück zur Fortbewegung von windgetriebenen Schiffen. Ein Segel besteht im wesentlichen aus einer Fläche Segeltuch, das an den Rändern mit Lieken eingefaßt und an den Ecken, auch längs der Spieren, mit Kauschen versehen ist.

Rüsteisen: (Pütting): Beschlag, mit dem Wanten an der Außenhaut angebracht werden (Bild 76, 89).

Schot: Leine, die zum Bedienen der Segel, am Schothorn der Segel, angreift. (Es heißt übrigens »die Schot« [Bild 91]. Ausgesprochen »Schoot«!)

Schothorn: Diejenige Ecke des Segels, an der die Schot anfaßt (Bild 91).

Schott: Eine meist gerade und wasserdichte Wand im Inneren des Schiffes. (Es heißt übrigens »das Schott«.)

Saling (Sahling): Ein Spreizstück am Mast zum Ausspreizen der oberen Wanten, damit diese unter einem weniger spitzen Winkel an den Mast greifen, ihn hierbei mehr stützen und weniger auf Knickung beanspruchen (Bild 71).

Schratsegel: Bezeichnung für alle Segel, die nicht an einer (in Ruhestellung querschiff stehenden) Rah gefahren werden, sondern längsschiffs stehen. Es sind dies sämtliche Stagsegel (wie Stagfock, Klüver), Gaffelsegel, Spitzsegel, Hochsegel, Gaffeltoppsegel usw.

Sorgleine: Eine Leine, die etwas sichern soll (Bild 91).

Spant: Querverbandsteil im Schiff, mit der Rippe im Brustkorb vergleichbar. Bei Konstruktionszeichnungen eines Schiffes legt der Spantenriß die Querschnittsform des Schiffes an bestimmten Stellen fest. Spanten bilden mit dem Kiel, den Decksbalken und Balkwegern (oder Stringern) das Skelett des Rumpfes (Bild 64, 69, 80).

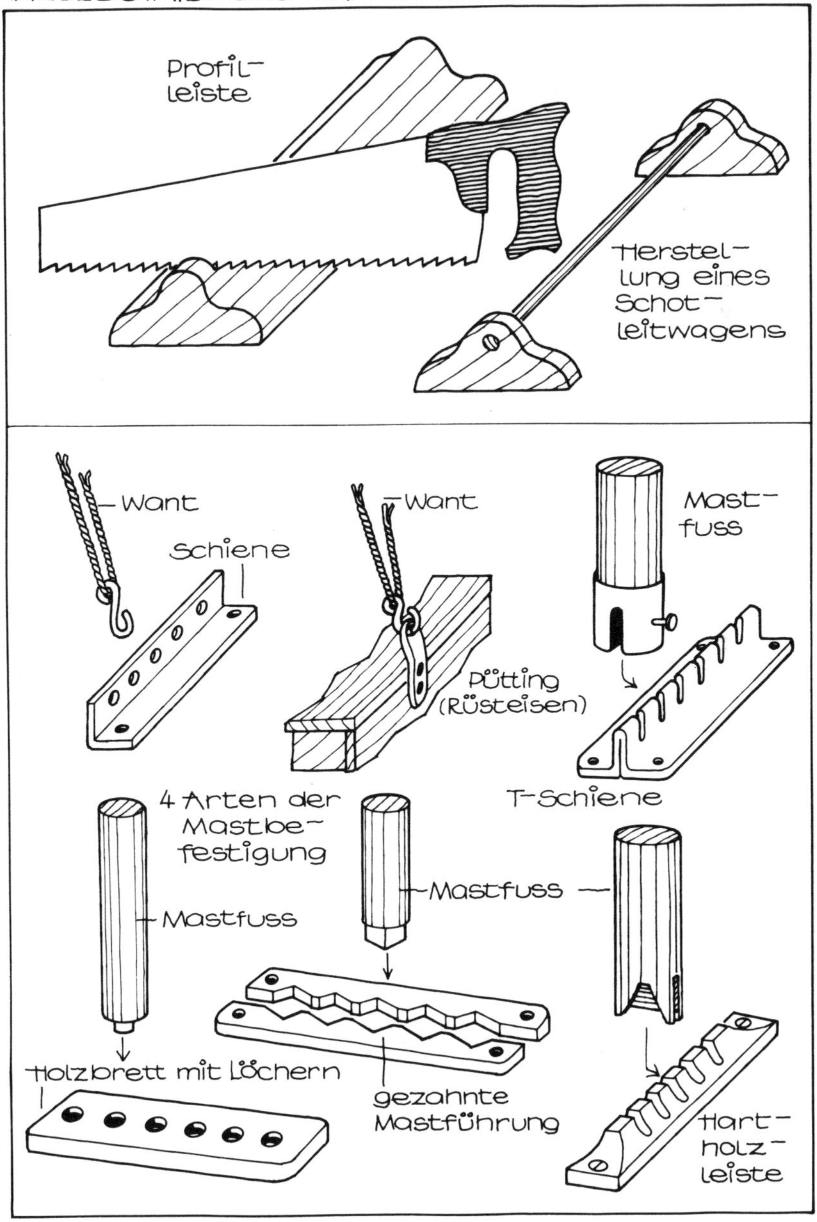
Profil-
leiste
Herstel-
lung eines
Schot-
leitwagens
Want
Schiene
Want
Mast-
fuss
Pütting
(Rüsteisen)
T-Schiene
4 Arten der
Mastbe-
festigung
Mastfuss
Mastfuss
Holzbrett mit Löchern
gezahnte
Mastführung
Hart-
holz-
leiste

Spantenriß: (Spantriß). Bei der Konstruktionszeichnung des Schiffes (Linienriß) die Zeichnung der verschiedenen Spanten (= Querschnitte). Sie werden alle aufeinanderliegend gezeichnet, und zwar die Spanten von hinten bis zur Mitte zumeist auf der linken Hälfte, die von der Mitte bis nach vorn auf der rechten Hälfte des Risses (Bild 64, 80).

Spiere: Rundholz, Segelstange.

Sprung: Der Verlauf des Deckstraks im Seitenriß. Man spricht von starkem Sprung, wenn das Deck vorn und hinten stark hochgezogen ist (Bild 63).

Stag: Teile des stehenden Gutes, die in Längsschiffsebene stehen. Die Stage stützen (»verstagen«) den Mast nach vorn bzw. hinten (Bild 71).

Stagreiter: Vom Stag losnehmbare Vorrichtungen, an denen die einzelnen Stagsegel (Stagfock, Klüver usw.) am Stag gleiten. Die Segel lassen sich dann leicht an- und abschlagen (Bild 72).

Stagsegel: Ein Segel, das an einem Stag gefahren und mit diesem durch Stagreiter verbunden ist, z. B. Stagfock (Bild 72).

Stehendes Gut: Tauwerk, das die Masten verstagt und bei Segelmanövern im wesentlichen stehenbleibt, wie z. B. Wanten und Stage. Gegensatz: Laufendes Gut (Bild 71).

Stell: Ähnlich wie ein »Satz« in der Bedeutung, daß es eine ganze, aus mehreren Einzelteilen bestehende Garnitur bezeichnet. Zum Beispiel ist ein »Stell Segel« eine Garnitur aller für ein Schiff erforderlichen Segel.

Stenge: Der obere, fierbare Teil eines Mastes.

Steuerbord: Bezeichnung für »rechts« für alle das Schiff betreffenden Angaben (Gegensatz: Backbord = links).

Steuer: Falsche Bezeichnung für das Ruder eines Schiffes.

Strak: Der Verlauf der (gekrümmten) Schiffslinien, wie Deck, Sprung, Wasserlinie. Diese müssen einen »guten« Strak haben, d. h. in einer gleichmäßigen, schönen Kurve, ohne Knicke, flache Stellen usw. verlaufen (Bild 79).

Straken, Ausstraken: Das Aufreißen der Schiffslinien mit Hilfe von Straklatten. Diese Latten werden den gewünschten Kurven entsprechend hingelegt und

(z. B. durch Gewichte) fixiert, bis der Strich gezogen ist. Durch die Eigenwilligkeit der Latten wird ein guter Verlauf der Kurven gewissermaßen erzwungen, wobei es der Geschicklichkeit überlassen bleibt, die einzelnen Punkte der Kurve und die Kurven harmonisch auszugleichen (Bild 79).

Takelage: Takelwerk. Alles, was zur Betakelung eines Schiffes gehört (Bild 71, 72).

Takelung: Die Art des Takelwerks eines Schiffes. Arten der Takelung sind z. B. die Bark-, Vollschiff- oder Schonertakelung.

Tau: Strick oder Seil.

Tiefgang: Die Eintauchtiefe des Schiffsrumpfes im Wasser.

Topp: Das obere Ende eines Mastes oder einer Stenge.

Totes Werk: Derjenige Teil eines Schiffskörpers, der oberhalb der Konstruktionswasserlinie liegt, das Überwasserschiff also. Gegensatz: Lebendes Werk (Bild 71).

Vorsegelbeschlag: Vorrichtung zur Befestigung der Fock (Bild 90).

Want: Tau zum seitlichen Stützen des Mastes.

Wasserpaß: Bei Schiffen, deren Außenanstrich unterhalb der Wasserlinie andersfarbig ist als darüber, bezeichnet man so die Kante, an der beide Anstriche zusammenstoßen. Die so entstehende Linie wird meist, zum Schutz des oberen Anstrichs, ein wenig über die Konstruktionswasserlinie gelegt. Der Linie wird ein wenig Sprung gegeben, um ein netteres Aussehen zu erreichen. Verschiedentlich wird der Wasserpaß auch als ein andersfarbiges (etwas weißes) schmales oder breites Farbband ausgebildet (Bild 88).

Weger (Wäger): Bei Holzschiffen ein längslaufender Bauteil an der Innenkante der Spanten verlaufend, der teilweise zum Längsverband gehört und teils die (hochstehenden) Spanten in ihrer Lage stützen soll, etwa wie der Stringer. Der Balkweger nimmt die Enden der Decksbalken auf. Der entsprechende Bauteil eines offenen Bootes ist der Dollbaum. Der Kimmweger liegt in der Gegend der Kimm (Bild 70).

Wrange: Siehe Bodenwrange.

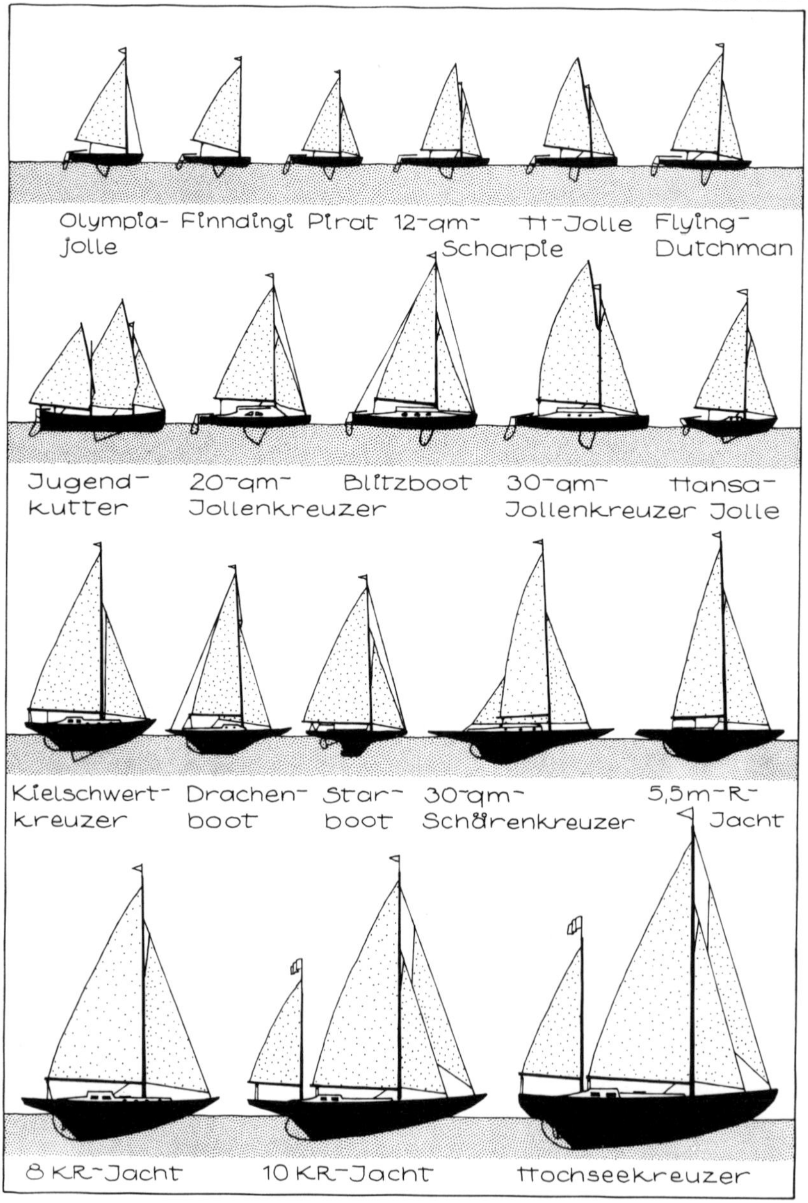
Olympia-jolle
Finndingi
Pirat
12-qm-Scharpie
H-Jolle
Flying-Dutchman
Jugend-kutter
20-qm-Jollenkreuzer
Blitzboot
30-qm-Jollenkreuzer
Hansa-Jolle
Kielschwert-kreuzer
Drachen-boot
Star-boot
30-qm-Schärenkreuzer
5,5m-R-Jacht
8 KR-Jacht
10 KR-Jacht
Hochseekreuzer

Unser Gesellenstück – eine große Modellsegeljacht

Viele der bisher geschilderten Modelle standen mehr oder weniger in Beziehung zu ihren großen Vorbildern. Es waren Schiffsmodelle. Jetzt geht es nicht mehr um ein Abbild, um ein Jachtmodell, sondern eine Modelljacht. Damit soll gesagt sein, daß sich im Verlauf der Zeit der Modelljachtbau von den großen Vorbildern gelöst hat. Ursprünglich waren solche Modelle Abbilder großer, wirklicher Jachten. Wenn aber ein Modell wirklich gut segeln soll, dann bedarf es einer eigenen Konstruktion. Die Schiffsformen von Modelljachten sind anders, ihre Flossen größer, die Ballastgewichte schwerer und die Takelagen müssen verändert werden; damit sind Modellsegeljachten zu einem eigenen »Schiffstyp« geworden.

Wenn es schon den »Aktionsmodell«-Bauern mehr um die Funktionstüchtigkeit des Modells als auf die naturgetreue Nachbildung eines großen Vorbilds ankam, dann gilt dies für die Erbauer von Modelljachten ganz besonders. Sie wollen ja nicht eine zierliche Miniaturausgabe berühmter Rennjachten in Glasvitrinen stellen, sondern wünschen sich robuste Schiffe, die auch in freien Gewässern sicher und schnell segeln.

Unsere Modellsegeljacht wird als sogenanntes Blockmodell gebaut, d. h. aus einem Holzblock herausgearbeitet. Diese Bauweise erscheint uns für den Anfang leichter, als etwa ein kompliziertes Spantmodell. Wir haben in den Bauanleitungen dargestellt, wie man alles selber machen kann. Das ist heute natürlich (fast) nicht mehr üblich. Es mag für diesen Bau manche Abkürzung geben. Mit aufwendigen Elektrowerkzeugen läßt sich vieles schneller schaffen. Und viel Zubehör läßt sich sicher auch fertig im Fachgeschäft beziehen. Diese relativ einfache Modellsegeljacht wird uns dennoch allerhand Arbeit kosten. Sicher ist es auch einfacher, ein ähnliches Modell aus einem großen, kompletten Modellbaukasten mit allen Holzfertigteilen und Beschlägen zusammenzusetzen. Aber wir wollen ja handwerklich lernen und »selber bauen«.

Wichtig ist, daß wir nicht immer wieder ungeduldig darauf lauern, daß das Modell

»endlich« fertig ist. Die Hauptsache beim Modell ist wohl tatsächlich das »Selbermachen«, die Freude an der handwerklichen Tätigkeit. Vor dem eigentlichen Beginn der Bauarbeiten haben wir natürlich die zugehörigen Baupläne (Bild 77–94) für unsere Jacht und den allgemeinen Teil »Teile und Takelage von Modelljachten« (Bild 63–76), die manche Varianten bieten, sorgsam studiert. Wenn wir die Funktionsweise und das Zusammenwirken der Teile genau verstehen, ersparen wir uns manche Enttäuschung bei der Arbeit.
Über das erforderliche Werkzeug haben wir uns schon in einem vorstehenden Kapitel informiert. Auch über die Wahl des wichtigsten Baustoffes, Holz, wissen wir schon viel. Nun brauchen wir vor allem eine Stückliste für unser Jachtmodell:

1 Block	Fichtenholz	750 × 150 × 70 mm
5 Spantschablonen	Sperrholz	90 × 95 × 1 mm
4 Bodenwrangen	Buchenholz	80 × 8 × 8 mm
2 Deckbalken	Buchenholz	140 × 8 × 8 mm
5 Deckbalken	Buchenholz	140 × 8 × 4 mm
1 Längsträger	Buchenholz	740 × 10 × 5 mm
1 Deck	Sperrholz	755 × 160 × 2–3 mm
1 Bock	Fichtenholz	600 × 150 × 10 mm
1 Mast	Eschenholz	920 × 12 mm (Durchmesser)
1 Großbaum	Eschenholz	500 × 9 mm (Durchmesser)
1 Fußrah	Eschenholz	125 × 3 mm (Durchmesser)

Ferner brauchen wir noch ein 270 × 140 mm großes und 1,5 mm starkes Stück Aluminiumblech, zwei 250 mm lange und 1 mm starke Aluminiumwinkel von 10 mm Schenkellänge, zehn 4 × 2 mm große Aluminium-Halbrundniete, acht 25 × 3 mm große Linsensenkschrauben mit Sechskantmuttern und Unterlegscheiben, siebzig 10 × 2 mm große Messing-Senkholzschrauben und in ganz kleinen Mengen 0,5 mm starkes Messingblech, Messingrohr und 0,5 und 2 mm starken Messingdraht.
Für den Guß des Kiels brauchen wir außerdem Gips und ca. 600 g Bruchblei. Auch an Klebstoff wie Profix Spezial-Kleber Modellbau bzw. Stabilit ultra und Farben müssen wir denken.

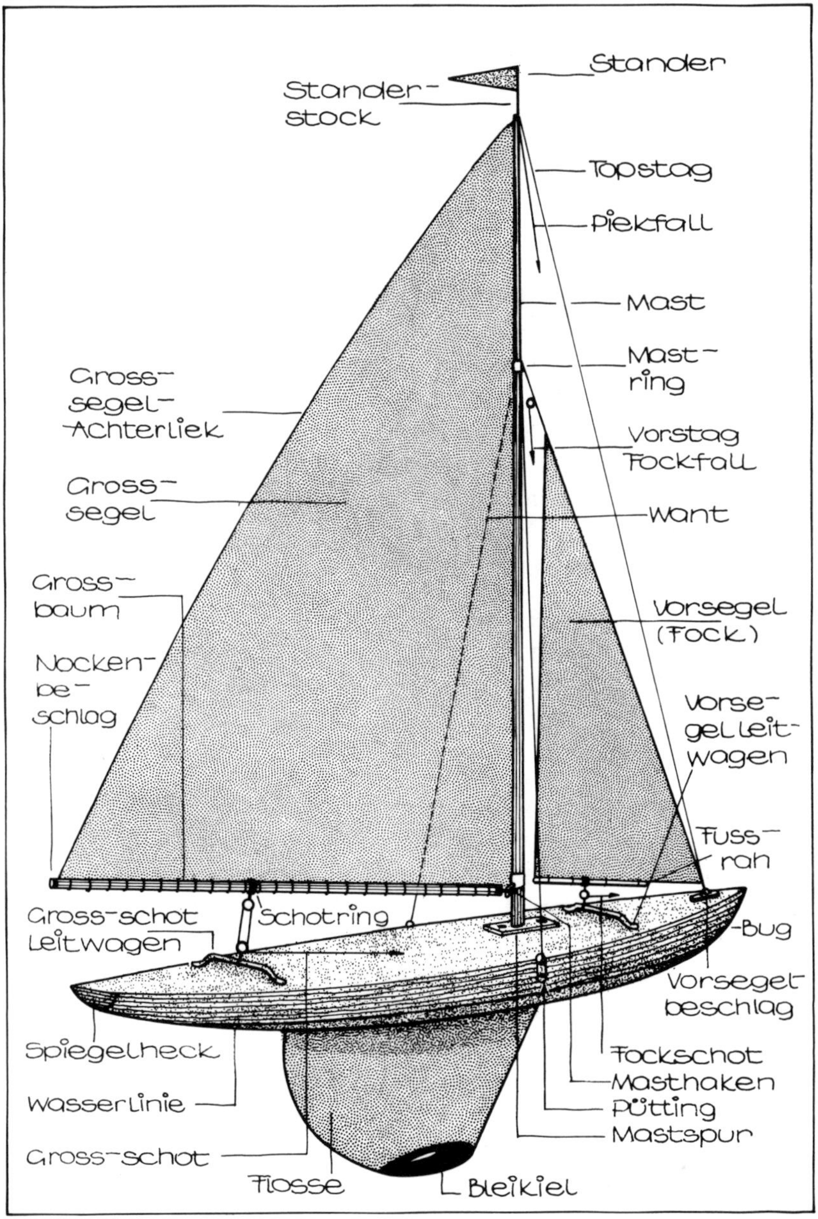
Stander
Stander-stock
Topstag
Piekfall
Mast
Mast-ring
Gross-segel-Achterliek
Vorstag
Fockfall
Gross-segel
Want
Gross-baum
Vorsegel (Fock)
Nocken-be-schlag
Vorse-gel Leit-wagen
Fuss-rah
Gross-schot Leitwagen
Schotring
Bug
Vorsegel beschlag
Spiegelheck
Fockschot
Masthaken
Wasserlinie
Pütting
Mastspur
Gross-schot
Flosse
Bleikiel

Zuerst kommt der Rumpf an die Reihe

Zur Herstellung des Rumpfes studieren wir zunächst gründlich die Bilder 78–83. Wir brauchen einen Holzblock. Er muß 750 mm lang, 150 mm breit und 70 mm hoch sein. Als erstes müssen wir den sorgfältig gewählten Block (Bild 78) abrichten. Zum Abrichten hobeln wir die Deck-, Lang- und Hirnholzflächen so lang, bis sie maß- und winkelgerecht sind. Das Hobeln kontrollieren wir mit einem Anschlagwinkel (Bild 78/79).
Nun kommt das Aufzeichnen: Auf der oberen und unteren Deckfläche des abgerichteten Blocks wird eine Mittellinie aufgetragen. Die Endpunkte dieser Linie verbinden wir durch zwei weitere Linien, die wir auf der Hirnholzfläche anreißen (Bild 79). Senkrecht zur Mittellinie werden in 125 mm Abstand die Spantlinien 1–5 um den ganzen Block herumgeführt. Schließlich zeichnen wir die Konstruktionswasserlinie, häufig als CWL bezeichnet (Bild 79). Die Seiten (Kiellinie und Sprung) und das Deck werden von Hand nach Bild 79 mit folgenden Maßen auf den Block gezeichnet:

Dimension:	Spant 1	Spant 2	Spant 3	Spant 4	Spant 5
B (Breite)	58	70	71	61	36
T (Tiefgang)	31	30	30	33	38
F (Freibord)	2	20	25	20	4

Die Dimensionen B tragen wir auf den einzelnen Spantlinien von der Mittellinie aus nach rechts und links auf. Die Dimensionen F werden von der Konstruktionswasserlinie (CWL) aus nach oben, die Dimensionen T von der Konstruktionswasserlinie nach unten aufgetragen. Jetzt werden dünne Nägel in die so erhaltenen Markierungspunkte geschlagen. Um die Nägel legen wir eine biegsame Leiste (800 × 5 × 2 mm), d. h. eine Straklatte. Jetzt müssen wir mit einem gut gespitzten Bleistift an der Innenseite entlangfahren. Dadurch entsteht nacheinander die Decklinie, der Sprung (= das Ansteigen der Decklinie zum Bug und Heck) und die Kiellinie. Bild 79 zeigt auch, wie unser Rumpfblock aussehen muß, wenn er zur Bearbeitung fertig ist. Beim selbständigen Aufzeichnen der Einzelteile lernen wir viel über die Struktur des Schiffes und die Arbeitsvorgänge beim Herstellen des Rumpfes.

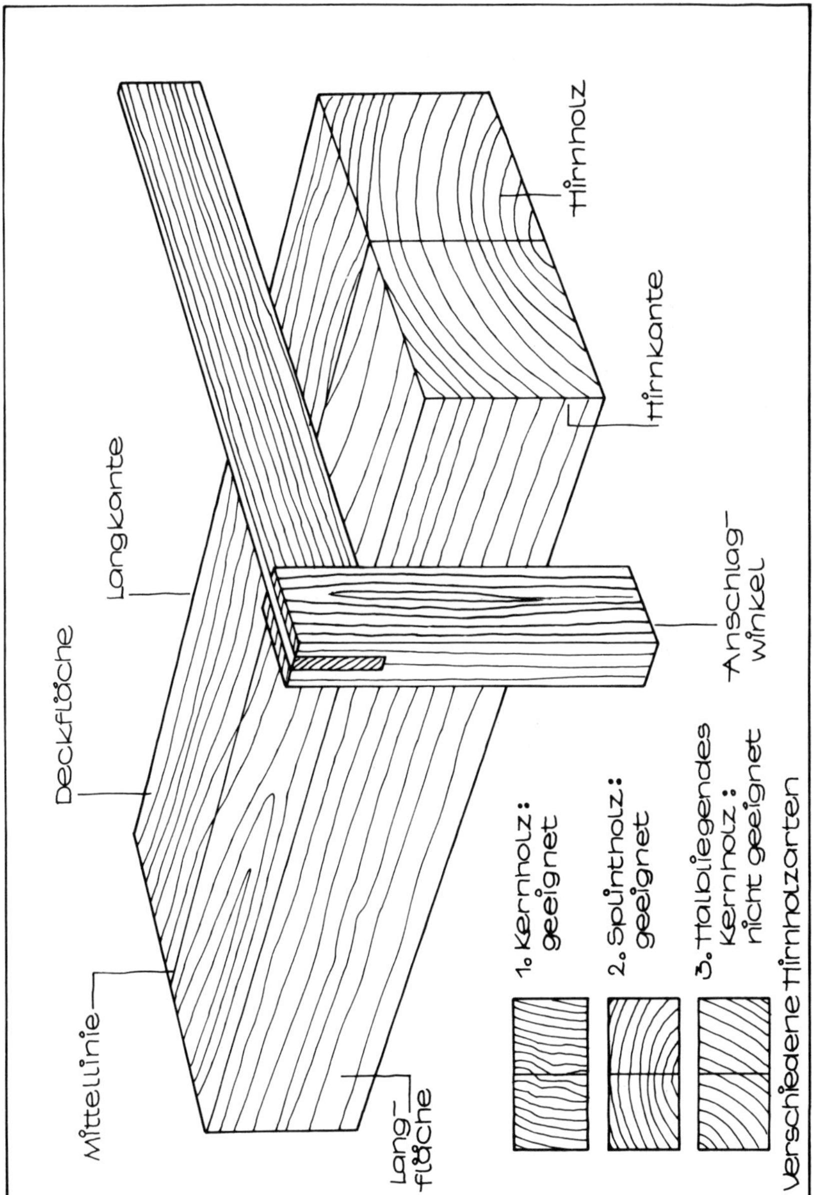
Hirnholz
Hirnkante
Langkante
Deckfläche
Anschlag-
winkel
Mittellinie
Lang-
fläche
1. Kernholz:
geeignet
2. Splintholz:
geeignet
3. Halbliegendes
Kernholz:
nicht geeignet
Verschiedene Hirnholzarten

Und nun an die eigentliche Arbeit. Das Handwerkszeug kennen wir schon. Zunächst brauchen wir eine Zimmermannssäge, mit einem 4 mm breiten Schweifsägeblatt. Wir könnten uns diesen Block auch von einem Tischler sägen lassen. Nun muß der Block entlang der soeben angerissenen (aufgezeichneten) Umrißlinien ausgesägt werden. Dazu legen wir den Block zunächst auf eine seiner Langflächen und sägen die Kiellinie aus. Unser Block trennt sich jetzt in zwei Teile. Auf der Schnittfläche des größeren Teils ergänzen wir die durch den Sägeschnitt unterbrochenen Spantlinien 1–5. Nun müssen wir beide Teile wieder zusammenschrauben. Wir benötigen dazu vier 50 × 4 mm starke Holzschrauben. Beim Eindrehen bitte darauf achten, daß diese Schrauben nicht ausgerechnet auf einer der Rißlinien zu liegen kommen. Den wieder zusammengeschraubten Block legen wir auf eine Deckfläche und schneiden die Decklinien aus. Auf den seitlichen Schnittflächen müssen nun die Spantlinien ergänzt werden. Wir numerieren sie mit den Zahlen 1–5. Bild 79 zeigt uns (unten), wie der ausgeschnittene und entschraubte Block (Rohmodell) jetzt aussehen muß. Übrigens, je sorgfältiger wir arbeiten, um so mehr macht uns der weitere Bau und das fertige Modell Freude. Aber es geht uns ja nicht nur um das fertige Modell. Auch jeder handwerkliche Schritt beim Bau soll uns Spaß machen.
Nun gehen wir daran, dem Rumpfäußeren seine Form zu geben. Dazu brauchen wir Spantschablonen. Nur keine Angst davor, denn Bild 80 zeigt alles Notwendige. Daraus entnehmen wir alle Formen, indem wir aus dem Spantenriß die Spantlinien 1–5 einzeln auf etwa 1 mm starkes Sperrholz pausen oder übertragen. Dann schneiden wir den inneren Teil zwischen Mittellinie und Spantlinie weg. Bild 80 zeigt auch eine fertig zugeschnittene Spantschablone. Wir brauchen fünf Spantschablonen (1, 2, 3, 4 und 5), die wir alle in gleicher Weise herstellen. Bild 81 zeigt uns die Einspannvorrichtung, in der wir jetzt den rohen Rumpf befestigen. Natürlich darf sich beim Bearbeiten der Rohblock nicht drehen. Wir müssen daher ein oder zwei Leisten unterschieben. Haben wir das Modell unverrückbar fixiert, dann passen wir die Spantschablonen an. Hierzu heben wir mit dem 5 mm breiten Stechbeitel hinter den Spantlinien 1, 2, 3 und vor den Spantlinien 4 und 5 sogenannte Nuten ab, wie Bild 81 dies zeigt. Diese Nuten, das ist wichtig, wollen wir ganz langsam und sauber einarbeiten. Vor allem dürfen wir nicht zuviel Holz wegnehmen. Wenn sich die Spantschablonen 1, 2, 3, 4 und 5 gut an die gewünschten Rundungen der mit Stechbeitel ausgehobenen Nuten anschmiegen, stechen wir die zwischen den Nuten stehenden Holzteile ebenfalls mit dem Hohlbeitel weg. Nun nimmt unser Rumpf schon langsam seine

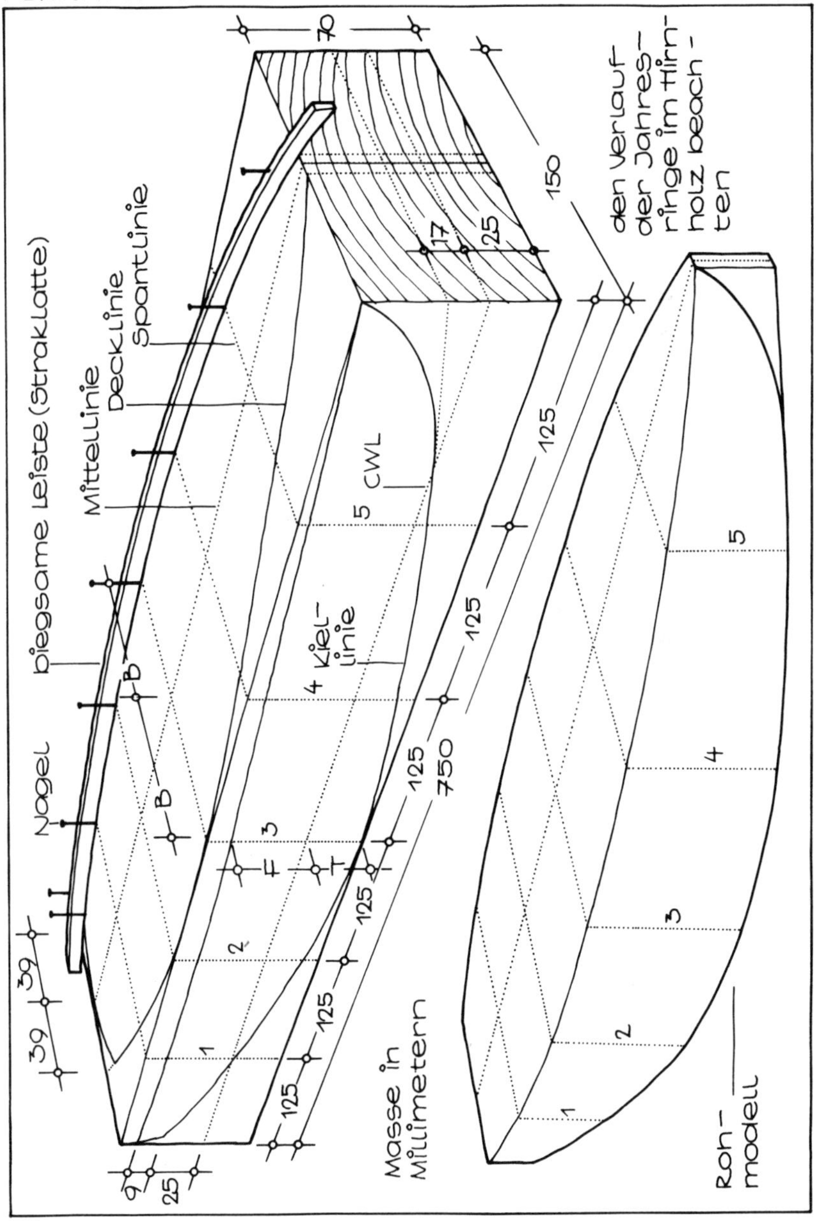
biegsame Leiste (Straklatte)
Mittellinie
Decklinie
Spantlinie
Nagel
B
B
F
T
CWL
Kiel-
linie
den Verlauf der Jahresringe im Hirnholz beachten
Masse in Millimetern
Roh-
modell
70
150
17
25
39
39
9
25
125
125
125
125
125
125
750
1
2
3
4
5

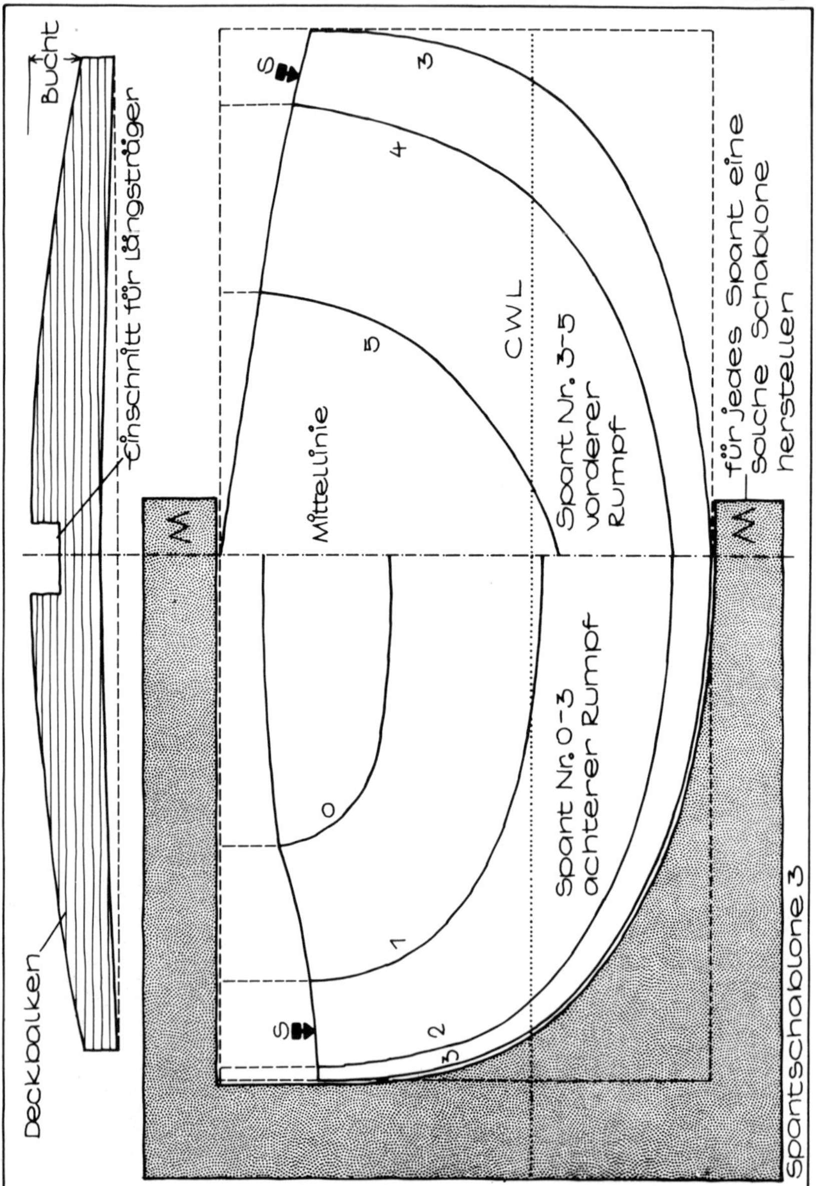
Bucht
Einschnitt für Längsträger
Deckbalken
Mittellinie
CWL
Spant Nr. 3-5
vorderer
Rumpf
Spant Nr. 0-3
achterer Rumpf
für jedes Spant eine
solche Schablone
herstellen
Spantschablone 3
S
S
M
M
0
1
2
3
3
4
5

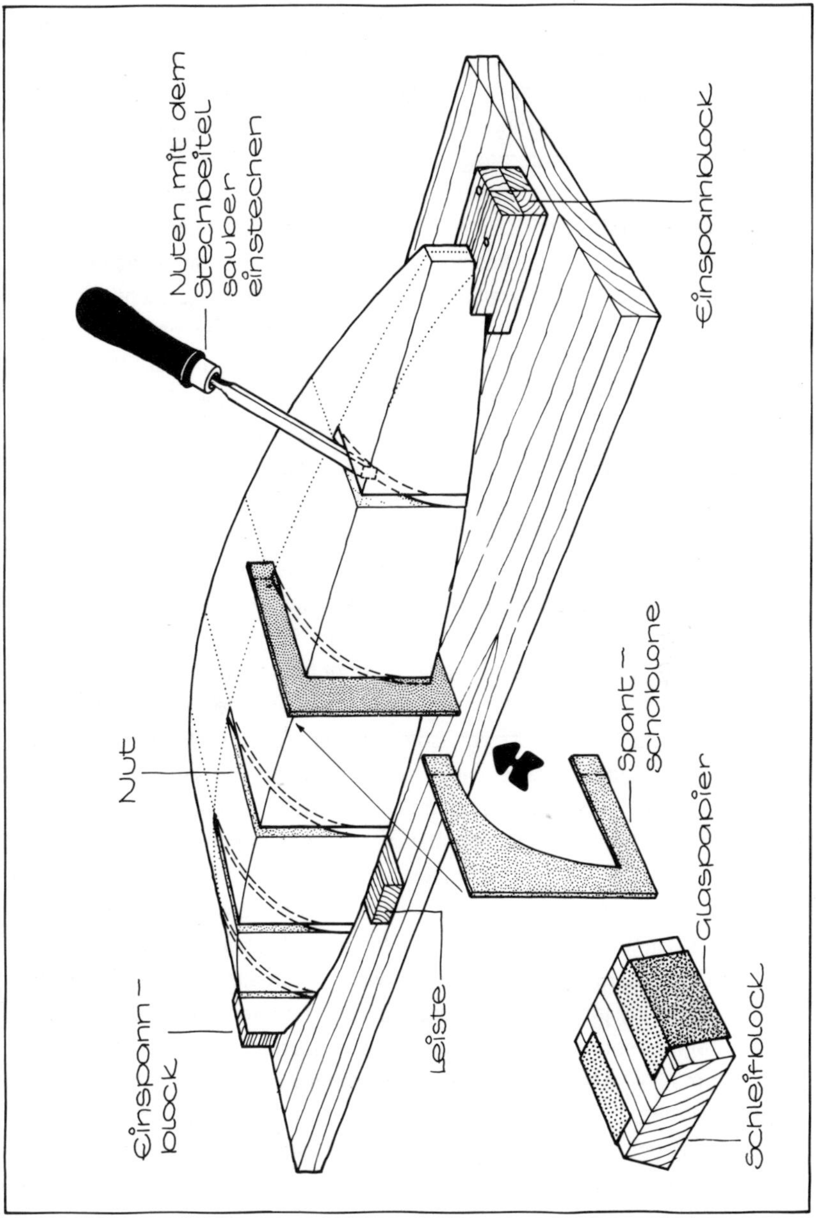
Nuten mit dem Stechbeitel sauber einstechen
Einspannblock
Nut
Spant-schablone
Glaspapier
Einspann-block
Leiste
Schleifblock

endgültige Form an. Die mit dem Stech- und Hohlbeitel und dem Schlichthobel vorgearbeitete Holzoberfläche wollen wir nun mit einer Ziehklinge in feinen Spänen abziehen. Das Ganze schmirgeln wir mit feinem Glaspapier ab. Ein Kork- oder Holzklotz dient uns dabei als Schleifunterlage (Bild 81 links unten). Jetzt sollten wir die Spantschablonen noch einmal an den Rumpf anlegen. Auf die Oberfläche des Rumpfes übertragen wir die in Bild 80 mit M, S und CWL (Konstruktionswasserlinie) bezeichneten Markierungsstriche. Wir verbinden die übertragenen Striche miteinander durch säuberliche Bleistiftlinien. Jetzt erhalten wir auf dem Äußeren des Jachtrumpfes auch die Wasserlinie und den sogenannten Sprung (Bild 82). Damit sich diese für den Weiterbau wichtigen Linien nicht mehr verwischen können, ritzen wir sie vielleicht mit einem spitzen Nagel etwas 1/2 mm tief ins Holz ein. Schließlich tränken wir den Rumpfblock mit einem leicht vorgewärmten Leinölfirnis oder einem anderen Imprägnierungsmittel, zu dem uns der Bastelhändler geraten hat. Dadurch wird verhindert, daß der Rumpf Luftfeuchtigkeit aufnimmt, die ihn verzieht, d. h. seine Form verändert.
Jetzt ist der Rumpf außen fertig bearbeitet. Wir machen uns an das Aushöhlen des Rumpfinneren. Manche werden das vielleicht als langweilige wenn auch nicht übermäßig schwierige Arbeit empfinden. Andere freuen sich über den Arbeitsfortschritt mit dem schönen Material Holz. Auf jeden Fall wollen wir möglichst sauber arbeiten, blinder Eifer schadet nur. Zunächst schrauben wir den Rumpf mit dem Kiel unten auf ein kräftiges Grundbrett. Vorn und achtern (hinten) stützen wir den Rumpf durch je einen untergeschobenen Keil (Bild 82). Das Grundbrett schrauben wir mit zwei Schraubzwingen auf der Werkbankplatte fest. Wenn die Konstruktionswasserlinie des befestigten Rumpfes genau waagerecht liegt, müssen wir auf der Deckfläche die Innenlinien anreißen, wie im großen Faltplan 2/Bild 94 gezeigt. Der so entstandene Rand (auch Balkweger genannt, weil auf ihm die Deckbalken liegen) soll in der Nähe der Spantlinien etwa 8 mm Breite haben. Zum Bug und zum Heck hin verbreitet sich der Balkweger auf 15 bzw. 12 mm. Denn an den Jachtenden laufen die Holzfasern ja kurz, wodurch die Festigkeit des Rumpfes etwas geringer wird. Innerhalb des aufgezeichneten Randes gehen wir jetzt an das Ausbohren. Dazu bohren wir mit einem 20 mm großen Zentrumsbohrer dicht nebeneinander Löcher, wie dies Bild 82 rechts zeigt. Wir müssen sehr vorsichtig arbeiten, damit wir nicht zu tief bohren. Dazu messen wir die Lochtiefe und markieren sie mit einem Farbstrich am Bohrer. Bild 82 zeigt auch, wie die Bohrlöcher etwa anzuordnen sind. Ist die ganze, innerhalb des Randes (Balkwegers) gelegene Fläche mit Bohrlöchern bedeckt,

ROHMODELL VOR DEM AUSHÖHLEN BILD 82

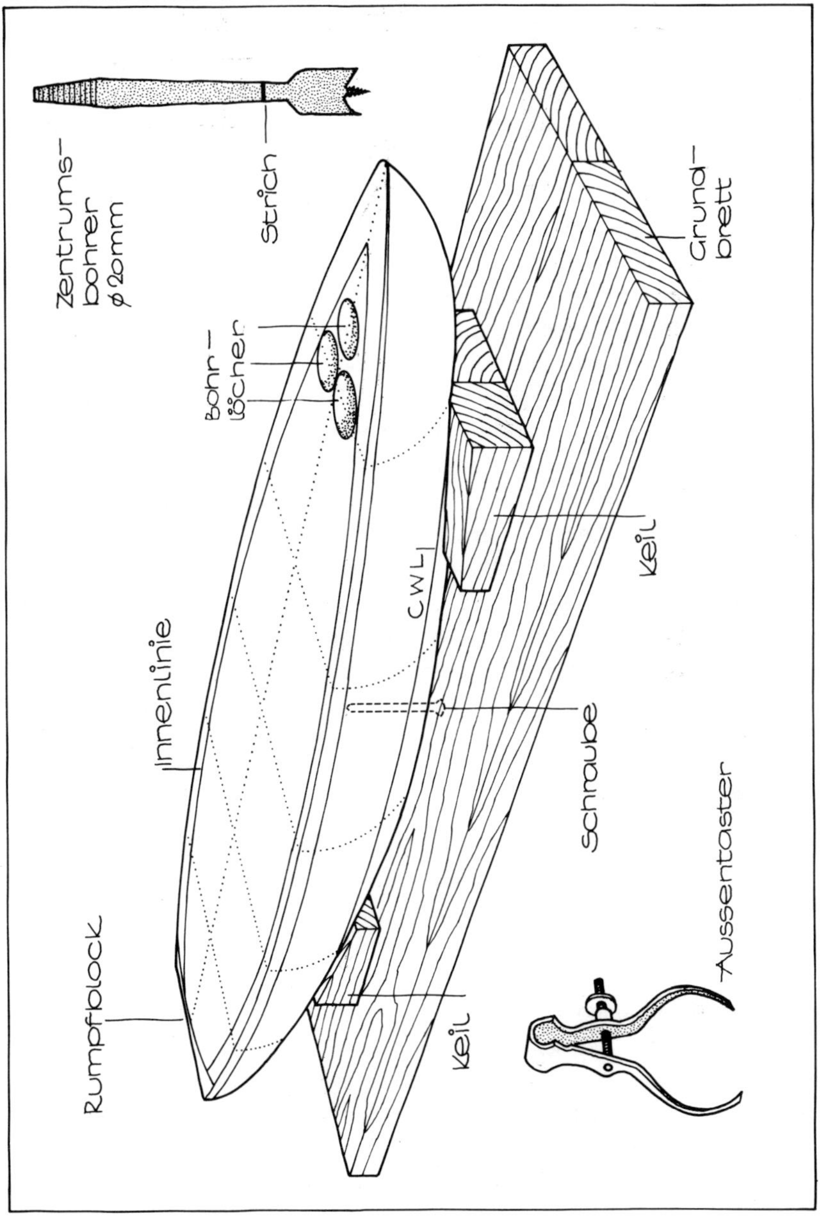

dann sind alle zwischen den Bohrlöchern verbliebenen Holzteile mit einem Beitel wegzustechen. Wir heben Span um Span mit dem Stech- und Hohlbeitel so lange ab, bis die Außenhaut (Wand) unserer Jacht in der Nähe der Spantlinie 3 gerade noch 5 mm stark ist. Zum Bug hin kann sie 9 mm, zum Heck hin 8 mm stark sein. Der obere Rand bleibt mit einem Holzquerschnitt von etwa 15 × 8 mm als sogenannter Balkweger stehen. Nach vorn und achtern verstärkt sich dieser Rand auf 15 × 15 mm, bzw. 12 × 15 mm Holzquerschnitt. Wir machen den Balkweger so stark, weil wir diese Dimension (Materialstärke) brauchen, wenn der oberhalb des Sprunges befindliche Teil des Rumpfes weggenommen ist. Dieser Sprung selbst wird zweckmäßigerweise erst später angeschnitten. Bild 83 zeigt den Querschnitt durch den ausgehöhlten Rumpf in der Nähe der Spantlinie 3. Wenn wir uns nun unser Modell der Länge nach aufgeschnitten vorstellen, dann muß der Längsschnitt die aus dem Faltplan 2/Bild 94 ersichtlichen Wandstärken haben. Wir wollen auch das Rumpfinnere glätten. Dann tränken wir die Innenräume, wie vorher die Außenflächen, mit vorgewärmtem Leinölfirnis.
Soviel haben wir schon von unseren Vormodellen gelernt: Jedes segelbare Jachtmodell braucht einen tiefgehenden Kiel oder eine Flosse, weil das Fahrzeug sonst kentert (umkippt). Unser Blockmodell erhält eine große Flosse aus Aluminiumblech. Am tiefsten Punkt der Flosse wird ein Ballastkiel (Bleikiel) angebracht (Bild 77, 83). Die Umrißlinien der Flosse (Bild 84) in natürlicher Größe zeichnen wir auf ein festes Papier (Packpapier). Dazu ziehen wir Quadrate von 2 cm Seitenlänge wie in Bild 84 gezeigt und übertragen die Schnittpunkte der gebogenen mit den geraden Linien in das neue Quadratnetz. Bei Verbindung der so erhaltenen Punkte durch gebogene Linien entsteht die Form der Flosse. Diese schneiden wir nach Aufzeichnung von der Papiervorlage auf etwa 1,5 mm starkes Aluminiumblech mit einer Laubsäge (Metallsägeblatt) aus dem Blech heraus. An der Oberseite der Flosse werden rechts und links Aluminiumwinkel angenietet, wie in Bild 83 und 84 gezeigt. Die Flosse muß am Rumpf überall gut passen, d. h. satt anliegen. Daher muß der Aluminiumwinkel gemäß Kielverlauf gebogen werden. Dies erreichen wir durch leichtes Hämmern auf einer Hartholzunterlage. In jeden Aluminiumwinkel bohren wir vor dem Annieten vier 3 mm große Befestigungslöcher. Die Köpfe der Befestigungsschrauben (Linsenkopf-Senkschrauben) dürfen unten nicht vorstehen. Daher müssen alle Löcher auf der Unterseite der Winkel versenkt werden. Hierzu spannen wir einen Krauskopf in die Bohrwinde und treiben die Löcher sauber aus (vergl. Faltplan 2/Bild 94, links oben).

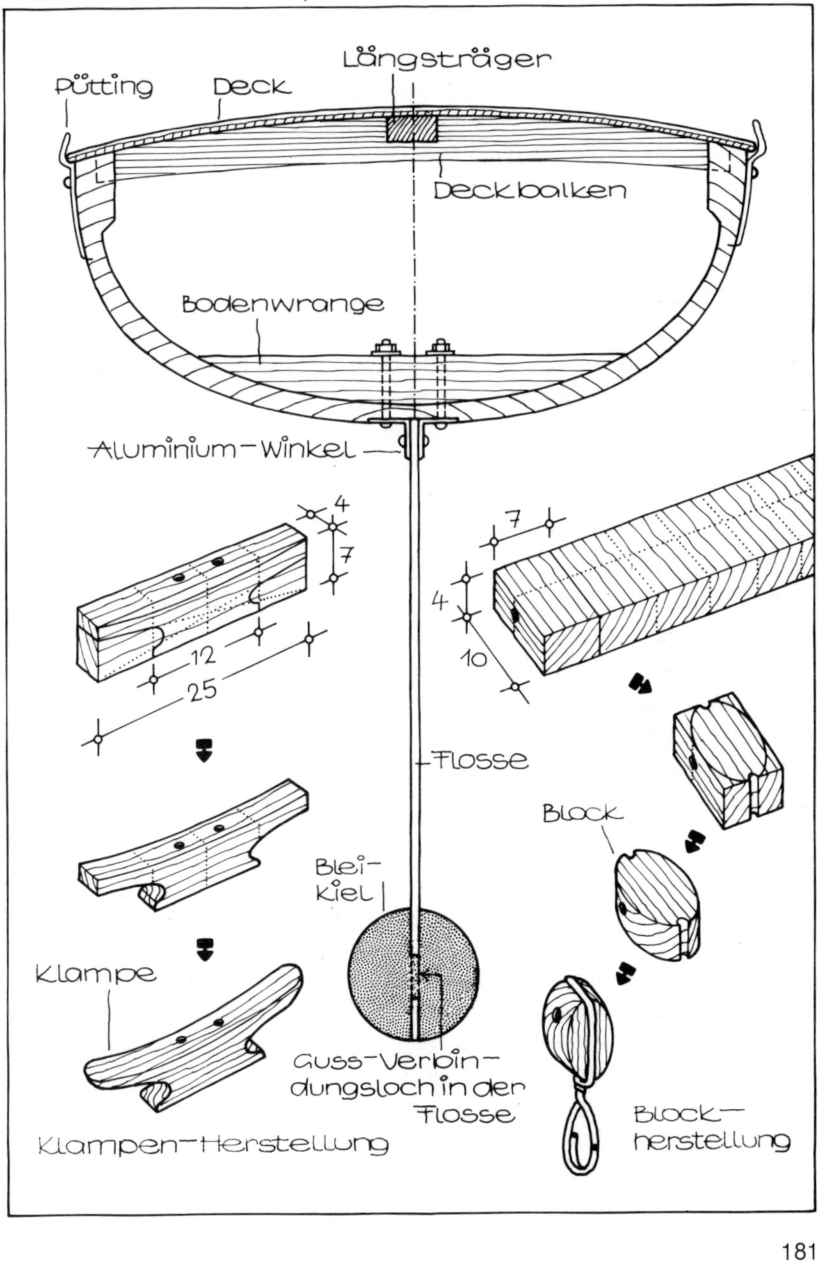

Längsträger
Pütting
Deck
Deckbalken
Bodenwrange
Aluminium-Winkel
4
7
12
25
7
4
10
Flosse
Block
Blei-
Kiel
Klampe
Guss-Verbin-
dungsloch in der
Flosse
Klampen-Herstellung
Block-
herstellung

Der Kiel wird gegossen

Nun gilt es, den Bleikiel zu gießen. Bleigießen ohne Form kennen wir ja schon von Sylvester. Jetzt wollen wir aber eine glatte und schnittige Form erreichen. Wir brauchen zunächst ein Gußmodell aus Holz. Form und Größe unseres Bleikiels übertragen wir von Blatt 85 auf die vier Langflächen eines 130 × 25 × 25 mm großen Holzklotzes. (Faltplan 2/Bild 94, oben rechts). Mit einem Schnitzmesser geben wir ihm die in Bild 85 und im Faltplan gezeigte schnittige Tropfenform. Das muß gut gelingen. Nun trennen (sägen) wir das hölzerne Gußmodell in zwei genau gleich große Teile. Wir befestigen diese Teile mit drei 20 × 2 mm großen Senkholzschrauben am unteren Teil der Flosse (Bild 85). Damit am Gußmodell beim Gießen später kein Gips anhaften bleibt, fetten wir die Oberfläche leicht ein. Unseren Gußkasten machen wir aus zwei genau gleich großen Holzrahmen, die gleich groß werden, wenn wir nur einen 270 mm langen, 80 mm breiten und 50 mm hohen Rahmen anfertigen und der Länge nach trennen (zersägen). So erhalten wir die gebrauchten zwei 25 mm hohen Hälften. Eine Rahmenhälfte legen wir auf ein kräftiges Brett. In den oberen Rand lassen wir die waagerecht gelegte Flosse ein (Bild 85). Den Rahmen müssen wir jetzt mit Gipsbrei bis oben vollfüllen (statt Gips können wir auch eine der neuen Gußformen-Massen verwenden). Der abgebundene Gips soll später nicht aus dem Rahmen fallen. Dazu schlagen wir in die Innsenseite Nägel ein. Zum Anrühren des Gipses nehmen wir die doppelte Menge Gips, die der Rahmen faßt. Wir schütten sie auf ein Brett und tauchen beides so lange unter Wasser, bis keine Luftbläschen mehr emporsteigen. Jetzt nehmen wir das Brett aus dem Wasser, lassen das Wasser ablaufen und füllen den Gipsbrei in den Rahmen. Die Gipsoberfläche streichen wir mit einem Brettchen so lange glatt, bis sie mit Flosse und Rahmen bündig liegt. Jetzt muß der Gips im Rahmen einen Tag trocknen (sofern wir nicht vom Fachmann eine schneller trocknende Formmasse bezogen haben). Nach dem Trocknen fetten wir die Oberfläche von Gips und Flosse ein und setzen den zweiten Rahmen auf. Der Rahmen darf nicht verrutschen. Daher werden in die Auflageflächen des Rahmen kleine Nägel bis zur Hälfte eingeschlagen, die Nagelköpfe abgezwickt und die vorstehenden Nagelenden spitzgefeilt. Der aufgedrückte obere Rahmen wird nun ebenfalls mit Gipsbrei gefüllt. Auch dieser muß wieder gut trocknen. Wir brauchen einen Tag Geduld. Ist unser Gips gut getrocknet, heben wir den oberen Rand mit dem abgebundenen Gips ab. Danach entfernen wir vorsichtig die Flosse mit dem Gußmodell (Bild 86). Durch Lösen der Senkholz-

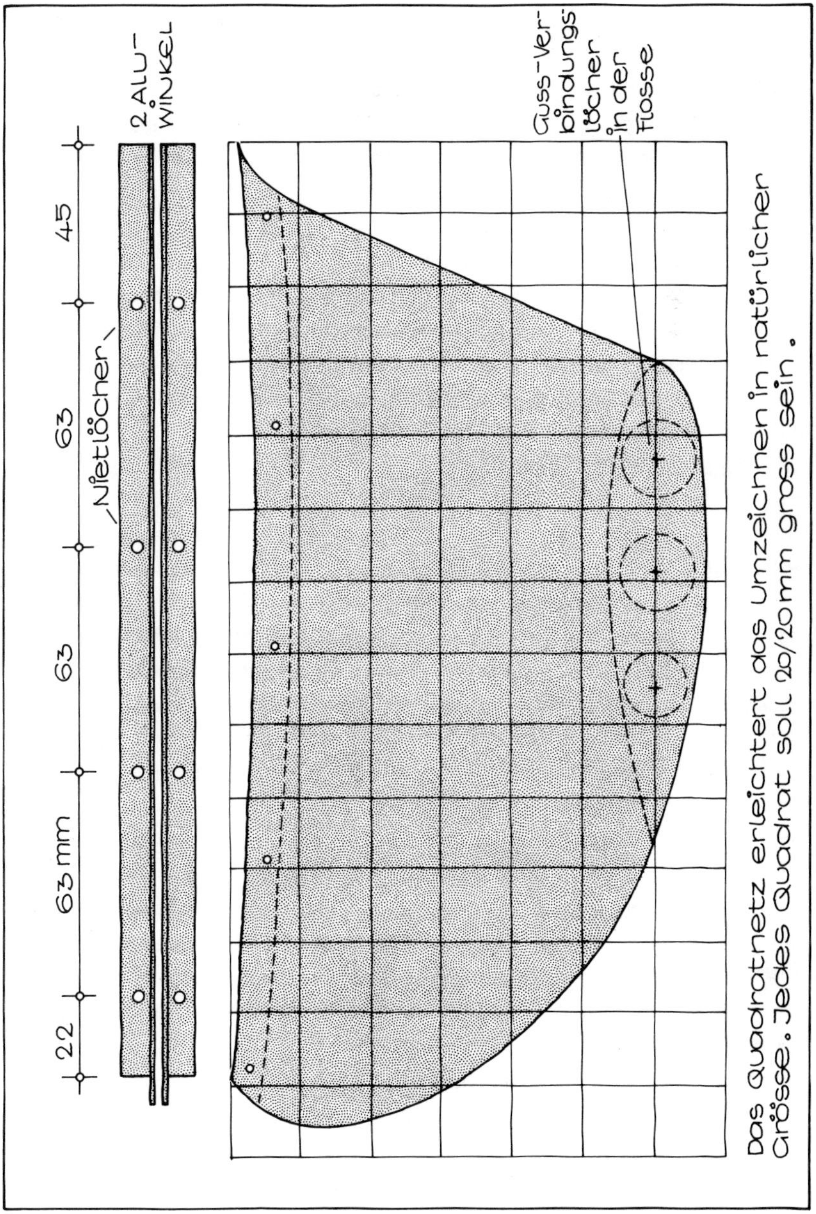

Das Quadratnetz erleichtert das Umzeichnen in natürlicher Grösse. Jedes Quadrat soll 20/20 mm gross sein.

schrauben nehmen wir die beiden Hälften des Gußmodells von der Flosse. Nun schneiden wir in die Flosse innerhalb der Auflagefläche des Bleikiels zwei 20 mm und ein 15 mm großes kreisrundes Loch (Bild 85 unten). Durch sie tritt beim Guß das Blei und verbindet so die beiden Kielhälften mit der Flosse. In die beiden Gußformen schneiden wir jetzt das Gußloch ein, ebenso die beiden Luftlöcher. Denn wenn beim Guß die Luft nicht entweichen kann, kann auch das flüssige Blei nicht völlig eindringen. Diese Luftlöcher ordnen wir so an, wie in Bild 86 gezeigt. Hoffentlich ist uns das alles gut gelungen. Jetzt können wir die Flosse in die untere Gußform legen. Wir setzen den oberen Rahmen auf und pressen beide Teile fest mit zwei Schraubzwingen zusammen. Dabei legen wir rechts und links Leisten unter (Bild 87), damit unsere Gußform nicht beschädigt wird.
In einer Konservenbüchse mit angebördeltem Boden (nicht angelötet, weil sonst die Dose durch das heiße Blei zerfällt) oder in einem alten Topf verflüssigen wir nun unser Gußblei (etwa 550 g). Damit das flüssige Blei in einem Zug in die Gußform gegossen werden kann, muß der obere Rand der Büchse an einer Stelle eingekniffen werden und die Büchse selbst zum Anfassen mit einem Drahtbügel versehen werden. Als Gußmaterial eignen sich alte Bleirohre oder Bleigewichte, wie sie unten im Saum von Vorhängen eingenäht sind. Sicher können wir uns das Bruchblei billig besorgen (aber nicht heimlich aus Mutters Vorhängen ziehen!). Größere Stücke Blei müssen vor dem Einschmelzen mit dem Stemmeisen zerkleinert werden; denn sonst dauert es zu lange, bis sich das Metall verflüssigt hat, und wenn das Schmelzen zu lange dauert, wird das Metall zu heiß. Sollte unser Rohblei nicht ganz sauber gewesen sein, so schwimmt der Schmutz während des Schmelzens oben und muß abgeschöpft werden. Ist einmal alles Blei verflüssigt und gereinigt, dann gießen wir zwei Drittel der Masse vorsichtig aber schnell in einem Zug durch das Gußloch rechts von der Flosse und den Rest durch das linke Gußloch in die Gußform ein. Dort erkaltet das Blei sehr schnell. Nach Ablauf von etwa einer Stunde können wir die Gußform auseinandernehmen und die Flosse mit dem Bleikiel entfernen. Da wir beim Formen und Gießen vorsichtig und sorgfältig vorgegangen sind, sieht unser Bleikiel wirklich stromlinienförmig aus. Zeigt er Unebenheiten und ist das Metall nicht ganz ausgeflossen, dann müssen wir noch einmal gießen. Die Oberfläche des erkalteten Bleikiels glätten wir in Längsrichtung mit Glaspapier unter etwas Ölzusatz. Die Vorderkante der Flosse runden wir ab, ihre Hinterkante spitzen wir mit einer Feile haarscharf an und glätten sie dann mit feinem Glaspapier.

BLEIKIEL I

BILD 85

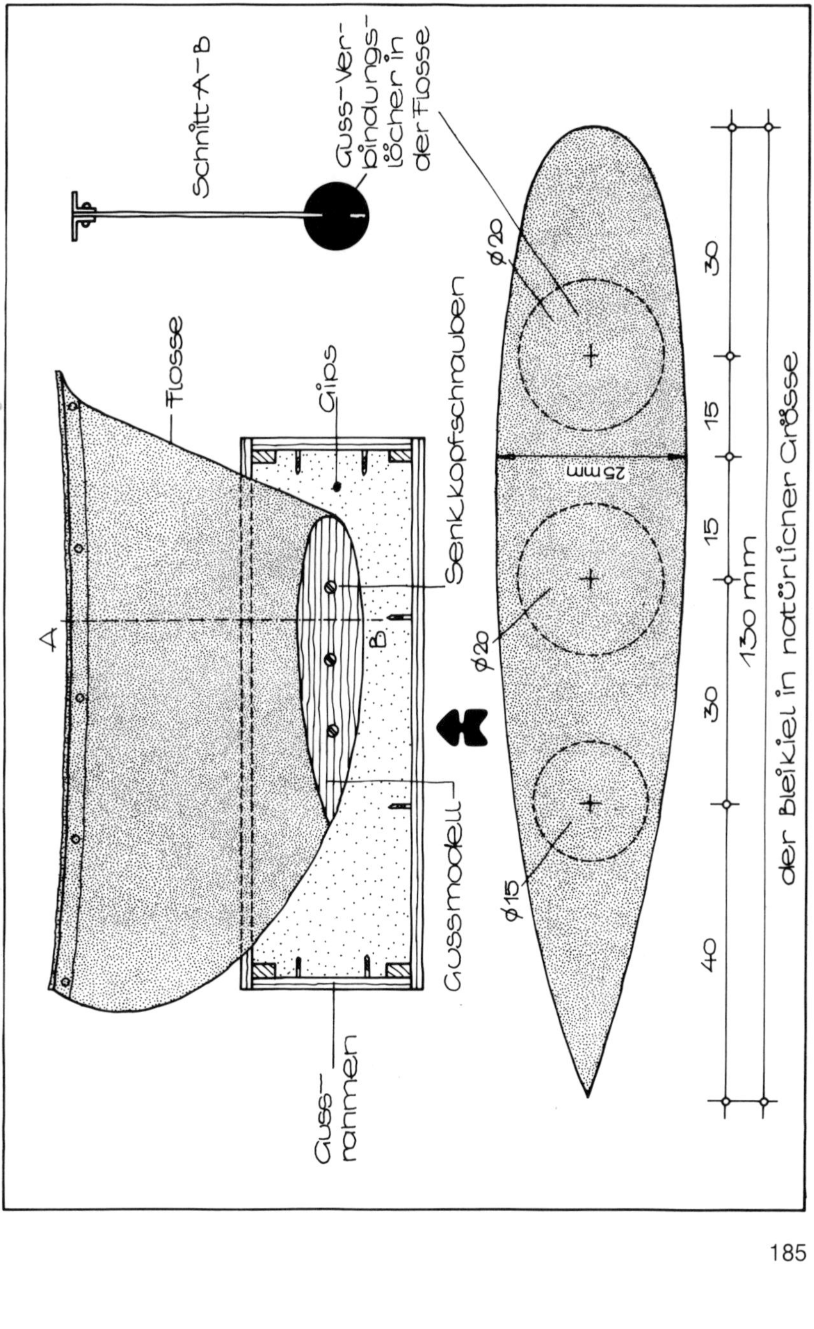

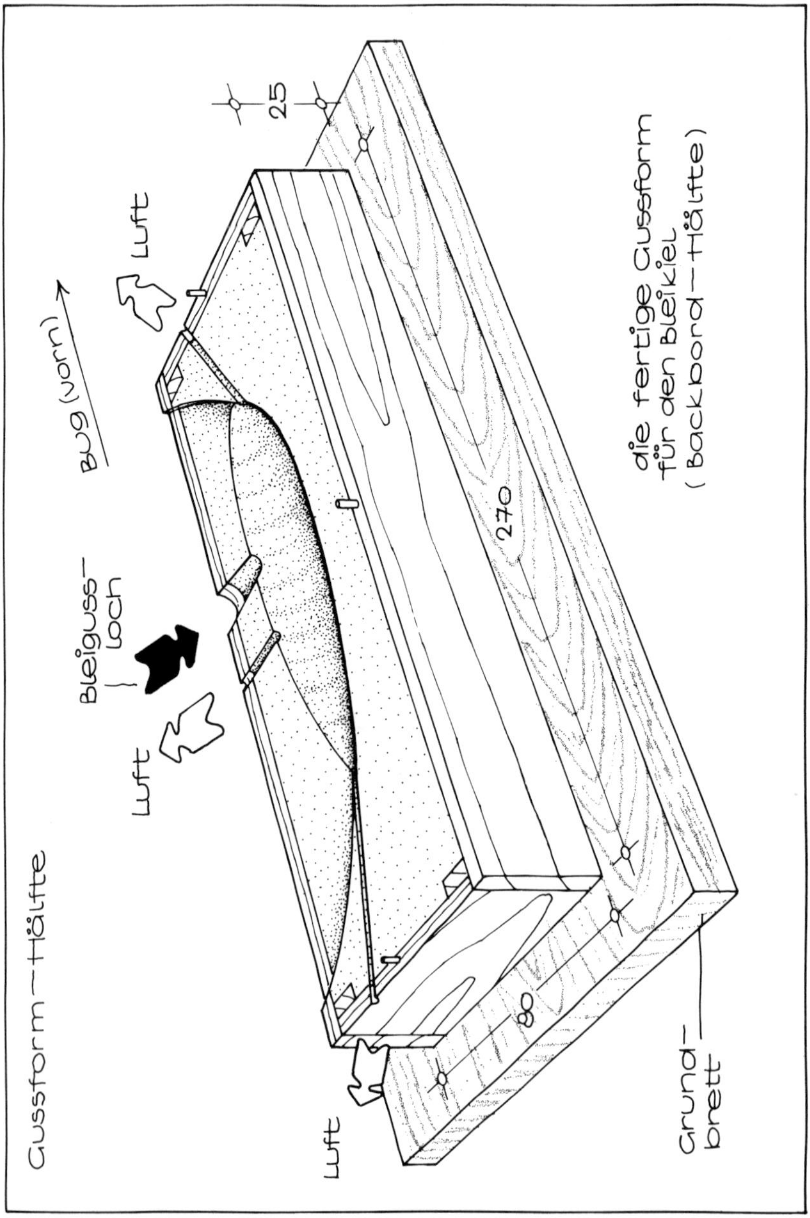
Gussform-Hälfte
Luft
Luft
Bleiguss-
loch
Bug (vorn)
Luft
25
270
80
die fertige Gussform
für den Bleikiel
(Backbord-Hälfte)
Grund-
brett

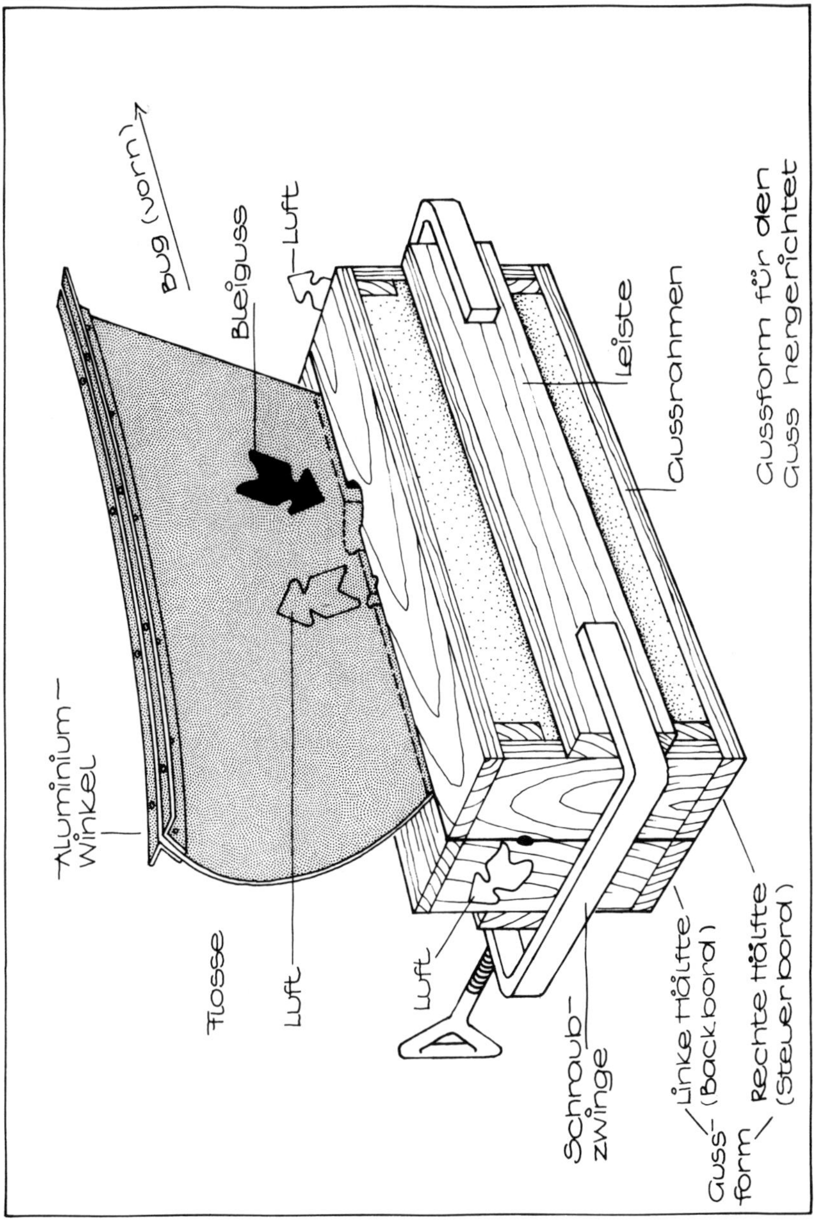

Gussform für den Guss hergerichtet

Kielmontage und Trimmen

Die so fertiggestellte Flosse können wir am Rumpf unserer Jacht befestigen. Dazu wird die mit dem Bleikiel versehene und sorgfältig geschliffene Flosse am Rumpf mit acht 28 × 3mm großen Linsenkopf-Senkschrauben befestigt. Faltplan 2/Bild 94 oben links, zeigt uns, wie solche Schrauben aussehen. Dabei müssen wir die waagerechten Flächen der Aluminiumwinkel 1 mm tief ins Holz einlassen. Die von der Flosse ausgehenden Zugbeanspruchungen sollen sich auf eine möglichst große Fläche verteilen können. Dazu bauen wir in unserem Rumpf am Boden noch 8 × 8 mm starke Querhölzer ein. Der Fachmann nennt sie Bodenwrangen. Der Faltplan 2/Bild 94 und Bild 83 zeigen uns das Wo und Wie der Anordnung der Bodenwrangen. Steht die Flosse ganz genau lotrecht (senkrecht), füllen wir etwaige Risse und Sprünge im Rumpf mit Ölkitt (oder einer ähnlichen Masse). Wir grundieren den Rumpf innen und außen mit Bleiweißfarbe oder einer anderen Farbe, die uns unser Bastelshop für diese Zwecke empfohlen hat. Haben wir mit Bleiweißfarbe gearbeitet, brauchen wir drei Tage Geduld zum Trocknen. Danach zeichnen wir die Konstruktionswasserlinie auf den Grundanstrich. Wenn wir das Modell wirklich schwimmfähig machen wollen, müssen wir es richtig trimmen. Dazu setzen wir den Rumpf in die Badewanne. Wenn wir sorgfältig gearbeitet haben, schwimmt der Rumpf genau richtig auf der Konstruktionswasserlinie (CWL). Unser Schiff ist bereits richtig getrimmt. Da aber gewisse Ungenauigkeiten kaum vermeidbar waren, dürfte bei unserem Modell jetzt entweder der Bug oder das Heck zu tief im Wasser liegen. Wenn es sich nur um geringe Vertrimmungen von wenigen Millimetern handelt, dann können wir den vorderen und achteren Teil des Bleikiels durch Bohrlöcher graduell erleichtern, bis das Modell die von der Zeichnung angezeigte Trimmlage erhält. Die Bohrlöcher im Bleikiel füllen wir mit Ölkitt oder einer anderen Masse aus, die aber leichter als das ersetzte Metall sein muß, sonst nützen die Erleichterungslöcher nichts. Ist der Rumpf aber sehr stark vertrimmt oder taucht er viel zuwenig oder viel zuviel in das Wasser, dann helfen solche Schönheitsreparaturen nichts mehr. In solchen Fällen müssen wir entweder den Bleikiel neu gießen oder die Flosse ersetzen. Manchen mag das Trimmen nun als langweilig oder zeitraubend erscheinen. Wenn wir aber mit unserer Jacht gut segeln wollen, dann dürfen wir uns nicht eher zufrieden geben, bis der Rumpf ganz genau auf der Konstruktionswasserlinie schwimmt.

WASSERPASS UND STÄNDER BILD 88

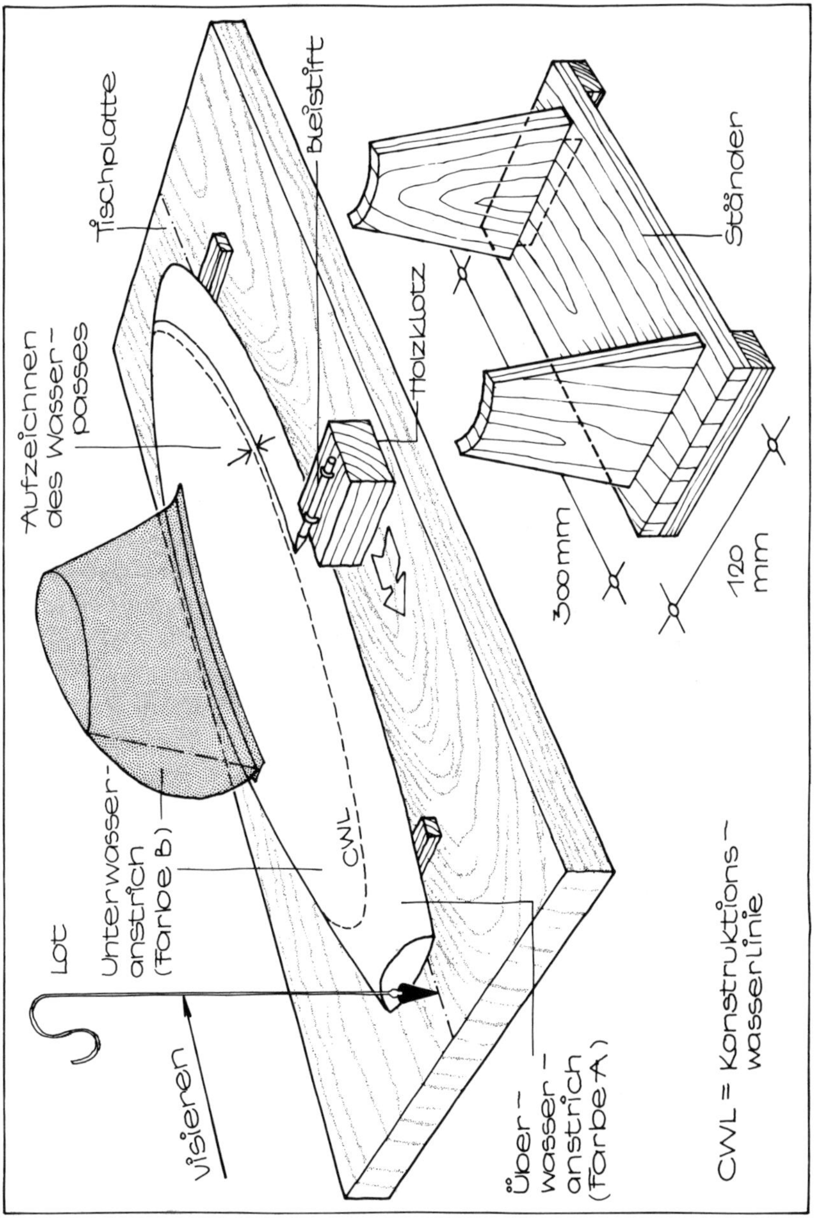

Deck und Deckbalken

Die größten Teile unseres Rumpfes haben wir nun fertig. Nun kommen Deckbalken, der Längsträger und das Deck an die Reihe. Vor dem Verlegen der Deckbalken müssen wir noch den Sprung in den Rumpf schneiden. Die drei 8 × 8 mm starken und fünf 8 × 4 mm starken Decksbalken aus Hartholz werden in den aus Faltplan 2/Bild 94 ersichtlichen Abständen in den Rumpfkranz (Balkenweger) eingelassen. Dic Deckbalkenenden werden im Rumpf mit dünnen Drahtstiften befestigt. Aber bitte alle Oberflächen der Decksbalken schön gleichmäßig nach oben durchgebogen ausbilden. Das Maß einer solchen Wölbung nennen Fachleute »Bucht« (Bild 80, 83). In Bild 83 oben ist auch die Form des mittleren Decksbalkens aufgezeichnet. Seine »Bucht« (Wölbung) ist maßgeblich auch für die Form der Bucht der übrigen Decksbalken, die wir nun entsprechend herstellen. Jetzt machen wir folgenden Versuch: Wenn eine gerade Leiste über die eingebauten Decksbalken vom Bug nach dem Heck gelegt wird, müssen die Oberkanten aller Decksbalken die Unterkanten der Leiste gerade berühren. Das müssen wir durch sorgfältige Arbeiten erreichen. Sind alle Decksbalken entsprechend verlegt und ausgerichtet, setzen wir den 10 × 5 mm starken Längsträger ein, der, wie Faltplan 2/Bild 94 zeigt, von vorn bis achtern durchläuft.
Unser Deck besteht aus einem wasserfesten, etwa 2–3 mm starken guten Sperrholz. Wir befeuchten die Oberfläche dieses Sperrholzes mit Wasser. In diesem Zustand läßt sich das Material biegen und über die Decksbalken legen. Unser Deck muß überall gut aufliegen. Nun müssen wir den Balkweger nach außen hin, der Krümmung der Decksbalken entsprechend, abschrägen. Dann befestigen wir das Deck mit dünnen Nägeln am Rumpf. Auf der Unterseite des Sperrholzes für das Deck zeichnen wir mit einem gut gespitzten Bleistift die Kontur der Rumpfaußenkante an. Wir nehmen das Deck wieder vom Rumpf und schneiden es etwa 5 mm außerhalb der soeben angebrachten Kiellinie ringsherum aus und glätten die Schnittkanten. Wenn man das Deck nun erneut über die Deckbalken biegt, gleicht man die Außenkanten des Decks mit Glaspapier so weit ab, daß es nur noch 3 mm über den Rumpf vorsteht.
Unsere Jacht wird noch schöner aussehen, wenn wir uns auch noch die zusätzliche Mühe machen, vor dem endgültigen Befestigen des Decks zuerst einen 15 mm breiten Rand – auch Schandeckel genannt – und innerhalb dieses Schandeckels, jeweils mit 10 mm Abstand, die Decknähte anzureißen (einzuritzen). Faltplan 1/Bild 93. Dadurch erhält unser Deck einen beplankten Eindruck.

Schließlich befestigen wir das Deck mit 10 × 2 mm großen Messingholzschräubchen auf dem Rumpf. Dazu beginnen wir von der Mitte aus, damit wir das Deck nicht verschieben oder als »Wellblech«-Deck auf den Rumpf bringen. Wir drehen alle 50 mm ein Schräubchen ein. Danach muß dann die Unterseite des Decks überall rings um den Rumpf satt aufliegen.

Die Jacht wird farbig

Wenn wir soweit gekommen sind, können wir schließlich an den Anstrich denken. Den fertigen Jachtrumpf legen wir mit dem Deck nach unten auf ein starkes, genau waagerecht liegendes Brett. Wir schieben so lange kleine Leisten und Klötzchen oder Keile unter, bis die Konstruktionswasserlinie waagerecht ausgerichtet vor uns liegt und dabei auch unsere Kielflosse genau senkrecht zeigt. Mit einer Wasserwaage und einem Senkblei (Lot) fällt diese Arbeit sehr viel leichter aus (Bild 88). Nun ziehen wir 50 mm oberhalb der Konstruktionswasserlinie eine weitere Linie. Dazu nehmen wir einen entsprechend hohen und sauber abgerichteten Holzklotz, auf dem wir einen feingespitzten Bleistift mit zwei Krampen befestigen, wie in Bild 88 gezeigt. Wenn wir nun den Holzklotz mit dem Bleistift in Pfeilrichtung bewegen, zeichnet die gut gespitzte Bleistiftspitze auf dem Rumpf die zweite Wasserlinie, den sogenannten Wasserpaß, an. Bis zu der so gezeichneten Linie soll später der Unterwasseranstrich reichen.
Aber bevor wir an den endgültigen Anstrich unseres Modells gehen, wollen wir uns über die Farbzusammenstellung klarwerden. Sie soll ja dem Modell ein gefälliges Aussehen geben. Es sind viele verschiedene Farbzusammenstellungen denkbar, aber nicht jede beliebigen Farbtöne passen zusammen. Vor allen Dingen soll unser Modell ja nicht buntscheckig aussehen. Eine sehr gute, weil eben elegante, Farbzusammenstellung ist ein dunkelgrünes Unterwasserschiff (Unterwasseranstrich) und ein weißes Oberwasserschiff (Rumpfaußenseite), während wir das Deck naturholzfarben lassen und nur überlackieren. Aber auch viele andere Farbton-Kombinationen führen zu einem attraktiven Modell.
Der Farbanstrich ist das äußere Kleid unseres Schiffsmodells. Mit dem Anstrich steht und fällt die Schönheit unserer Jacht. Wir wollen also einen möglichst vollkommenen Anstrich erzielen. Hierzu bedarf es einiger Vorarbeiten. Zunächst müssen wir die Holzoberfläche mit Glaspapier (in Faserrichtung) sauber abschleifen. Dann müssen alle Löcher, Risse und Sprünge sorgfältig mit Ölkitt (oder einer anderen geeigneten Masse) gefüllt, glattgestrichen und geschmir-

gelt werden. Die glattgeschliffene Holzoberfläche wollen wir wieder mit vorgewärmten Leinölfirnis tränken. Dann tragen wir Grundierung und Lackierung hauchdünn auf, ebenso die Endlackierung. Zur Grundierung nehmen wir die Ölfarbe im Farbton des endgültigen Anstrichs. Damit streichen wir den Rumpf zweimal hauchdünn. Das Lackieren verlangt allerbeste Lackfarbe, die ebenfalls zweimal aufgetragen werden muß. Vor dem zweiten Anstrich bzw. vor der zweiten Lackierung muß der vorhergehende Anstrich steinhart ausgetrocknet sein und mit stumpfem Glaspapier leicht überschliffen werden. Zwei Anstriche zusammen bilden ein System. Nicht alle Grundierfarben sind mit allen End-Anstrichsfarben verträglich. Wir lassen uns daher eingehend beraten. Die Austrocknungszeiten finden wir in den Verwendungshinweisen der von uns benutzten Farben und Lacke. Das Deck wird meist naturfarben belassen und naturlakkiert. Dazu nehmen wir farblosen Öllack. Unser Hobby-Geschäft bietet ihn unter dem Namen »Bootslack« an. Manche meinen, das Deck sähe besonders schön aus, wenn der Schandeckel Faltplan 1/Bild 93) vor dem Lackieren mit einem anderen Farbton (z. B. rotbraun) getönt wird; wir belassen das Deck lieber einfarbig. In der Zeit, die wir auf das Trocknen der Anstriche warten müssen, bauen wir ein Gestell oder einen Bock (Bild 88 unten), auf dem wir dann unser Modell aufstellen können.

Das Takeln beginnt

Nun ist der Rumpf fertig und wir können an das Takeln gehen. Mit der Takelage, ihren Rundhölzern (Masten und Baum), Segel sowie dem stehenden und dem laufenden Gut, dem Block- und Tauwerk, haben wir uns schon durch sorgfältiges Studieren, insbesondere der Bilder 89–92, vertraut gemacht. Stehendes Gut sind die Taue, mit denen die Masten stabilisiert werden. Sie bewegen sich nicht. Laufendes Gut sind Leinen, mit denen Segel bedient werden, d. h. Taue, die laufen bzw. gezogen werden können. Als erstes gehen wir an die Rundhölzer Mast und Großbaum (vgl. Faltplan 2/Bild 94 unten). Wir fertigen sie aus astreinem, feinfasrigem Kiefernholz an. Die Rohstäbe müssen durch Spalten, nicht etwa durch Sägen, vom ganzen Stück getrennt werden. Im gespaltenen Holz verlaufen die Fasern immer in Stablängsrichtung. Die daraus hergestellten Rundhölzer zeichnen sich deshalb durch größte Knickfestigkeit aus. Darauf achten wir besonders, wenn wir uns die Rundhölzer etwa im Hobbyshop schon fast fertig besorgen. Wollen wir die Rundhölzer selber herstellen, dann gehen wir wie folgt

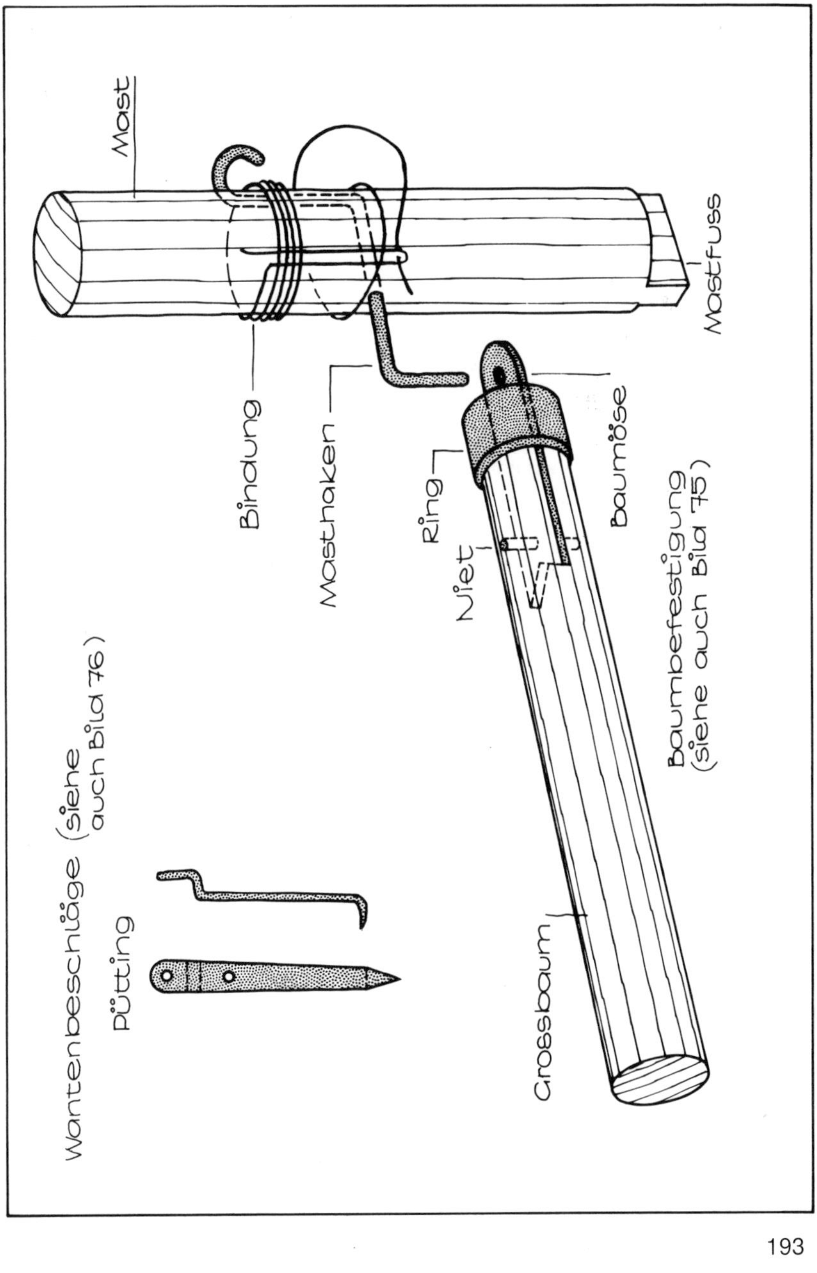
Mast
Mastfuss
Bindung
Masthaken
Ring
Niet
Baumöse
Baumbefestigung (siehe auch Bild 75)
Grossbaum
Wantenbeschläge (siehe auch Bild 76)
Pütting

vor: Auf die Langflächen eines annähernd 950 mm langen und 13 × 13 mm starken vierkantig behobelten Rohstabs zeichnen wir nach den Maßen aus dem Faltplan 2/Bild 94 die Umrißlinien des Mastes auf. Die zunächst vierkantig abgerichtete Leiste wird achteckig behobelt. Durch fortgesetztes Hobeln und gleichzeitiges ruckweises Drehen formen wir den achteckigen Stab rund. Wenn wir das geschafft haben, setzen wir den Hobel im oberen Drittel der Stablänge an. Von dort aus nehmen wir gegen die Enden zu so viel Holz weg, bis der Mastfuß 9 mm und der Masttopp 6 mm stark sind. Zeigen sich gar keine Hobelkanten mehr, dann schleifen wir das Rundholz mit mittelfeinem Sandpapier. So geben wir ihm den vorletzten und dann mit ganz feinem Sandpapier den letzten Schliff. Ebenso stellen wir auch den Großbaum und die Fußrah für die Fock her. Damit sich die Rundhölzer nicht mehr werfen können, tränken wir sie ebenfalls mit gewärmtem Leinölfirnis, dem wir ein bißchen lichten Ocker beimengen, oder wir streichen die Rundhölzer mit einer fertigen Mastockerfarbe.
Für den Mast brauchen wir noch Masthaken, Mastringe und den Standerstock. Am Großbaum befinden sich die Baumöse und der Nockbeschlag. Wie diese Teile im einzelnen aussehen und zu befestigen sind, das zeigen die Bilder 89, 90 und 91. (Auch die Bilder 74, 75, 76 helfen uns mit Varianten.) Die Fußrah ist ohne jeden Beschlag. Die dient nur zum Spreizen des unteren Teils des Vorsegels. Sämtliche Rundhölzer werden mit feinstem Glaspapier abgeschliffen und mit gewärmtem Leinölfirnis getränkt. Danach müssen wir sie zweimal mit farblosem Öllack streichen. Wir können uns diese Arbeiten natürlich dadurch abkürzen, daß wir solche Teile in der richtigen Dimension schon fertig aus dem Bastelladen beziehen. Aber Selbermachen bereitet viel mehr Spaß.
Während die Rundhölzer trocknen müssen, fertigen wir die Segel an. Wir brauchen ein Großsegel und eine Fock. Zunächst fertigen wir uns nach den Bildern entsprechende Schnittmuster aus Packpapier. Die Segel schneiden wir aus leichtem, dünnen Baumwollbatist oder aus Rohseide. Unser Modell-Laden hält auch Segelleinwand für Modelle in allen Stärken bereit. Die Segel sollen später keine Falten werfen; daher müssen sie möglichst aus einem Stück bestehen. Vor dem Zuschneiden muß der Stoff in heißem Wasser gebrüht werden, damit die Appretur (bei der Stoffherstellung eingetränkte Flüssigkeit) verschwindet. Den so gebrühten Stoff lassen wir im Winde trocknen. Nach dem Trocknen müssen wir unsere Segel sorgfältig glattplätten. Danach heften wir den Stoff mit Reißnägeln auf ein sauberes Brett oder sauberen Fußboden und zeichnen mit Hilfe des Schnittmusters mit einer fadengeraden Leiste die Umrißlinien des

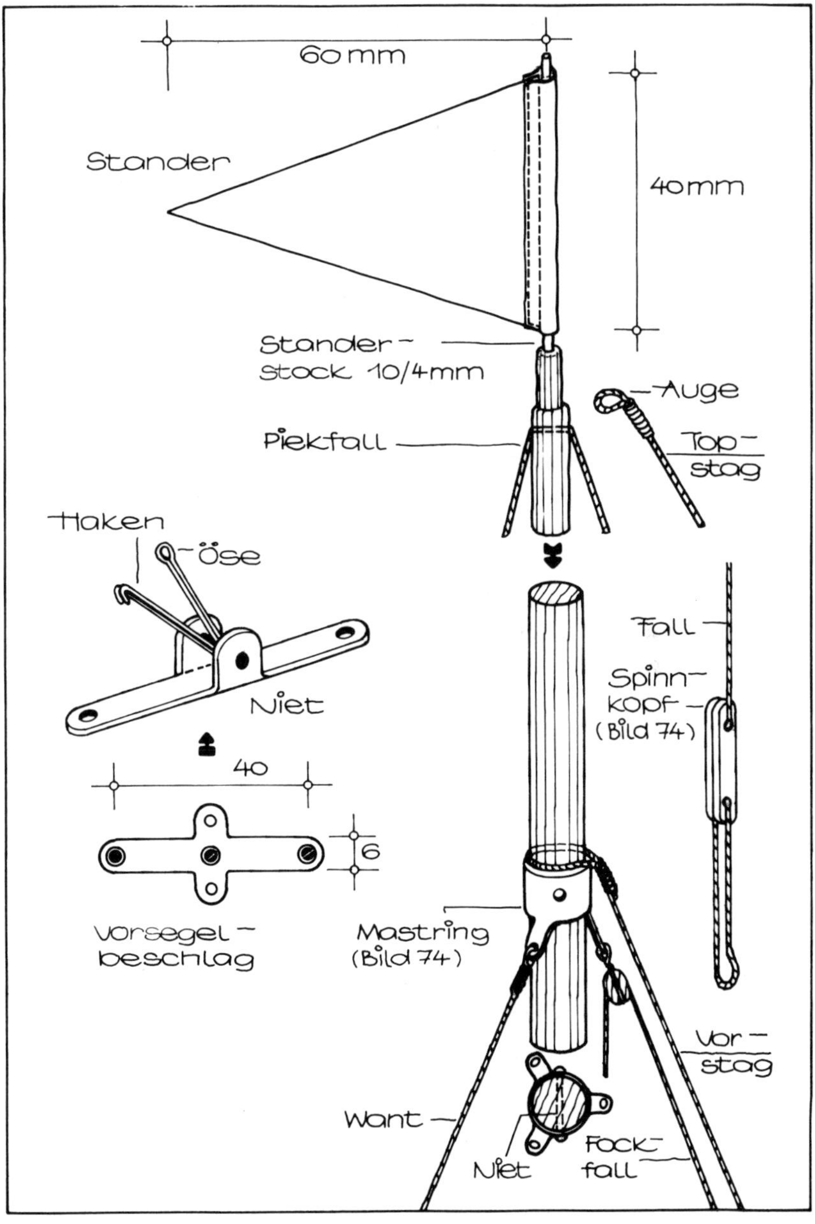
60 mm
Stander
40 mm
Stander-
stock 10/4 mm
Auge
Piekfall
Top-
stag
Haken
Öse
Niet
40
6
Vorsegel-
beschlag
Fall
Spinn-
kopf
(Bild 74)
Mastring
(Bild 74)
Vor-
stag
Want
Niet
Fock-
fall

Großsegels und der Fock auf. Beide Segel müssen wir so auf den Stoff zeichnen, daß ihre Hinterkanten (Achterlieke genannt) parallel zu den Webkanten liegen. Die Segel sollen ja später am fertigen Modell »gut stehen«. Daher müssen wir ihre Kanten (Lieke) nach außen etwas gekrümmt zuschneiden (siehe Bild 92). Das Maß der Krümmung sollte etwa $^1/_{25}$ der Kantenlänge (Lieklänge) betragen. Wenn wir geschickt und sorgfältig arbeiten, lassen sich durchaus gut stehende Segel aufzeichnen und zuschneiden. Wer sich nicht an eine solche Arbeit traut, läßt sich von einem erfahrenen Modellbauer dabei helfen.
Die Ecken der Segel werden auf beiden Seiten durch dreieckige Lappen, sogenannte Doppelungen verstärkt (Bild 91). Die Kanten oder Ränder (Lieke) der Segel faßt man mit einem 2 cm breiten Band ein. Die Segel gewinnen an Aussehen, sind haltbarer und stehen besser, wenn man in das Einfaßband noch eine dünne gewachste Schnur, ein sogenanntes Liektau, einnäht. In den Ecken lassen wir das Liektau in Form kleiner Ösen aus dem Segel vorstehen. Ist das Segel geheftet, steppen wir alle Nähte auf der Maschine ab. Die Mutter, Gattin oder Oma, mit der wir die Segelherstellung schon besprochen haben, wird uns diesen Teil der Arbeit sicher abnehmen.
Sind Großsegel und Fock (Vorsegel) fertig genäht, befestigen wir sie am Großbaum bzw. an der Fußraa. (Eine Raa oder Rah ist ein Rundholz, das als Segelstütze oder zur Segelanbringung dient.) Dazu brauchen wir dünnen gewachsten Bindfaden (Takelzwirn). In welcher Weise dieser um die Rundhölzer geführt wird, zeigt Bild 91. Dieser Bindfaden wird »Marlleine« genannt. Die Vorderkante des Großsegels (Vorliek) muß später dicht an den Mast geholt werden. Dies geschieht mit einer Rebleine (Reihleine), die schraubenförmig um den Mast läuft (Faltplan 1/Bild 93). Wenn wir die Segel an die Rundhölzer schlagen (d. h. daran befestigen), dürfen die Lieke niemals gewaltsam ausgereckt werden, weil sich die Segel dadurch verziehen oder Falten werfen und nie wieder zum einwandfreien Stehen gebracht werden können.
Rumpf, Rundhölzer und Segel sind fertig. Wir können an das Auftakeln gehen. Zunächst schneiden wir den Mastfuß rechteckig an. Er sitzt in der Mastspur, die nach Faltplan 1/Bild 93 mit zwei Senkholzschräubchen auf Deck befestigt wird. Damit der Mast schön senkrecht steht, stützen wir ihn nach vorn mit dem Vor- und dem Topstag (Stage sind Stütztaue in Längsrichtung). Nach beiden Seiten wird der Mast durch die sogenannten Wanten (seitliche Stütztaue des Masts) gestützt (Bild 92). Wie diese Stage um den Mast gelegt werden, und die Wanten am Mastring zu befestigen sind, entnehmen wir Bild 77 und 90. Die unteren En-

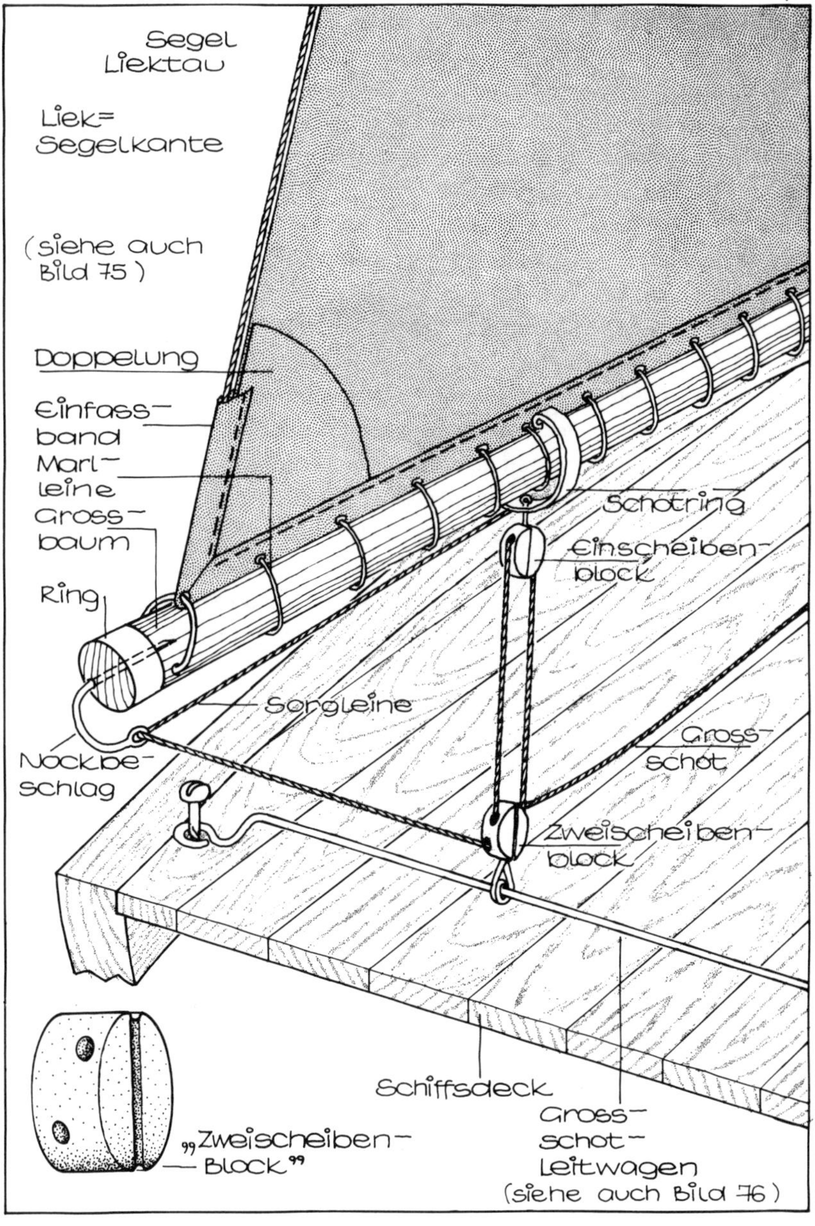
Segel
Liektau
Liek=
Segelkante
(siehe auch
Bild 75)
Doppelung
Einfass-
band
Marl-
leine
Gross-
baum
Ring
Schotring
Einscheiben-
block
Sorgleine
Gross-
schot
Nockbe-
schlag
Zweischeiben-
block
Schiffsdeck
„Zweischeiben-
Block"
Gross-
schot-
Leitwagen
(siehe auch Bild 76)

den der Wanten sind an sogenannten Püttings zu befestigen, das sind kleine Messingblechstreifen, die unterhalb des Decks auf die Rumpfaußenhaut zu schrauben sind (Faltplan 1/Bild 93). Die Püttings selbst zeigt Bild 89. Das Vorstag und das Topstag enden unten an der Hakenöse im Vorsegelbeschlag (Bild 90). Kleine Neigungen des Mastes lassen sich durch Wantenspanner (Faltplan 1/ Bild 93) ausgleichen. Wantenspanner werden dicht oberhalb der Püttings in den Wanten befestigt. Durch Drehen am Mittelteil lassen sich die Wanten je nach Drehrichtung verlängern oder verkürzen.
Zum Heißen (Hochziehen) und Bedienen (Verstellen) der Segel dienen die sogenannten Falle und die Schoten. Das Großsegel wird mit dem Piekfall (Faltplan 1/Bild 93 und Bild 92) und das Vorsegel mit dem Fockfall am Mast hochgezogen (Bild 92). Ein »Fall« ist eine Leine zum Hochziehen (Heißen) und Herablassen (Fieren) von Segeln. Zum eigentlichen Bedienen der beiden Segel sind die Großschot und die Fockschot (Ausgesprochen: Schooot, nicht Schott!) notwendig. Schoten sind Leinen zum Verstellen von Segeln und Bäumen (Faltplan 1/Bild 93). Diese Falttafel und die Bilder 91 und 92 zeigen auch, wie dieses laufende Gut (diese Taue) anzuordnen ist. Damit die Falle und Schoten verkürzt oder verlängert werden können, steckt (schert) man sie durch Blöcke (Holzklötzchen, die durchlöchert sind). Die Blockherstellung zeigt Bild 83. Im wirklichen Schiff werden dafür Rollenblöcke verwendet. In die freien Enden (Tampen) der Taue setzen wir sogenannte Spinnköpfe ein. Die Bilder 74 und 90 zeigen uns, wie ein Spinnkopf aussieht.
Die Tampen der Groß- und Fockschot belegen (befestigen) wir an sogenannten Belegnägeln oder Klampen. Die Belegnägel werden in die Mastspur eingelassen (Faltplan 1/Bild 93). Die Klampen schrauben wir fest auf das Deck auf. Solche Klampen können wir ohne Mühe aus Hartholz anfertigen, wie uns dies Bild 83 links unten zeigt.

Das Einsegeln

Wenn wir nach der Vorschrift gearbeitet und die Zeichnungen vorher genau studiert haben, dann müßten jetzt die Segel faltenlos stehen und die Spieren unserer Jacht richtig gerüstet sein. Wir können nun mit den ersten Segelversuchen beginnen.
Auf welchem Teich, schwach strömendem Fluß oder Swimming-Pool wir unsere Jacht segeln lassen wollen, haben wir schon längst ausfindig gemacht. Wir su-

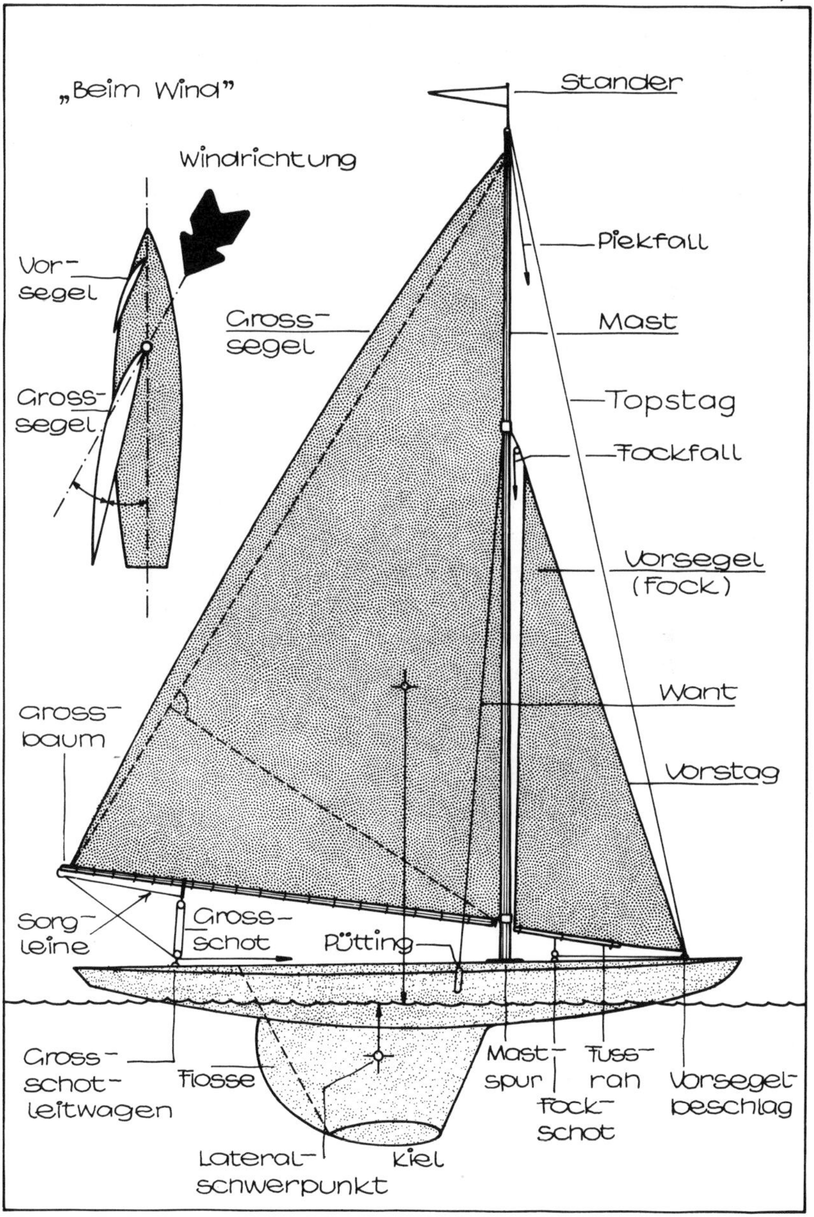
„Beim Wind"
Windrichtung
Vor-
segel
Gross-
segel
Stander
Piekfall
Gross-
segel
Mast
Topstag
Fockfall
Vorsegel
(Fock)
Want
Gross-
baum
Vorstag
Sorg-
leine
Gross-
schot
Pütting
Gross-
schot-
leitwagen
Flosse
Mast-
spur
Fuss-
rah
Fock-
Schot
Vorsegel-
beschlag
Lateral-
schwerpunkt
Kiel

chen uns eine Stelle, die von Gebüsch und Bäumen frei ist. In der Nähe aller solcher Hindernisse kann nämlich kein gleichmäßiger Wind aufkommen. Ihn aber brauchen wir zum Einsegeln unseres Bootes. Nun müssen wir das Boot zum Wasser transportieren. Der wahre Modellsegler takelt das Modell ab. Das heißt, er entfernt die Segel wie die Rundhölzer und steckt den Rumpf in eine Tragevorrichtung. Diese Tragevorrichtung läßt sich aus etwa 40 cm langem und 18 cm starkem Rundholz herstellen. An den Enden sollten wir zwei Schleifen aus kräftigem Baumwolltau anbringen. Die Schleifen sollten gerade so groß sein, daß sie sich knapp über Bug und Heck schieben lassen. Mast und Segel schieben wir zwischen Rundholz und Deck und umfassen das Rundholz mit der rechten Hand. Vorsicht: Mit dem voll aufgetakelten Boot soll man nicht zum Wasser eilen. Es wird dabei zu leicht beschädigt.

Vor unserem Einsegelgewässer stellen wir das Modell auf den Rumpfbock (Bild 88) auf und takeln das Boot wieder sorgfältig auf. Großschot und Fockschot belegen wir derart an den Belegnägeln der Mastspur, daß der Großbaum mit der Mittelschiffslinie einen Winkel von 10 Grad und die Fußraa mit derselben Linie einen Winkel von 15 Grad bildet.

Nun setzen wir mit großer Erwartung unser Modell ins Wasser. Stolz und voller Hoffnung schieben wir unsere Jacht mit dem Bug in Windrichtung. Nun lassen wir klopfenden Herzens unser Boot zum ersten Mal los, sobald der Wind die Segel erfaßt und der Segeldruck das Modell überzulegen versucht. Da wir unser Modell sorgfältig gebaut haben, wird sich das Boot nun auf geradem Kurs hart am Wind entfernen (Bild 92 oben). Dreht unsere Jacht dagegen den Bug wiederholt in den Wind, so daß die Segel flattern (»killen«), so müssen wir den Mast etwas weiter nach vorn schieben. Nach hinten müssen wir den Mast dann drücken, wenn der Winkel zwischen Wind und Kursrichtung größer ist als 30 Grad. Nach einigen Versuchen haben wir unsere Jacht einwandfrei getrimmt. Übrigens, wenn wir auf einem größeren Teich segeln, dann sehen wir uns rechtzeitig nach einem Ruderboot um, damit wir unseren »Ausreißer« wieder sicher an Land bringen können. Natürlich können wir unsere Jacht auch mit einer dünnen Nylon-Fangleine versehen . Aber das sieht nicht so schön aus und die Fahreigenschaften des Bootes leiden auch darunter. Und vor allem ist es nicht »zünftig«. Und zur großen Zunft der Modellsegeljacht-Besitzer können und wollen wir uns doch nun zählen. Für das Segeln mit dem Modell nun zum Schluß ein herzliches »Mast- und Schotbruch«, wie der Segenswunsch aller Segler lautet, und »veel Sünn in de Seils un goden Wind«.

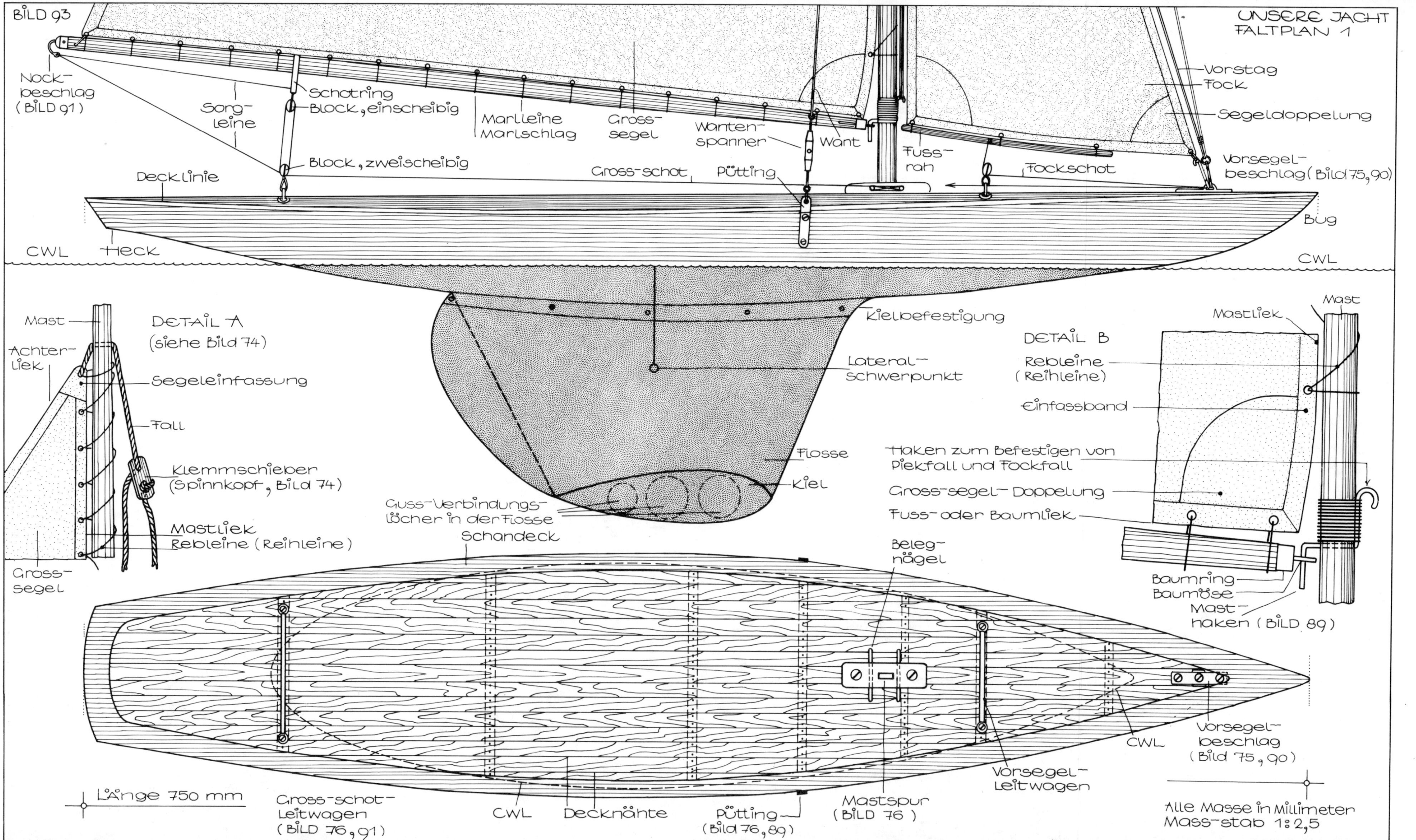
BILD 93
UNSERE JACHT
FALTPLAN 1
Nock-
beschlag
(BILD 91)
Sorg-
leine
Schotring
Block, einscheibig
Marlleine
Marlschlag
Gross-
segel
Wanten-
spanner
Want
Vorstag
Fock
Segeldoppelung
Fuss-
rah
Vorsegel-
beschlag (Bild 75, 90)
Block, zweischeibig
Decklinie
Gross-schot
Pütting
Fockschot
Bug
CWL
Heck
CWL
Kielbefestigung
Lateral-
Schwerpunkt
Flosse
Kiel
Guss-Verbindungs-
löcher in der Flosse
Mast
DETAIL A
(siehe Bild 74)
Achter-
liek
Segeleinfassung
Fall
Klemmschieber
(Spinnkopf, Bild 74)
Mastliek
Rebleine (Reihleine)
Gross-
segel
Mast
Mastliek
DETAIL B
Rebleine
(Reihleine)
Einfassband
Haken zum Befestigen von
Piekfall und Fockfall
Gross-segel-Doppelung
Fuss- oder Baumliek
Baumring
Baumöse
Mast-
haken (BILD 89)
Schandeck
Beleg-
nägel
Vorsegel-
beschlag
(Bild 75, 90)
CWL
Vorsegel-
Leitwagen
Länge 750 mm
Gross-schot-
Leitwagen
(BILD 76, 91)
CWL
Decknähte
Pütting
(Bild 76, 89)
Mastspur
(BILD 76)
Alle Masse in Millimeter
Mass-stab 1:2,5

Verlags-Verzeichnis

Hobby

Moderne Fotopraxis. Bildgestaltung – Aufnahmepraxis – Kameratechnik – Fotolexikon. (4030) Von Wolfgang Freihen, 304 Seiten, davon 50 vierfarbig, gebunden, mit Schutzumschlag, **DM 29,80**

Moderne Schmalfilmpraxis. Ausrüstungen · Drehbuch · Aufnahme · Schnitt · Vertonung (4043) Von Uwe Ney, 328 Seiten mit über 200 Abbildungen, teils vierfarbig, Balacron mit vierfarbigem Schutzumschlag, **DM 29,80**

Schmalfilmen. Ausrüstung – Aufnahmepraxis – Schnitt und Ton. (0342) Von Uwe Ney, 100 Seiten, 4 Farbtafeln und 25 Abbildungen, kartoniert, **DM 6,80**

Briefmarken sammeln für Anfänger (0481) Von Dieter Stein, 128 S., mit zahlreichen Abbildungen, kartoniert, **DM 7,80**

Münzen. Ein Brevier für Sammler. (0353) Von Erhard Dehnke, 128 Seiten, 30 Abbildungen – teils farbig, kartoniert, **DM 9,80**

Münzen sammeln nach Motiven. (0480) Von Armin Haug, 176 S., mit 93 Abbildungen, kartoniert, **DM 14,80**

Papiergeld. Ein Brevier für Sammler. (0501) Von Albert Pick, ca. 128 Seiten, Abbildungen, kartoniert, ca. **DM 8,80***

Ikebana. Band 1: Moribana-Schalenarrangements. (0300) Von Gabriele Vocke, 164 Seiten, 40 großformatige Vierfarbtafeln, 66 Schwarzweißfotos und Graphiken, gebunden, **DM 19,80**

Ikebana. Band 2: Nageire-Vasenarrangements. (0348) Von Gabriele Vocke, 160 Seiten, 32 Farbtafeln, 73 Abbildungen, gebunden, **DM 19,80**

Arbeitsheft zum Lehrbuch Ikebana. (0319) Von Gabriele Vocke, 79 Seiten, 16 Graphiken, kartoniert, **DM 6,80**

Blumengestecke im Ikebanastil. (5041) Von Gabriele Vocke, 64 Seiten mit 37 vierfarbigen Abbildungen und vielen Zeichnungen, kartoniert, **DM 14,80**

Ikebana modern. (4031) Von Gabriele Vocke, 168 Seiten, davon 40 ganzseitige Vierfarbtafeln und mit vielen Zeichnungen, Ganzleinen mit vierfarbigem cellophaniertem Schutzumschlag, **DM 36,–**

Blumen arrangieren. Zauberhafte Gestecke im Ikebana-Stil. (4049) Von Gabriele Vocke, 160 Seiten mit 31 Farbtafeln und über 70 Zeichnungen, gebunden mit Schutzumschlag, **DM 36,–**

Bauernmalerei – leicht gemacht. (5039) Von Senta Ramos, 64 Seiten, 78 vierfarbige Abbildungen, Pappband, **DM 9,80**

Hobby-Bauernmalerei. (0436) Von Senta Ramos und Jo Roszak, 80 Seiten mit 116 Farbabbildungen und 28 Motivvorlagen, kartoniert, **DM 13,80**

Bauernmalerei als Kunst und Hobby. (4057) Von Arbo Gast und Hannie Stegmüller, 128 Seiten, 239 Farbfotos und 26 Riß-Zeichnungen, gebunden, mit vierfarbigem Schutzumschlag, **DM 29,80**

Arbeiten mit Ton. (5048) Von Johann Fricke, Fernsehbegleitbuch, 128 Seiten mit 166 Schwarzweißfotos und 15 Farbtafeln, kartoniert, **DM 14,80**

Töpfern als Kunst und Hobby (4073) Von Johann Fricke, 132 S., davon 37 vierfarb., 222 Schwarzweißfotos, gbd., mit Schutzumschlag, **DM 29,80**

Keramik kreativ gestalten. (5072) Von Ewald Stark, 64 Seiten, 117 Farbfotos und 2 Zeichnungen, Pappband, **DM 9,80**

Zinngießen leicht gemacht. (5076) Von Käthi Knauth, 64 Seiten, 85 Farbfotos, Pappband, **DM 9,80**

Modellieren mit selbsthärtendem Material. (5085) Von Klaus Reinhardt, 64 Seiten, 93 Farbfotos, Pappband, **DM 9,80**

FALKEN VERLAG

Falken Verlag GmbH · Postfach 1120 · D-6272 Niedernhausen/Ts. · Tel. 06127/3011-15 · Telex 04-186585 fves d

Hobby Holzschnitzen. Von der Astholzfigur zur Vollplastik. (5101) Von Heinz-D. Wilden, 112 Seiten, farbige und schwarzweiße Abbildungen und Skizzen, ca. **DM 12,80***
Schmuck und Objekte aus Metall und Email (5078) Von Johann Fricke, 120 Seiten, 183 farbige und schwarzweiße Abbildungen, kartoniert, **DM 16,80**
Hinterglasmalerei – leicht gemacht. (5062) Von Horst Hennicke, 64 Seiten, 63 Abbildungen, 2 Zeichnungen, durchgehend vierfarbig, Pappband, **DM 9,80**
Transparente Glasmalerei – leicht gemacht. (5064) Von Felizitas Krettek, 64 Seiten mit 62 vierfarbigen Abbildungen, Pappband, **DM 9,80**
Ölmalerei leicht gemacht. (5073) Von Heiner Karsten, 64 Seiten, 62 Farbfotos, Pappband, **DM 9,80**
Naive Malerei leicht gemacht. (5083) Von Felizitas Krettek, 64 Seiten, 76 Farbfotos, Pappband, **DM 9,80**
Stoffmalerei und Stoffdruck leicht gemacht. (5074) Von Heide Gehring, 64 Seiten, 110 Farbfotos, Pappband, **DM 9,80**
Zugeschaut und mitgebaut Band 1. Helmut Scheuer im Hobby-Keller – ein ZDF-Fernsehbegleitbuch. (5031) Von Helmut Scheuer, 96 Seiten, 218 Farbabbildungen und Schwarzweißfotos, kartoniert, **DM 14,80**
Zugeschaut und mitgebaut Band 2. Helmut Scheuer im Hobby-Keller. (5061) Von und mit Helmut Scheuer, 120 Seiten mit 277 farbigen und schwarzweißen Abbildungen, kartoniert, **DM 14,80**
Zugeschaut und mitgebaut Band 3. (5077) Von Helmut Scheuer, 120 Seiten, 291 farbige und schwarzweiße Abbildungen, kartoniert, **DM 14,80**
Zugeschaut und mitgebaut Band 4. Helmut Scheuer im Hobbykeller. (5093) Von Helmut Scheuer, 120 S., mit 122 farbigen und 113 schwarzweißen Abbildungen, kartoniert, **DM 14,80**
Hobby-Basteln, Freizeit-Werken. (4050) Herausgegeben von Diethelm Reichart, 320 Seiten mit 400 Abbildungen, größtenteils vierfarbig, gebunden, mit Schutzumschlag. **DM 39,–**
Das große farbige Bastelbuch. (4018) Von Friederike Baresel-Anderle, 248 Seiten, über 300 vierfarbige Abbildungen, Pappband, **DM 14,80**
Papier-Basteleien. (0406) Von Lena Nessle, 96 Seiten, 84 Fotos und 70 Zeichnungen, teils zweifarbig, kartoniert, **DM 6,80**
Phantasieblumen aus Strumpfgewebe, Tauchlack, Papier, Federn (5091) Von Ruth Scholz-Peters, 64 S., mit 70 Farbfotos, Pbd., **DM 9,80**
Glückwunschkarten und Kalender selbst basteln. (0467) Von Gertraud Mayr, 95 Seiten, 288 Zeichnungen, kartoniert, **DM 6,80**
Trockenblumen und Gewürzsträuße. (5084) Von Gabriele Vocke, 64 Seiten, 63 Farbfotos, Pappband, **DM 9,80**
Origami – die Kunst des Papierfaltens. (0280) Von Robert Harbin, 160 Seiten, über 600 Zeichnungen, kartoniert, **DM 8,80**
Ferngelenkte Motorflugmodelle – bauen und fliegen. (0400) Von Werner Thies, 184 Seiten mit Zeichnungen und Detailplänen, kartoniert, **DM 12,80**
Flugmodelle bauen und einfliegen. (0361) Von Werner Thies und Willi Rolf, 160 Seiten, 63 Abbildungen und 7 Faltpläne, kartoniert, **DM 9,80**
Ferngelenkte Segelflugmodelle bauen und fliegen. (0446) Von Werner Thies, 176 Seiten, 22 Fotos und 115 Zeichnungen, kartoniert, **DM 14,80**
Schiffsmodelle selber bauen. (0500) Von Dietmar und Reinhard Lochner, ca. 160 Seiten, 94 Abbildungen, kartoniert, ca. **DM 16,80***
CB-Code. Wörterbuch und Technik. (0435) Von Richard Kerler, 120 Seiten mit technischen Abbildungen, kartoniert, **DM 7,80**
Findet den ersten Stein! Mineralien, Steine und Fossilien. Grundkenntnisse für Hobby-Sammler. (0437) Von Dieter Stobbe, 96 Seiten, 16 Farbtafeln, 14 Fotos und 10 Zeichnungen, kartoniert, **DM 9,80**
Mineralien und Steine. Farben – Formen – Fundorte. (0409) Von Rudolf Graubner, 144 Seiten mit 90 Farbabbildungen, flexibel kartoniert, **DM 9,80**
Häkeln und Makramee. Techniken – Geräte – Arbeitsmuster. (0320) Von Dr. Marianne Stradal, 104 Seiten mit 191 Abbildungen und Schemata, kartoniert, **DM 6,80**
Makramee. Knüpfarbeiten leicht gemacht. (5075) Von Birte Pröttel, 64 Seiten, 95 Farbfotos, Pappband, **DM 9,80**
Flechten mit Bast, Stroh und Peddigrohr. (5098) Von Hanne Hangleiter, 64 Seiten, ca. 110 Abbildungen, Pappband, **DM 9,80***
Stricken, häkeln, loopen. (0205) Von Dr. Marianne Stradal, 96 Seiten, 100 Abbildungen, kartoniert, **DM 5,80**
Strick mit! Ein Kurs für Anfänger. (5094) Von Birte Pröttel, 120 Seiten, 72 vierfarbige und 188 schwarzweiße Abbildungen, kartoniert, **DM 14,80**
Stoff- und Kuscheltiere stricken, häkeln, nähen (5090) Von Birte Pröttel, 64 S., mit 50 Farbfotos, Pbd., **DM 9,80**
Selbstschneidern – mein Hobby. (0185) Von H. Wohlert, 128 Seiten, 233 Abbildungen, kartoniert, **DM 6,80**
Die Selbermachers renovieren ihre Wohnung. (5013) Von Wilfried Köhnemann, 148 Seiten, 374 Farbabbildungen, Zeichnungen und Fotos, kartoniert, **DM 14,80**
Selbst tapezieren und streichen. (0289) Von Dieter Heitmann, 116 Seiten, 67 Abbildungen, kartoniert, **DM 6,80**
Möbel aufarbeiten, reparieren und pflegen. (0386) Von E. Schnaus-Lorey, 96 Seiten, 104 Fotos und Zeichnungen, kartoniert, **DM 6,80**
Heimwerker-Handbuch. (0243) Von Bernd Käsch, 204 Seiten, 229 Fotos und Zeichnungen, kartoniert, **DM 9,80**

* Neuerscheinung. Preise waren bei Druckbeginn noch nicht endgültig festgelegt.

Sport

Die Erben Lilienthals. **Sportfliegen heute.** (4054) Von Günter Brinkmann, 240 Seiten, 32 Farbtafeln, 176 Schwarzweißfotos, 33 Zeichnungen, mit vierfarbigem Schutzumschlag, gbd., **DM 36,–**
Tennis. Technik – Taktik – Regeln. (0375) Von Harald Elschenbroich, 112 Seiten, 81 Abbildungen, kartoniert, **DM 6,80**
DUNLOP-Führer **Tennis-Hotels** 1979/80 (0489) Von Dr. Werner Jopp, 244 S., kart., **DM 14,80**
Frust und Freud beim Tennis. Psychologische Studien der Spielertypen und Verhaltensweisen. (4079) Von S. H. Cath., A. Kahn, N. Cobb., ca. 176 Seiten gebunden, mit Schutzumschlag, ca. **DM 14,80***
Squash. Ausrüstung – Technik – Regeln. (0389) Von Knut Fricke, 84 Seiten, 90 Abbildungen und Zeichnungen, kartoniert, **DM 9,80**
Tischtennis – modern gespielt, mit TT-Quiz 17:21. (0363) Von Ossi Brucker und Tibor Harangozo, 120 Seiten, 65 Abbildungen, kartoniert, **DM 9,80**
Basketball. Übungen und Technik für Schule und Verein. (0279) Von Chris Kyriasoglou, 116 Seiten mit 252 Übungen zur Basketballtechnik, 186 Fotos und 164 Zeichnungen, kartoniert, **DM 12,80**

Volleyball. Technik – Taktik – Regeln. (0351) Von Henner Huhle, 102 Seiten, 330 Abbildungen, kartoniert, **DM 9,80**
Wasser-Volleyball. (0456) Von Laszlo Sarossi und Karl-Friedrich Schwarz, 80 Seiten, 54 Abbildungen, kartoniert, **DM 12,80**
Eishockey. Technik – Taktik – Regeln. (0414) Von Roman Neumayer, ca. 144 Seiten mit ca. 90 Fotos und Abbildungen, kartoniert, ca. **DM 9,80***
Hockey. Grundschule – Training – Taktik. (0398) Von Horst Wein, 152 Seiten mit vielen Zeichnungen und Fotos, kartoniert, **DM 12,80**
Golf. Ausrüstung – Technik – Regeln. (0343) Von J. Jessop, übersetzt von Heinz Biemer, mit einem Vorwort von H. Krings, Präsident des Deutschen Golf-Verbandes, 160 Seiten, 65 Abbildungen, Anhang der Golfregeln des DGV, kartoniert, **DM 14,80**
Pool-Billard. Hrsg. vom Deutschen Pool-Billard-Bund (0484) Von Manfred Bach, Karl-Werner Kühn, 88 S., mit über 80 Abbildungen, kartoniert, **DM 7,80**
Fibel für Kegelfreunde. (0191) Von G. Bocsai, 80 Seiten, mit über 60 Abbildungen, kartoniert, **DM 4,80**
Beliebte und neue Kegelspiele. (0271) Von Georg Bocsai, 92 Seiten, 62 Abbildungen, kartoniert, **DM 4,80**
Segeln. Ein Anfängerkurs mit vielen Bildern. (0316) Von H. und L. Blasy, 112 Seiten, 92 Fotos und Abbildungen, kartoniert, **DM 6,80**
Segeln. Boote, Manöver, Windsurfen. (5009) Von Horst Müller, 64 Seiten, 42 Farbabbildungen, Pappband, **DM 9,80**
Segeln. (4207) Von Claus Hehner, 96 Seiten, 106 großformatige Farbfotos, Pappband, **DM 19,80**
Windsurfen. Handbuch für Grundschein und Praxis. (5028) Von Calle Schmidt, 64 Seiten, über 50 Abbildungen, durchgehend vierfarbig, Pappband, **DM 9,80**
Angeln. Kleine Fibel für den Sportfischer. (0198) Von E. Bondick, 96 Seiten, mit über 116 Abbildungen, kartoniert, **DM 5,80**
Sportfischen. Fische – Geräte – Technik. (0324) Von Helmut Oppel, 144 Seiten, mit 49 Fotos, Abbildungen und 8 Farbtafeln, kartoniert, **DM 8,80**

Falken-Handbuch Tauchsport. (4062) Von Wolfgang Freihen, 272 Seiten, 252 Farbfotos und Abbildungen, gebunden, mit Schutzumschlag, **DM 29,80**
Tauchen. Grundlagen – Training – Praxis. (0267) Von W. Freihen, 144 Seiten, 71 Fotos und Farbtafeln, kartoniert, **DM 9,80**
Reiten. Vom ersten Schritt zum Reiterglück. (5033) Von Herta F. Kraupa-Tuskany, 64 Seiten mit vielen Farbbildern und Zeichnungen, kartoniert, **DM 9,80**
Reiten im Bild. Dressur – Springen – Gelände. (0415) Von Ute Richter, 168 Seiten, 235 Abbildungen, kartoniert, **DM 9,80**
Voltigieren. Pflicht – Kür – Wettkampf. (0455) Von Josephine Bach, 119 Seiten, 88 Schwarzweißfotos und 4 Farbtafeln, kartoniert, **DM 12,80**
Skischule. Ausrüstung – Technik – Gymnastik. (0369) Von Christine und Richard Kerler, 128 Seiten mit 100 Fotos, kartoniert, **DM 7,80**
Skilanglauf für jedermann. Lernen – Üben – Anwenden. Ein Fernsehbegleitbuch. (5036) Von Prof. Heiner Brinkmann, Sporthochschule Köln, 116 Seiten mit 133 Fotos, kartoniert, **DM 12,80**
Ski-Gymnastik. Fit für Piste und Loipe. (0450) Von Hannelore Pilss-Samek, 104 Seiten, 67 Fotos und 20 Zeichnungen, kartoniert, **DM 6,80**
Schwimm mit! Anfängerkurs für Kinder und Eltern. Ein ZDF-Fernsehbegleitbuch. (5040) Von W. Günter Lingenau und Bärbel Vitt, 64 Seiten, 120 Abbildungen, kartoniert, mit Ringheftung, **DM 9,80**
Babys lernen schwimmen. (0497) Von Jean Fouace, ca. 96 Seiten, ca. 45 Abbildungen, kartoniert, ca. **DM 7,80***
Handball. Technik – Taktik – Regeln. (0426) Von Fritz und Peter Hattig, 144 Seiten, 91 Fotos und 121 Zeichnungen, kartoniert, **DM 9,80**
Fußball. Technik – Regeln – Taktik. (0448) Von Holger Obermann und Peter Walz, 166 Seiten, 93 Fotos, 56 Zeichnungen, kartoniert, **DM 9,80**
Fechten. Florett – Degen – Säbel. (0449) Von Emil Beck, 88 Seiten, 219 Fotos und Zeichnungen, kartoniert, **DM 9,80**
Spaß am Laufen. Jogging für die Gesundheit. (0470) Von Werner Sonntag, 120 Seiten, 36 Abbildungen, kartoniert, **DM 6,80**
Roller-Skating. Rollschuhlaufen. (0518) Von Christa-Maria und Richard Kerler, ca. 96 Seiten, Abbildungen, kartoniert, ca, **DM 6,80***
Auto-Rallyes für jedermann. Planen – ausrichten – mitfahren. (0457) Von Rüdiger Hagelberg, 104 Seiten, kartoniert, **DM 9,80**

* Neuerscheinung. Preise waren bei Druckbeginn noch nicht endgültig festgelegt.

Budo

Jiu-Jitsu. (0065) Von B. Kressel, 84 Seiten, 85 Abbildungen, kartoniert, **DM 5,80**
Ju-Jutsu – waffenlose Selbstverteidigung. Das Beste aus Judo, Karate, Aikido. (0276) Von W. Heim und F. J. Gresch, 156 Seiten, 460 Fotos, kartoniert, **DM 9,80**
Ju-Jutsu 2. Für Fortgeschrittene und Meister. (0378) Von Werner Heim und Franz J. Gresch, 164 Seiten, 708 Abbildungen, kartoniert, **DM 16,80**
Ju-Jutsu 3. Spezial-, Gegen- und Weiterführungstechniken (0485) Von Werner Heim, Franz Josef Gresch, 214 S., mit über 600 Abbildungen, kartoniert, **DM 19,80**
Judo – Grundlagen des Stand- und Bodenkampfes. (4013) Von W. Hofmann, 244 Seiten, 589 Fotos, 2-farbiger Einband, Großformat, gbd., **DM 28,–**
Judo. Grundlagen – Methodik. (0305) Von Mahito Ohgo, 204 Seiten, 1025 Fotos, kartoniert, **DM 14,80**
Judo. Go Kyo-Kampftechniken. (0352) Von Mahito Ohgo, 152 Seiten, 231 Abbildungen, kartoniert, **DM 16,80**
Wir machen Judo. (5069) Von Riccardo Bonfranchi und Ulrich Klocke, 92 Seiten, mit Bewegungsabläufen in cartoonartigen zweifarbigen Zeichnungen, kartoniert, **DM 12,80**
Neue Lehrmethoden der Judo-Praxis. (0424) Von Pierre Herrmann, 223 Seiten, 475 Abbildungen, kartoniert, **DM 16,80**
Karate I. Ein fernöstlicher Kampfsport. (0227) Von Albrecht Pflüger, 136 Seiten, 195 Fotos und Zeichnungen, kartoniert, **DM 9,80**
Karate II. (0239) Von Albrecht Pflüger, 160 Seiten, 452 Abbildungen, kartoniert, **DM 9,80**
Karate für alle. Karate-Selbstverteidigung in Bildern. (0314) Von Albrecht Pflüger, 112 Seiten, 356 Fotos, kartoniert, **DM 8,80**
Karate-Do. Das Handbuch des modernen Karate. (4028) Von Albrecht Pflüger, 360 Seiten, über 1159 Abbildungen, gebunden, **DM 28,–**
Nakayamas Karate perfekt 1. Einführung (0487) Von Masatoshi Nakayama, 144 S., mit 605 Fotos, kartoniert, **DM 19,80**
Nakayamas Karate perfekt 2. Grundtechniken. (0512) Von Masatoshi Nakayama, 144 Seiten, 440 Abbildungen, kartoniert, **DM 19,80***
Kontakt-Karate. Ausrüstung – Technik – Training. (0396) Von Albrecht Pflüger, 5. DAN Karate, 128 Seiten, 238 Fotos, kartoniert, **DM 12,80**
BO-Karate. Kukishin-Ryu – die Techniken des Stockkampfes. (0447) Von Georg Stiebler, 176 Seiten, 424 Fotos und 38 Zeichnungen, kartoniert, **DM 16,80**
Karate für Frauen und Mädchen. Sport und Selbstverteidigung. (0425) Von Albrecht Pflüger, 168 Seiten, 259 Fotos, kartoniert, **DM 9,80**
Kung Fu – Grundlagen, Technik. (0367) Von Bruce Tegner, 182 Seiten, 370 Fotos, kartoniert, **DM 14,80**
Kung-Fu II. Theorie und Praxis klassischer und moderner Stile. (0376) Von Manfred Pabst, 160 Seiten, 330 Abbildungen, kartoniert, **DM 12,80**
Shaolin-Kempo – Kung-Fu. Chinesisches Karate im Drachenstil. (0395) Von Ronald Czerni und Klaus Konrad, 236 Seiten, 723 Abbildungen, kartoniert, **DM 16,80**
Kampfsport Fernost. Kung-Fu – Judo – Karate – Kendo – Aikido (4108) Von Jim Wilson, 88 Seiten, 164 farbige Abbildungen, Pappband, **DM 22,–**
Shuriken · Tonfa · Sai. Stockfechten und andere bewaffnete Kampfsportarten aus Fernost. (0397) Von Andreas Schulz, 96 Seiten, 253 Fotos, kartoniert, **DM 12,80**
Nunchaku. Waffe und Sport – Selbstverteidigung. (0373) Von Albrecht Pflüger, 144 Seiten, 247 Abbildungen, kartoniert, **DM 16,80**
Aikido. Moderne japanische Selbstverteidigung. (0248) Von Gerd Wischnewski, 132 Seiten, 256 Abbildungen, kartoniert, **DM 9,80**
Kendo. Japanisches Stockfechten. (0413) Von Peter Jagemann, 120 Seiten, 170 Abbildungen, kartoniert, **DM 14,80**
Taekwon-Do. Koreanischer Kampfsport. (0347) Von Konstantin Gil, 152 Seiten, 408 Abbildungen, kartoniert, **DM 12,80**
Hap Ki Do. Grundlagen und Techniken koreanischer Selbstverteidigung. (0379) Von Kim Sou Bong, 120 Seiten, 153 Abbildungen, kartoniert, **DM 14,80**
Illustriertes Handbuch des Taekwondo. Koreanische Kampfkunst und Selbstverteidigung (4053) Von Konstantin Gil, 248 Seiten, 1026 Abbildungen gbd., **DM 28,–.**

Budo-Lexikon. 1500 Fachausdrücke fernöstlicher Kampfsportarten. (0383) Von Herbert Velte, 138 Seiten, 95 Abbildungen, kartoniert, **DM 9,80**
Budo-Weisheiten – und praktische Ratschläge. (0408) Herausgegeben von Herbert Velte, 80 Seiten, 8 Zeichnungen, kartoniert, **DM 9,80**
Budo-Karikaturen. Gezeichnete Witze über fernöstliche Kampfsportarten. (0504) Von Herbert Velte und Peter Raab, 112 Seiten, kartoniert, **DM 9,80**
Bruce Lee. Sein Leben und Kampf. Von seiner Frau Linda. (0392) Deutsch von W. Nottrodt, 182 Seiten mit vielen Abbildungen, **DM 16,80**

FALKEN + OHARA. Ein Exklusivabkommen mit dem weltgrößten Budo-Verlag OHARA, USA, ermöglicht es Falken, diese wichtige Produktion nun auch in deutscher Sprache dem Interessierten zugänglich zu machen.

Bruce Lees Jeet Kune Do. (0440) Von Bruce Lee, übersetzt von Hans-Jürgen Hesse, 192 Seiten, mit 105 eigenhändigen Zeichnungen von Bruce Lee, kartoniert, **DM 19,80**
Bruce Lees Kampfstil 1. Grundtechniken (0473)Von Bruce Lee und M. Uyehara, deutsch von Hans-Jürgen Hesse, 109 Seiten, 220 Abbildungen, kartoniert, **DM 9,80**
Bruce Lees Kampfstil 2. Selbstverteidigungs-Techniken (0486) Von Bruce Lee, M. Uyehara, 128 S., mit 310 Fotos, kartoniert, **DM 9,80**
Bruce Lees Kampfstil 3. Trainingslehre. (0503) Von Bruce Lee und M. Uyehara, 128 Seiten, 246 Abbildungen, kartoniert, **DM 9,80***
Dynamische Tritte. Grundlagen für den Freikampf. (0438) Von Chong Lee, übersetzt von Manfred Pabst, 96 Seiten, 398 Fotos, 10 Zeichnungen, kartoniert, **DM 9,80**
Fußwürfe für Judo, Karate und Selbstverteidigung. (0439) Von Hayward Nishioka, übersetzt von Hans-Jürgen Hesse,
96 Seiten, 260 Abbildungen, kartoniert, **DM 9,80**
SAI. Karate-Waffe zur Selbstverteidigung (0472) Von Fumio Demura, deutsch von Hans-Jürgen Hesse, 156 Seiten, 608 Abbildungen, kartoniert, **DM 16,80**

* Neuerscheinung. Preise waren bei Druckbeginn noch nicht endgültig festgelegt.

Wissen und Technik

Der Sklave Calvisius. 150 n. Chr. Alltag in einer römischen Provinz (4058) Von Alice Ammermann, Tilman Röhrig, Gerhard Schmidt, 120 S., mit über 100 farbigen und schwarzweißen Abbildungen, Pappband, **DM 19,80**
Antiquitäten-(Ver)führer. Stilkunde – Wert – Echtheitsbestimmung. (5057) Von Margot Lutze, 128 Seiten, über 180 Abbildungen, durchgehend vierfarbig, Pappband, **DM 19,80**
Antiquitäten. (4105) Herausgegeben von Peter Philp, übersetzt von Britta Zorn, 144 Seiten, mit über 250 Abbildungen, davon 43 vierfarbig, gebunden, **DM 19,80**
Orientteppiche. Herkunft – Knüpfkunst – Echtheitsbestimmung. (5046) Von Horst Müller, 64 Seiten, 62 vierfarbige Abbildungen, Pappband, **DM 12,80**
Freizeit mit dem Mikroskop. (0291) Von Martin Deckart, 132 Seiten, 69 Fotos und 4 Zeichnungen, kartoniert, **DM 9,80**
Heiße Öfen. (5008) Von Horst Briel, 64 Seiten, 63 Farbabbildungen, Pappband, **DM 9,80**
Mofas, Mokicks, Heiße Öfen. Steckbriefe der meistgefahrenen Maschinen. (0513) Von Horst Briel, ca. 160 Seiten, ca. 160 farbige und schwarzweiße Abbildungen, kartoniert, ca. **DM 14,80***
Die schnellsten Motorräder der Welt. (4206) Von H. G. Isenberg und Dirk Maxeiner, 96 Seiten, 100 Farbabbildungen, Pappband, **DM 19,80**
Gebrauchtwagenpreise. Auf Basis der Erhebungen von Schwacke. (0490) Hrsg. von Hanns W. Schwacke, 128 S., kart., **DM 7,80**
Gebrauchtwagen-Preise. Frühjahr/Sommer 1980. (0519) Herausgegeben von Hanns W. Schwacke – Eurotax. ca. 160 Seiten, kartoniert, ca. **DM 7,80***
Die schnellsten Autos der Welt. (4201) Von H. G. Isenberg und Dirk Maxeiner, 96 Seiten, 110 Abbildungen, überwiegend vierfarbig, Pappband, **DM 19,80**
Autoreport. Fahrtechnik und Fahrverhalten. (5058) Erarbeitet von der »Arbeitsgruppe Autoreport« unter Leitung von Klaus Schramböhmer, im Hause der Berolina-Film-TV, 71 Seiten, 113 Abbildungen, kartoniert, **DM 9,80**
Die rasantesten Rallyes der Welt (4213) Von Hans G. Isenberg, Dirk Maxeiner, 96 S., mit ca. 100 großformatigen Fotos, Pbd., **DM 19,80**

Die schnellsten Motorboote der Welt. (4210) Von Hans G. Isenberg, 96 Seiten, 104 großformatige Farbfotos, Pappband, **DM 19,80**
Dampflokomotiven. (4204) Von Werner Jopp, 96 Seiten, 134 Farbabbildungen, Pappband, **DM 19,80**
Wärme aus Kälte und Sonne. Moderne Techniken zur Wärmegewinnung. (0453) Von Gottfried Kludas, 176 Seiten, 46 Zeichnungen, kartoniert, **DM 16,80**
Keine Angst vorm Fliegen. (0463) Von Rudolf Braunburg und R. J. Pieritz, 159 Seiten, 15 Farbtafeln, 68 Schwarzweißfotos, kartoniert, **DM 12,80**
Die tollsten Motorflugzeuge aller Zeiten. (4208) Von Richard J. Höhn und Hans G. Isenberg, 96 Seiten, 86 großformatige Farbfotos, Pappband, **DM 19,80**
Zivilflugzeuge. Vom Kleinflugzeug zum Überschalljet. (4218) Von Hans G. Isenberg und Richard J. Höhn, 96 Seiten, ca. 100 großformatige Farbfotos, Pappband, **DM 19,80***

* Neuerscheinung. Preise waren bei Druckbeginn noch nicht endgültig festgelegt.

Pflanzen, Garten, Tiere

Alpenblumen. (4202) Von Kurt Blüchel, 96 Seiten mit 80 Abbildungen, durchgehend vierfarbig, Pbd., **DM 19,80**
Faszination Berg zwischen Alpen und Himalaya (4214) Von Toni Hiebeler, 96 S., mit 100 großformatigen Farbfotos, Pbd., **DM 19,80**
Die farbige Kräuterfibel. (0245) Von Ingrid Gabriel, 196 Seiten, 142 Abbildungen, davon 49 farbig, Taschenbuchformat, gebunden, **DM 12,80**
Großes Kräuter- und Gewürzbuch. (4026) Von Heinz Görz, 584 Seiten, 40 Farbtafeln und 152 Abbildungen, gebunden mit Schutzumschlag, **DM 29,80**
Gemüse und Kräuter. Frisch und gesund aus eigenem Anbau. (5024) Von Mechthild Hahn, 64 Seiten, 71 Abbildungen, durchgehend vierfarbig, Pappband, **DM 9,80**
Arzneikräuter und Wildgemüse erkennen und benennen. (0459) Von Jörg Raithelbuber, 140 Seiten, 108 Farbfotos, kartoniert, **DM 12,80**
Die bunte Welt der Wiesenblumen. (4217) Von Friedrich Jantzen, 96 Seiten, 121 großformatige Farbfotos, Pappband, **DM 19,80***
Bäume und Sträucher erkennen und benennen. (0509) Von Jörg Raithelhuber, ca. 136 Seiten, ca. 100 Farbfotos, kartoniert, ca. DM **14,80***
Beeren und Waldfrüchte. erkennen und benennen – eßbar oder giftig? (0401) Von Jörg Raithelhuber, 136 Seiten, 90 Farbfotos, 40 s/w, kartoniert, **DM 12,80**
Das farbige Pilzbuch. (0215) Von K. und G. Kronberger, 132 Seiten, 105 farbige Abbildungen, gebunden, **DM 12,80**
Pilze erkennen und benennen. (0380) Von J. Raithelhuber, 136 Seiten, 106 Farbfotos, kartoniert, **DM 9,80**
Falken-Handbuch Pilze. Mit über 250 Farbfotos und Rezepten. (4061) Von Martin Knoop, 276 Seiten, 250 Farbfotos, 28 Zeichnungen, gebunden, mit vierfarbigem Schutzumschlag, **DM 36,00**
Fibel für Kakteenfreunde. (0199) Von H. Herold, 92 Seiten, 8 Farbtafeln, kartoniert, **DM 6,80**
Kakteen. Herkunft, Anzucht, Pflege. (5021) Von Werner Hoffmann, 64 Seiten, 70 Abbildungen, durchgehend vierfarbig, Pappband, **DM 9,80**
Faszinierende Formen und Farben **Kakteen.** (4211) Von Katharina und Franz Schild, 96 Seiten, 127 großformatige Farbfotos, Pappband, **DM 19,80**
Sukkulenten. Mittagsblumen, Lebende Steine, Wolfsmilchgewächse u. a. (5070) Von Werner Hoffmann, 64 Seiten, 82 Farbabbildungen, Pappband, **DM 9,80**
Orchideen. Eigenart – Schnittblumen – Topfkultur – Pflege. (5038) Von Dr. Gustav Schoser, 64 Seiten, 75 Farbfotos, Pappband, **DM 9,80**
Orchideen. (4215) Von Dr. Gustav Schoser, 143 S., mit 143 großform. Farbfotos, Pbd., **DM 19,80**
Zimmerpflanzen. (5010) Von Inge Manz, 64 Seiten, 98 Farbabbildungen, Pappband, **DM 9,80**
Hydrokultur. Pflanzen ohne Erde – mühelos gepflegt. (4080) Von Hans-August Rotter, ca. 120 Seiten, ca. 80 farbige und schwarzweiße Abbildungen und Zeichnungen, Pappband, ca. **DM 19,80***
Balkons in Blütenpracht zu allen Jahreszeiten. (5047) Von Nikolaus Uhl, 64 Seiten, 82 vierfarbige Abbildungen, Pappband, **DM 9,80**
Frühbeet und Kleingewächshaus. (5055) Von Dr. Gustav Schoser, 64 Seiten, 43 Farbfotos, durchgehend vierfarbig, Pappband, **DM 12,80**
Blumenpracht im Garten. (5014) Von Inge Manz, 64 Seiten, 93 Abbildungen, durchgehend vierfarbig, Pappband, **DM 9,80**

Rosen. Arten – Pflanzung – Pflege. (5065) Von Inge Manz, 64 Seiten, 60 Farbfotos, 1 Zeichnung, Pappband, **DM 9,80**
Ziersträucher und -bäume im Garten. (5071) Von Inge Manz, 64 Seiten, 91 Farbabbildungen, Pappband, **DM 12,80**
Steingärten. Anlage – Pflanzen – Pflege (5092) Von Martin Haberer, 64 S., mit 90 Farbfotos, Pappband, **DM 9,80**
Der Obstgarten. Pflanzung · Pflege · Baumschnitt · Neuheiten. (5100) Von Joachim Zech, 64 Seiten, ca. 60 Farbfotos, Pappband, **DM 9,80***
Gärtnern. (5004) Von Inge Manz, 64 Seiten, 38 Farbabbildungen, Pappband, **DM 9,80**
Der Garten. Das moderne illustrierte Standardwerk (4044) Von Gerhard Bambach, unter Mitarbeit von Ulrich Kaiser, Wolfgang Velte und Joachim Zech, 826 Seiten mit über 800 Abbildungen und Gartenskizzen, teils vierfarbig, gebunden mit Schutzumschlag. **DM 39,–**
Das Gartenjahr. Arbeitsplan für draußen und drinnen. (4075) Von Gerhard Bambach, 152 Seiten, 16 Farbtafeln, viele Abbildungen, kartoniert, **DM 9,80***

Tiernamen-ABC für Züchter und Tierfreunde. (0372) Von Hans Schiefelbein, 104 Seiten, kartoniert, **DM 7,80**
Das Aquarium. Einrichtung, Pflege und Fische für Süß- und Meerwasser. (4029) Von Hans J. Mayland. 334 S. mit über 415 Farbabbildungen u. Farbtafeln sowie 150 Zeichnungen u. Skizzen, Balacron mit vierfarbigem Schutzumschlag, abwaschbare Polyleinprägung, **DM 36,–**
Das Süßwasser-Aquarium. Einrichtung – Pflege – Fische – Pflanzen. (0153) Von W. Baehr und H. J. Mayland, 132 Seiten, 163 Zeichnungen und 8 Farbtafeln, kartoniert, **DM 7,80**
Das Meerwasser-Aquarium. Einrichtung – Pflege – Fische und niedere Tiere. (0281) Von Hans J. Mayland, 146 Seiten, 258 Abbildungen, davon 30 farbig, kartoniert, **DM 9,80**
Aquarienpflanzen. Alles über den Unterwassergarten. (5032) Von Hans J. Mayland, 64 Seiten, über 100 Farbfotos und Zeichnungen, Pappband, **DM 14,80**
Aquarienfische des tropischen Süßwassers. (5003) Von Hans J. Mayland, 64 Seiten, 98 Farbabbildungen, Pappband, **DM 9,80**
Süßwasser-Aquaristik. Exotische Welt im Glas. (5080) Von Lothar Scheller, 64 Seiten, 67 Farbfotos und Zeichnungen, Pappband, **DM 12,80**
Süßwasser-Aquarienfische (4212) Von Burkard Kahl, 96 Seiten, 108 großformatige Farbfotos, Pappband, **DM 19,80**
Das Terrarium. (4069) Von Burkard Kahl, Paul Gaupp, Dr. Günter Schmidt, ca. 320 S., mit ca. 250 farb. Abb., gbd., mit vierfarb. Schutzumschl., ca. **DM 39,–***
Amphibien und Reptilien im Terrarium. Lebensgewohnheiten – Arten – Pflege. (5056) Von Kurt Rimpp, 64 Seiten, 70 Farbabbildungen, 19 Zeichnungen, durchgehend vierfarbig, Pappband, **DM 12,80**
Die lieben Haustiere. (5023) Von Justus Pfaue, 92 Seiten mit vielen Abbildungen, kartoniert, **DM 12,80**
Das neue Hundebuch. (0009) Von W. Busack, überarbeitet von Dr. med. vet. A. Hacker, 104 Seiten, zahlreiche Abbildungen auf Kunstdrucktafeln, kartoniert, **DM 6,80**
Hunde-Ausbildung. Verhalten – Gehorsam – Abrichtung. (0346) Von Prof. Dr. R. Menzel, 96 Seiten, 18 Fotos, kartoniert, **DM 7,80**
Der deutsche Schäferhund. (0073) Von Dr. Hacker, 104 Seiten, 24 Abbildungen auf Kunstdrucktafeln, kartoniert, **DM 6,80**
Falken-Handbuch Der Deutsche Schäferhund. (4077) Von Ursula Förster, ca. 240 Seiten, ca. 150 farbige und schwarzweiße Abbildungen sowie Zeichnungen, gebunden mit Schutzumschlag, ca. **26,80***
Hunde. Rassen – Erziehung – Haltung. (4209) Von Horst Bielfeld, 96 Seiten, 101 großformatige Farbfotos, Pappband, **DM 19,80**
Das neue Katzenbuch. Rassen – Aufzucht – Pflege. (0427) Von Brigitte Eilert-Overbeck, 128 Seiten, 14 Farbfotos und 26 schwarzweiß, kartoniert, **DM 7,80**
Katzen. Rassen · Haltung. Pflege · (4216) Von Brigitte Eilert-Overbeck, 96 Seiten, 82 großformatige Farbfotos, Pappband, **DM 19,80**
Vögel. Ein Beobachtungs- und Bestimmungsbuch. (0290) Von Dr. Winfried Potrykus, mit Zeichnungen von Ursula Grawert, 120 Seiten, 233 Abbildungen, davon 160 farbig, Pappband, **DM 12,80**
Ziervögel in Haus und Voliere. Arten – Verhalten – Pflege. (0377) Von Horst Bielfeld, 144 Seiten, 32 Farbfotos, kartoniert, **DM 9,80**
Schmetterlinge. Tagfalter Mitteleuropas erkennen und benennen. (0510) Von Thomas Ruckstuhl, 136 Seiten, ca. 100 Farbfotos, kartoniert, ca. **DM 14,80***
Ponys. Rassen, Haltung, Reiten (4205) Von Stefan Braun, 96 Seiten mit 84 Farbabbildungen, Pappband **DM 19,80**

* Neuerscheinung. Preise waren bei Druckbeginn noch nicht endgültig festgelegt.

Essen und Trinken

Selbst Brotbacken mit über 50 erprobten Rezepten. (0370) Von Jens Schiermann, 80 Seiten, 6 Zeichnungen, 4 Farbtafeln, kartoniert, **DM 6,80**
Brotspezialitäten backen und kochen (5088) Von Jack W. Hochscheid, Lutz Helger, 64 S., mit 50 Farbfotos, Pbd., **DM 9,80**
Schönes Hobby: Backen. Erprobte Rezepte mit modernen Backformen. (0451) Von Elke Blome, 96 Seiten, 8 Farbtafeln, kartoniert, **DM 6,80**
Waffeln süß und pikant. (0522) Von Christiane Stephan, ca. 64 Seiten, 4 Farbtafeln, kartoniert, ca. **DM 6,80***
Kleingebäck. Plätzchen – Kekse – Guetzli (5089) Von Margrit Gutta, 64 S., mit 50 Farbfotos, Pbd., **DM 9,80**
Kuchen und Torten. (5067) Von Klaus Groth, 64 Seiten mit 42 Abbildungen, durchgehend vierfarbig, Pbd., **DM 9,80**
Gesunde Kost aus dem Römertopf. (0442) Von Jutta Kramer, 128 Seiten, 8 Farbtafeln, 13 Zeichnungen, kartoniert, **DM 7,80**
Gesund kochen – wasserarm und fettfrei. (4060) Von Margrit Gutta, 240 Seiten, 16 Farbtafeln, Pappband, **DM 19,80**
Salate für alle Gelegenheiten. (5002) Von Elke Fuhrmann, 64 Seiten, 47 Abbildungen, durchgehend vierfarbig, Pappband, **DM 9,80**
88 köstliche Salate. (0222) Von Christine Schönherr, 104 Seiten, 8 Farbtafeln, kartoniert, **DM 6,80**
Miekes Kräuter- und Gewürzkochbuch. (0323) Von Irmgard Persy und Klaus Mieke, 96 Seiten, 8 Farbtafeln, kartoniert, **DM 6,80**
Natursammlers Kochbuch. Wildfrüchte und -gemüse, Pilze, Kräuter – finden und zubereiten. (4040) Von Christa-Maria Kerler, 140 Seiten, 12 Farbtafeln, Pbd. mit vierfarbigem Überzug, **DM 19,80**
Kräuter- und Heilpflanzen-Kochbuch. (4066) Von Pia Pervenche, 152 Seiten, 15 Farbtafeln, in flexiblem Karton gebunden, **DM 9,80**
Garen im Herd. Rezepte für Brattöpfe. (0345) Von Eva Exner, 96 Seiten, 8 Farbtafeln, kartoniert, **DM 6,80**
Schnell gekocht – gut gekocht mit vielen Rezepten für Schnellkochtöpfe und Schnellbratpfannen. (0265) Von Irmgard Persy, 96 Seiten, 8 Farbtafeln, kartoniert, **DM 6,80**
Soßen. Die Krönung der feinen Küche. (0357) Von Giovanni Cavestri, 100 Seiten, 14 Farbtafeln, kartoniert, **DM 9,80**
Hobby-Kochbuch für Tiefkühlkost. Bunte TK-Fibel. (0302) Von Ruth Vollmer-Ruprecht, 104 Seiten, 8 Farbtafeln, kartoniert, **DM 6,80**
Einkochen nach allen Regeln der Kunst. (0405) Von Birgit Müller, 96 Seiten, 8 Farbtafeln, kartoniert, **DM 6,80**
Alles über Einkochen, Einlegen, Einfrieren. (4055) Von Birgit Müller, 152 Seiten, 15 Farbtafeln, in flexiblem Karton gebunden, **DM 9,80**
Alles mit Obst. Einkochen – Einlegen – Einfrieren. (0364) Von M. Hoff und B. Müller, 96 Seiten, 8 Farbtafeln, kartoniert, **DM 6,80**
Das neue Mikrowellen-Kochbuch (0434) Von Hermann Neu, 64 Seiten, 4 Farbtafeln, kartoniert, **DM 5,80**
Heißluftherde. Vorteile, Gebrauchsanleitung, Rezepte. (0516) Von Christel Kölmel, ca. 80 Seiten, kartoniert, ca. **DM 6,80***
Fritieren – neu – geruchlos, schmackhaft und gesund. (0365) Von Marianne Bormio, 96 Seiten, 8 Farbtafeln, kartoniert, **DM 6,80**
Fondues. (5006) Von Eva Exner, 64 Seiten, 50 Abbildungen, durchgehend vierfarbig, Pappband, **DM 9,80**
Fondues und fritierte Leckerbissen (0471) Von Stefanie Stein, 80 S., 8 Farbtafeln, kartoniert, **DM 6,80**
Rezepte rund um Raclette und Hobby-Rechaud. (0420) Von Jack W. Hochscheid, 72 Seiten, 8 Farbtafeln, kartoniert, **DM 7,80**
Die neue Grillküche. Garen und backen im Quarz-Grill. (0419) Von Marianne Bormio, 80 Seiten, 8 Farbtafeln, kartoniert, **DM 7,80**
Grillen mit dem Kontaktgrill. (0441) Von Birgit Müller, 80 Seiten, 8 Farbtafeln und 29 Zeichnungen, kartoniert, **DM 7,80**
Leckereien vom Spieß und Grill. (0169) Von J. Zadar, 80 Seiten, 13 Abbildungen, kartoniert, **DM 5,80**
Grillen – drinnen und draußen. (4032) Von Claus Arius, 160 Seiten, 35 Farbabbildungen, gebunden, **DM 19,80**
Grillen – drinnen und draußen. (4047) Von Claus Arius, 152 Seiten, 30 Farbtafeln, in flexiblem Karton gebunden, **DM 9,80**
Grillen. (5001) Von Inge Zechmann, 64 Seiten, 38 Abbildungen, durchgehend vierfarbig, Pappband, **DM 9,80**
Max Inzingers 111 beste Rezepte. (4041) Von Max Inzinger, 124 Seiten, 35 Farbtafeln, kartoniert, **DM 19,80**
(4042) Gebundene Luxusausgabe mit Balacron und Goldprägung, **DM 26,–**

Der lachende Feinschmecker. Fred Metzlers Rezepte mit Pointen (0475) Von Fred Metzler, 136 S., mit Zeichnungen von Ferry Ahrlé, Pappband, **DM 12,80**
Kulinarische Genüsse für Verliebte. (4071) Von Claus Arius, ca. 112 Seiten, 16 Farbtafeln, gebunden, mit Schutzumschlag, ca. **DM 19,80***
Kalte Platten. (4064) Von Maître Pierre Pfister, 240 Seiten, 135 großformatige Farbfotos, gebunden, mit vierfarbigem Schutzumschlag, **DM 48,–**
Kalte Happen. und Partysnacks (5029) Von Dolly Peters, 64 Seiten, 35 vierfarbige Abbildungen, Pbd., **DM 9,80**
Kalte Platten – Kalte Büffets. (5015) Von Margrit Gutta, 64 Seiten, durchgehend vierfarbig mit 34 Farbabbildungen, Pbd., **DM 9,80**
Kleine kalte Küche für Alltag und Feste. (5097) Von Anneliese und Gerhard Eckert, 64 Seiten, ca. 45 Farbfotos, Pappband, **DM 9,80***
Kalte und warme Vorspeisen. einfach · herzhaft · raffiniert (5045) Von Karin Iden, 64 Seiten, 43 vierfarbige Abbildungen, Pbd., **DM 9,80**
Desserts. (5020) Von Margrit Gutta, 64 Seiten mit 38 Abbildungen, durchgehend vierfarbig, Pbd., **DM 9,80**
Fischküche. kalt und warm · mild und herzhaft (5052) Von Heidrun Gebhardt, 64 Seiten, 36 Abbildungen, durchgehend vierfarbig, Pbd., **DM 9,80**
Raffinierte Steaks. und andere Fleischgerichte (5043) Von Gerhard Eckert, 64 Seiten, 37 vierfarbige Abbildungen, Pbd., **DM 9,80**
Wild und Geflügel. (4056) Von Christine Schönherr, 256 Seiten, 122 großformatige Farbfotos, gebunden, mit vierfarbigem Schutzumschlag, **DM 48,–**
Geflügel. Die besten Rezepte aus aller Welt. (5050) Von Margrit Gutta, 64 Seiten, 32 Abbildungen, durchgehend vierfarbig, Pappband, **DM 9,80**
Köstliche Pizzas, Toasts, Pasteten. (5081) Von Anneliese und Gerhard Eckert, 64 Seiten, 48 Farbfotos, Pappband, **DM 9,80**
Die besten Eintöpfe und Aufläufe. (5079) Von Anneliese und Gerhard Eckert, 64 Seiten, 49 Farbfotos, Pappband, **DM 9,80**
Nudelgerichte – lecker, locker, leicht zu kochen. (0466) Von Christiane Stephan, 80 Seiten, 8 Farbtafeln, kartoniert, **DM 6,80**
Der schön gedeckte Tisch. (5005) Von Rolf Stender, 64 Seiten, 60 Abbildungen, durchgehend vierfarbig, Pappband, **DM 9,80**
Chinesisch kochen. (5011) Von Karl-Heinz Haß, 64 Seiten, 33 Farbabbildungen, Pbd., **DM 9,80**
Ostasiatische Küche schmackhaft und bekömmlich (5066) Von Taki Sozuki, 64 Seiten, mit 38 Abbildungen, durchgehend vierfarbig, Pbd., **DM 9,80**
Japanische Küche schmackhaft und bekömmlich (5087) Von Hiroko Toi, 64 S., mit ca. 50 Farbfotos, Pbd., **DM 9,80***
Deutsche Spezialitäten. (5025) Von R. Piwitt, 64 Seiten, 37 Abbildungen, durchgehend vierfarbig, Pbd., **DM 9,80**
Italienische Küche. (5026) Von Margrit Gutta, 64 Seiten, 33 Abbildungen, durchgehend vierfarbig, Pbd., **DM 9,80**
Französisch kochen. (5016) Von Margrit Gutta, 64 Seiten, durchgehend vierfarbig mit 35 Farbabbildungen, Pbd., **DM 9,80**
Spanische Küche. (5037) Von Margrit Gutta, 64 Seiten, 35 Abbildungen, durchgehend vierfarbig, Pappband, **DM 9,80**
Nordische Küche. Speisen und Getränke von der Küste. (5082) Von Jutta Kürtz, 64 Seiten, 44 Farbfotos, Pappband, **DM 9,80**
Dänische Küche. Nordische Tafelfreuden (5086) Von Holger Hofmann, 64 S., mit 50 Farbfotos, Pbd., **DM 9,80**

Rund um den Rum. Von der Feuerzangenbowle zum Karibiksteak. (5053) Von Holger Hofmann, 64 Seiten, 32 Abbildungen, durchgehend vierfarbig, Pappband, **DM 9,80**
Großes Getränkebuch. Wein · Sekt · Bier und Spirituosen aus aller Welt, pur und gemixt. (4039) Von Claus Arius, 288 Seiten mit Register, 179 teils großformatige Farbfotos, Balacron mit farbigem celloph. Schutzumschlag, Schuber, **DM 58,–**
Cocktails und Mixereien. (0075) Von J. Walker, 104 Seiten, 25 Zeichnungen, kartoniert, **DM 5,80**
Neue Cocktails und Drinks mit und ohne Alkohol. (0517) Von Siegfried Späth, 128 Seiten, 4 Farbtafeln, Pappband, ca. **DM 9,80***
Mixen mit und ohne Alkohol. (5017) Von Holger Hofmann, 64 Seiten, 35 Abbildungen, durchgehend vierfarbig, Pappband, **DM 9,80**
Tee für Genießer. (0356) Von Marianne Nicolin, 64 Seiten, 4 Farbtafeln, kartoniert, **DM 5,80**
Tee. Herkunft · Mischungen · Rezepte. (0515) Von Sonja Ruske, ca. 96 Seiten, 4 Farbtafeln und viele Abbildungen, Pappband, ca. **DM 9,80***
Rund um den Kaffee (0492) Von Holger Hofmann, ca. 96 S., mit 8 Farbtafeln, kartoniert, ca. **DM 6,80***

* Neuerscheinung. Preise waren bei Druckbeginn noch nicht endgültig festgelegt.

Gesundheit und Schönheit

Der praktische Hausarzt. (4011) Unter Mitarbeit zahlreicher Fachärzte, koordiniert von Dr. Eric Weiser, 718 Seiten, 487 Abbildungen und 16 Farbtafeln, **DM 19,80**
Die Frau als Hausärztin. (4072) Von Dr. med. Anna Fischer-Dückelmann, 808 S., 16 Farbt., 174 Fotos, 238 Zeichn., Subskriptionspreis bis 30. 4. 80 **DM 49,80,** danach **DM 58,–**
Neue Rezepte für **Diabetiker-Diät.** Vollwertig – abwechslungsreich – kalorienarm. (0418) Von Monika Oehlrich, 120 Seiten, 8 Farbtafeln, kartoniert, **DM 9,80**
Schonkost heute. Vollwertige Ernährung für Gesunde und Magen-, Darm-, Galle-, Leber-Diät. (0360) Von Monika Oehlrich und Ulrike Schubert, 140 Seiten, 8 Farbtafeln, kartoniert, **DM 9,80**
Computer-Menüs zum Schlankwerden. Die 1000-Kalorien-Kost aus dem Computer. (0317) Von Dr. Maria Wagner und Ulrike Schubert, 92 Seiten mit vielen Tabellen, kartoniert, **DM 6,80**
Die neue leckere Diätküche. (5034) Von Ulrike Schubert, 64 Seiten, 30 Rezeptfotos, Pappband, **DM 9,80**
Die Brot-Diät – der Schlankheitsplan ohne Extreme. (0452) Von Prof. Dr. Erich Menden und Waltraute Aign, 92 Seiten, 8 Farbtafeln, kartoniert, **DM 6,80**
Kalorien · Joule. Eiweiß – Fett – Kohlehydrate tabellarisch nach gebräuchlichen Mengen. (0374) Von Marianne Bormio, 88 Seiten, kartoniert, **DM 4,80**
Rohkost – abwechslungsreich – schmackhaft – gesund. (5044) Von Ingrid Gabriel, 64 Seiten, 40 Abbildungen, durchgehend vierfarbig, Pappband, **DM 9,80**
Alles mit Joghurt. tagfrisch selbstgemacht mit vielen Rezepten (0382) Von Gerda Volz, 88 Seiten, 8 Farbtafeln, kartoniert, **DM 7,80**
Koch' mit Köpfchen. Iß das Richtige zum Schlankwerden. (0421) Von Max Inzinger, 92 Seiten, kartoniert, **DM 7,80**
Das große Hausbuch der Naturheilkunde. (4052) Von Gerhard Leibold, 386 Seiten, 18 Farbfotos und 8 schwarzweiß, 196 Zeichnungen, gebunden mit vierfarbigem Schutzumschlag, **DM 34,–**
Heilkräfte der Natur. (4203) Von Kurt Blüchel, 96 Seiten, 85 Abbildungen, durchgehend vierfarbig, Pappband, **DM 19,80**
Falken-Handbuch Heilkräuter, Modernes Lexikon der Pflanzen und Anwendungen. (4076) Von Gerhard Leibold, 400 Seiten, 183 Farbfotos, gebunden, mit Schutzumschlag, ca. **DM 29,80***
Schönheitspflege. Kosmetische Tips für jeden Tag. (0493) Von Heide Zander, 96 Seiten, Abbildungen, kartoniert, ca. **DM 7,80***
Gesünder schlafen aber wie? (0494) Von Rolf Faller, ca. 96 Seiten, Abbildungen, kartoniert, ca. **DM 8,80***
Eigenbehandlung durch Akupressur. Heilwirkungen – Energielehre – Meridiane. (0417) Von Gerhard Leibold, 152 Seiten, 78 Abbildungen, kartoniert, **DM 9,80**
Hypnose und Autosuggestion. Methoden – Heilwirkungen – Praktische Beispiele (0483) Von Gerhard Leibold, 116 S., kartoniert, **DM 7,80**
Gesund und fit durch Gymnastik. (0366) Von Hannelore Pilss-Samek, 132 Seiten, 150 Abbildungen, kartoniert, **DM 7,80**
10 Minuten täglich **Tele-Gymnastik.** (5102) Von Beate Mentz und Kafi Biermann, ca. 128 Seiten, ca. 300 Abbildungen, kartoniert, ca. **DM 12,80***
Yoga gegen Haltungsschäden und Rückenschmerzen. Krokodil-Übungen für jung und alt. (0394) Von Alois Raab, 104 Seiten, 215 Abbildungen, kartoniert, **DM 5,80**
Gesundheit und Spannkraft durch Yoga. (0321) Von Dr. Lothar Frank und Ursula Ebbers, 120 Seiten, 50 Fotos, kartoniert, **DM 6,80**
Yoga für Jeden mit Kareen Zebroff. (0341) 156 Seiten, 135 Abbildungen, kartoniert mit Spiralbindung **DM 20,–**
Yoga für Liebhaber (4112) Von John Champ, 60 S., durchgehend vierfarb., mit großform. Fotos, **DM 24,80**
Schön, schlank und fit mit Kareen Zebroff. (0371) 176 Seiten, 126 Abbildungen, kartoniert, **DM 20,–**
Yoga für Mütter und Kinder. (0349) Von Kareen Zebroff, 128 Seiten, 139 Abbildungen, kartoniert, **DM 18,–**

* Neuerscheinung. Preise waren bei Druckbeginn noch nicht endgültig festgelegt.

Briefsteller

Erfolgreiche Kaufmanns-Praxis. Wirtschaftliche Grundlagen, Geld, Kreditwesen, Steuern, Betriebsführung, Recht, EDV (4046) Von Wolfgang Göhler, Herbert Gölz, Manfred Heibel, Dr. Detlev Machenheimer, mit einem Vorwort von Dr. Karl Obermayr, 544 Seiten, geb. mit Schutzumschlag, **DM 34,–**
Moderne Korrespondenz. (4014) Von H. Kirst und W. Manekeller, 570 Seiten, gebunden, **DM 39,–**
Behördenkorrespondenz. Musterbriefe – Anträge – Einsprüche. (0412) Von Elisabeth Ruge, 120 Seiten, kartoniert, **DM 6,80**

Geschäftliche Briefe des Handwerkers und Kaufmanns. (0041) Von A. Römer, 96 Seiten, kartoniert, **DM 5,80**
Privatbriefe Muster für alle Gelegenheiten (0114) Von Irmgard Wolter-Rosendorf, ca. 96 S., kartoniert, **DM 6,80**
Worte und Briefe der Anteilnahme. (0464) Von Elisabeth Ruge, 127 Seiten, mit Abbildungen, kartoniert, **DM 6,80**
Der neue Briefsteller. (0060) Von I. Wolter-Rosendorf, 112 Seiten, kartoniert, **DM 5,80**
Musterbriefe für alle Gelegenheiten. (0231) Herausgegeben von Olaf Fuhrmann, 248 Seiten, kartoniert, **DM 9,80**
Die erfolgreiche Bewerbung. (0173) Von W. Manekeller, 152 Seiten, kartoniert, **DM 8,80**
Erfolgreiche Bewerbungsbriefe und Bewerbungsformen. (0138) Von W. Manekeller, 88 Seiten, kartoniert, **DM 4,80**
Lebenslauf und Bewerbung. Beispiele für Inhalt, Form und Aufbau (0428) Von Hans Friedrich, 112 Seiten, kartoniert, **DM 5,80**
Die Redekunst, Redetechnik, Rednererfolg. (0076) Von Kurt Wolter, überarbeitet von Dr. W. Tappe, 80 Seiten, kartoniert, **DM 4,80**
Großes Buch der Reden und Ansprachen für jeden Anlaß. (4009) Herausgegeben von F. Sicker, 468 Seiten, Lexikonformat, Ganzleinen, **DM 39,–**
Festreden und Vereinsreden. (0069) Von K. Lehnhoff und E. Ruge, 88 Seiten, kartoniert, **DM 4,80**

* Neuerscheinung. Preise waren bei Druckbeginn noch nicht endgültig festgelegt.

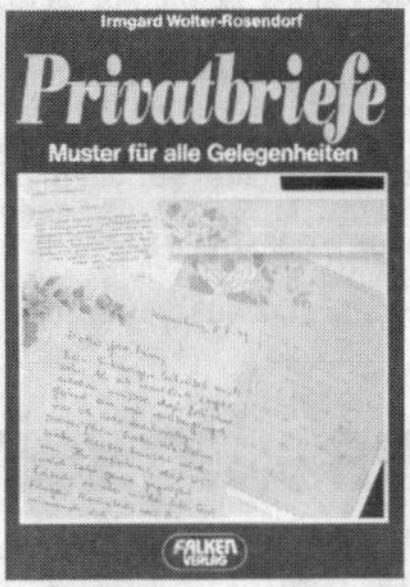

Fortbildung und Beruf

Maschinenschreiben durch Selbstunterricht Band 1. (0170) Von A. Fonfara, 84 Seiten mit vielen Abbildungen, kartoniert, **DM 4,80**
Maschinenschreiben durch Selbstunterricht Band 2. (0252) Von Hanns Kaus, 84 Seiten, kartoniert, **DM 5,80**
Stenografie – leicht gelernt. (0266) Von Hanns Kaus, 64 Seiten, kartoniert, **DM 5,80**
Buchführung leicht gefaßt. (0127) Von R. Pohl, 104 Seiten, kartoniert, **DM 7,80**
Rechnen aufgefrischt. (0100) Von H. Rausch, 108 Seiten, kartoniert, **DM 6,80**
Aufgaben lösen und **Spiele mit dem Taschenrechner.** (5060) Von Peter Fleischhauer, Fernsehbegleitbuch, 120 Seiten, 55 Abbildungen und Zeichnungen, kartoniert, **DM 9,80**
Schülerlexikon der Mathematik. Formeln, Übungen und Begriffserklärungen für die Klassen 5–10. (0430) Von Robert Müller, 176 Seiten, 96 Zeichnungen, kartoniert, **DM 9,80**
Mathematische Formeln für Schule und Beruf. Mit Beispielen ud Erklärungen. (0499) Von Robert Müller, ca. 160 Seiten, 210 Zeichnungen, kartoniert, ca. **DM 9,80***
Aufsätze besser schreiben. Förderkurs für die Klassen 4–10. (0429) Von Kurt Schreiner, 144 Seiten, 4 Fotos und 27 Zeichnungen, kartoniert, **DM 9,80**
Diktate besser schreiben. Übungen zur Rechtschreibung für die Klassen 4 bis 8. (0469) Von Kurt Schreiner, 149 Seiten, kartoniert, **DM 9,80**
Wie behandle ich meinen Chef? (5030) Von Dr. Bernd Gasch und Ulrike Hess, 88 Seiten mit Karikaturen, kartoniert, **DM 9,80**
Einmaleins der Demokratie im sozialen Verwaltungsstaat. (0407) Von Prof. Dr. Richard Bartlsperger, 128 Seiten mit Grafiken und Abbildungen, kartoniert, **DM 9,80**

* Neuerscheinung. Preise waren bei Druckbeginn noch nicht endgültig festgelegt.

Glückwünsche

Trinksprüche, Richtsprüche, Gästebuchverse. (0224) Von D. Kellermann, 80 Seiten, kartoniert, **DM 4,80**
Neue Glückwunschfibel für Groß und Klein. (0156) von Renée Christian-Hildebrandt, 96 Seiten, kartoniert, **DM 4,80**
Großes Buch der Glückwünsche. (0255) Herausgegeben von Olaf Fuhrmann, 240 Seiten, 64 Zeichnungen und viele Gestaltungsvorschläge, kartoniert, **DM 9,80**
Glückwunschverse für Kinder. (0277) Von B. Ulrici, 80 Seiten, kartoniert, **DM 4,80**
Verse fürs Poesiealbum. (0241) Von Irmgard Wolter, 96 Seiten, 20 Abbildungen, kartoniert, **DM 4,80**
Rosen, Tulpen, Nelken . . . **Beliebte Verse fürs Poesiealbum** (0431) Von Waltraud Pröve, 96 Seiten mit Faksimile-Abbildungen, kartoniert, **DM 5,80**
Hochzeitszeitungen. Mit vielen Text- und Gestaltungsanregungen. (0288) Von Hans-Jürgen Winkler, 104 Seiten, 15 Abbildungen, 1 Musterzeitung, kartoniert, **DM 6,80**
Glückwünsche, Toasts und Festreden zur Hochzeit. (0264) Von Irmgard Wolter, 88 Seiten, kartoniert, **DM 4,80**
Kindergedichte zur Grünen, Silbernen und Goldenen Hochzeit. (0318) Von Hans-Jürgen Winkler, 104 Seiten, 20 Abbildungen, kartoniert, **DM 5,80**

Deutsch für Ausländer

Deutsch für Ausländer im Selbstunterricht. Ausgabe für Spanier. (0253) Von Juan Manuel Puente und Ernst Richter, 136 Seiten, 62 Zeichnungen, kartoniert, **DM 9,80**
Deutsch für Ausländer im Selbstunterricht. Ausgabe für Italiener. (0254) Von Italo Nadalin und Ernst Richter, 156 Seiten, 62 Zeichnungen, kartoniert, **DM 9,80**
Deutsch für Ausländer im Selbstunterricht. Ausgabe für Jugoslawen. (0261) Von I. Hladek und Ernst Richter, 132 Seiten, 62 Zeichnungen, kartoniert, **DM 9,80**
Deutsch für Ausländer im Selbstunterricht. Ausgabe für Türken. (0262) von B. I. Rasch und Ernst Richter, 136 Seiten, 62 Zeichnungen, kartoniert, **DM 9,80**
Deutsch – Ihre neue Sprache. Grundbuch. (0327) Von H. J. Demetz und J. M. Puente, 204 Seiten mit über 200 Abbildungen, kartoniert, **DM 14,80**
Deutsch – Ihre neue Sprache. Lehrerheft. (0328) Von H. J. Demetz und J. M. Puente, 48 Seiten, kartoniert, **DM 5,80**
Glossar **Italienisch.** (0329) Von H. J. Demetz und J. M. Puente, 62 Seiten, kartoniert, **DM 6,80**
Glossar **Spanisch.** (0330) Von H. J. Demetz und J. M. Puente, 62 Seiten, kartoniert, **DM 6,80**
Glossar **Serbo-kroatisch.** (0331) Von H. J. Demetz und J. M. Puente, 62 Seiten, kartoniert, **DM 6,80**
Glossar **Türkisch.** (0332) Von H. J. Demetz und J. M. Puente, 62 Seiten, kartoniert, **DM 6,80**
Glossar **Griechisch.** (0333) Von H. J. Demetz und J. M. Puente, 62 Seiten, kartoniert, **DM 6,80**
Glossar **Portugiesisch.** (0334) Von H. J. Demetz und J. M. Puente, 62 Seiten, kartoniert, **DM 6,80**
Glossar **Arabisch.** (0335) Von H. J. Demetz und J. M. Puente, 62 Seiten, kartoniert, **DM 6,80**
Glossar **Englisch.** (0336) Von H. J. Demetz und J. M. Puente, 62 Seiten, kartoniert, **DM 6,80**
Glossar **Französisch.** (0337) Von H. J. Demetz und J. M. Puente, 62 Seiten, kartoniert, **DM 6,80**
Tonband 13 cm, 9,5 cm/sec., 91 Min., Doppelspur. (0338) **DM 89,–**
2 Compact-Cassetten, 90 Min., einspurig. (0339) **DM 36,–**
135 Diapositive, Texterschließung der Lerneinheiten I–X. (0340) **DM 180,–**

Geselligkeit

Der Gute Ton. Ein moderner Knigge (0063) Von Irmgard Wolter, 168 Seiten, 38 Zeichnungen, kartoniert, **DM 7,80**
Neue Spiele für Ihre Party. (2022) Von Gerda Blechner, mit vielen Zeichnungen von Fee Buttig, 120 Seiten, kartoniert, **DM 7,80**
Partytänze – Partyspiele. (5049) Von Wally Kaechele, 94 Seiten mit 104 Fotos, herausgegeben von der »tanz-illustrierten«, Pbd., **DM 12,80**
Wir geben eine Party. (0192) Von Elisabeth Ruge, 88 Seiten, 8 Farbtafeln, 23 Zeichnungen, kartoniert, **DM 6,80**
So feiert man Feste fröhlicher. (0098) Von Dr. Allos, 96 Seiten, 15 Abbildungen, kartoniert, **DM 5,80**
Tischkarten und Tischdekorationen. (5063) Von Gabriele Vocke, 64 Seiten, 79 Abbildungen, durchgehend vierfarbig, Pappband, **DM 9,80**
Lustige Tanzspiele und Scherztänze. (0165) Von E. Bäulke, 80 Seiten, 53 Abbildungen, kartoniert, **DM 4,80**
Wir lernen tanzen mit dem Ehepaar Fern. (0200) Von Ernst und Helga Fern, 168 Seiten, 125 Fotos und 46 Schrittdiagramme, kartoniert, **DM 8,80**
Tanzstunde. Die 11 Tänze des Welttanzprogramms (5018) Von Gerd Hädrich, 120 Seiten, 372 Fotos und Schrittskizzen, Pbd., **DM 15,–**
Tanzstunde 2. Figuren für Fortgeschrittene. (5027) Von Gerd Hädrich, 72 Seiten, 233 Abbildungen, Pappband, **DM 10,–**
Disco-Tänze (0491) Von Barbara und Felicitas Weber, 104 S., 104 Abbildungen, kartoniert, **DM 6,80**
Sing mit Fischer. (0422) Herausgegeben vom Freundeskreis der Fischer-Chöre, 176 Seiten, 16 Farbtafeln, kartoniert, **DM 9,80**
Die schönsten Volkslieder. (0432) Von Dietmar Walther, 128 Seiten, mit Notenbeispielen und Zeichnungen, kartoniert, **DM 4,80**
Die schönsten Wander- und Fahrtenlieder. (0462) Herausgegeben von Franz R. Miller, 80 Seiten, mit Noten, kartoniert, **DM 4,80**
Die schönsten Berg- und Hüttenlieder. (0514) Herausgegeben von Franz R. Miller, empfohlen vom Deutschen Sängerbund, ca. 128 Seiten, viele Zeichnungen, kartoniert, ca. **DM 4,80***

* Neuerscheinung. Preise waren bei Druckbeginn noch nicht endgültig festgelegt.

Denksport

Der große Rätselknacker. (4022) Über 100 000 Rätselfragen, zusammengestellt von H. J. Winkler, 544 Seiten, Lexikonformat, kartoniert, **DM 19,80**
Großes Rätsel-ABC. (0246) Von H. Schiefelbein, 416 Seiten, gebunden, **DM 16,80**
Rätsel lösen – ein Vergnügen. (0182) Von E. Maier, 240 Seiten, kartoniert, **DM 9,80**
Quiz. (0129) Von R. Sautter und W. Pröve, 92 Seiten, 9 Zeichnungen, kartoniert, **DM 5,80**
Denksport und Schnickschnack für Tüftler und fixe Köpfe. (0362) Von Jürgen Barto, 100 Seiten, 45 Abbildungen, kartoniert, **DM 6,80**
Knobeleien und Denksport. (2019) Von Klas Rechberger, 142 Seiten mit vielen Zeichnungen, kartoniert, **DM 7,80**
Rate mal. Scherzfragen, Ratespiele und -geschichten. (2023) Von Felicitas Buttig, 112 Seiten, 19 Zeichnungen, kartoniert, **DM 9,80**
Scherzfragen, Drudeln und Blödeleien gesammelt von Kindern. (0506) Herausgegeben von Waltraud Pröve, 112 Seiten, 57 Zeichnungen, kartoniert, ca. **DM 5,80***

* Neuerscheinung. Preise waren bei Druckbeginn noch nicht endgültig festgelegt.

Humor

Die besten Witze und Cartoons des Jahres. (0454) Herausgegeben von Karl Hartmann, 288 Seiten, 125 Zeichnungen, gebunden, mit Schutzumschlag, **DM 12,80**
Die besten Witze und Cartoons des Jahres. 2 (0488) Von Karl Hartmann, 288 S., mit zahlr. Zeichnungen, gbd. mit vierfarb. Schutzumschl., **DM 9,80**
Die besten Ärztewitze. (0399) zusammengestellt von Britta Zorn, 272 Seiten mit 42 Karikaturen von Ulrich Fleischhauer, mit vierfarbigem Schutzumschlag, gebunden, **DM 14,80**
Das große Buch der Witze. (0384) 320 Seiten, 36 Zeichnungen von E. Holz, vierfarbiger Schutzumschlag, gebunden, **DM 12,80**
Olympische Witze. Sportlerwitze in Wort und Bild. (0505) Von Wolfgang Willnat, 112 Seiten, 126 Zeichnungen, kartoniert, **DM 5,80***
Die besten Ostfriesenwitze. (0495) Herausgegeben von Onno Freese, 112 Seiten, 17 Zeichnungen, kartoniert, **DM 5,80**
Ostfriesen Allerlei. (0381) Von Timm Bruhns, 104 Seiten, Taschenbuchformat, kartoniert, **DM 4,80**
Fred Metzlers Witze mit Pfiff. (0368) 120 Seiten, Taschenbuchformat, kartoniert, **DM 5,80**
O frivol ist mir am Abend. Pikante Witze von Fred Metzler (0388) Von Fred Metzler, 128 Seiten mit Karikaturen (Taschenbuchformat) kartoniert, **DM 5,80**
Lachen, Witz und gute Laune. (0149) Von E. Müller, 104 Seiten, 44 Abbildungen, kartoniert, **DM 6,80**
Vergnügliches Vortragsbuch. (0091) Von J. Plaut, dem Altmeister des Humors, 192 Seiten, kartoniert, **DM 7,80**
Humor und Stimmung. Ein heiteres Vortragsbuch. (0460) Von Günter Wagner, 112 Seiten, kartoniert, **DM 6,80**
Witze am laufenden Band. (0461) Von Fips Asmussen, 117 Seiten, kartoniert, **DM 5,80**
Lach mit! Witze für Kinder, gesammelt von Kindern. (0468) Herausgegeben von Waltraud Pröve, 128 Seiten, mit Abbildungen, kartoniert, **DM 5,80**
Die besten Tierwitze. (0496) Herausgegeben von Peter Hartlaub und Silvia Pappe, 112 Seiten, 25 Zeichnungen, kartoniert, **DM 5,80**
Witzig, witzig. (0507) Von Erich Müller, 112 Seiten, Zeichnungen, kartoniert, **DM 5,80***
Kritik des Herzens – Gedichte. (3032) Von Wilhelm Busch, 100 Seiten, gebunden, **DM 9,80**
Wilhelm-Busch-Album. Jubiläumsausgabe mit 1700 farbigen Bildern. (3028) 408 Seiten, 1700 durchgehend farbige Bilder, Großformat, in Leinen gebunden, **DM 36,–**
Humoristischer Hausschatz. (3062) Von Wilhelm Busch, 368 Seiten, 1600 Abbildungen, Großformat, gebunden, **DM 19,80**
Robert Lembkes Witzauslese. (0325) Erzählt von Robert Lembke, 160 Seiten, mit 10 Zeichnungen von E. Köhler, gebunden, mit vierfarbigem Schutzumschlag, **DM 14,80**
Lustige Vorträge für fröhliche Feiern, Sketsche, Vorträge und Conferencen für Karneval und fröhliche Feste. (0284) Von K. Lehnhoff, 96 Seiten, kartoniert, **DM 6,80**
Tolle Sachen zum Schmunzeln und Lachen. (0163) Von E. Müller, 92 Seiten, kartoniert, **DM 6,80**
Humor für jedes Ohr. (0157) Von H. Ehnle, 96 Seiten, kartoniert, **DM 6,80**
Fidelitas und Trallala. (0120) Von Dr. Allos, 104 Seiten, viele Abbildungen, kartoniert, **DM 6,80**
Non Stop Nonsens. Sketsche und Witze mit Spielanleitungen. (0511) Von Dieter Hallervorden, 160 Seiten, gebunden, mit Schutzumschlag, **DM 14,80**

Sketsche. (0247) Von Margarete Gering, 132 Seiten, 16 Abbildungen, kartoniert, **DM 6,80**
Vergnügliche Sketche (0476) Von Horst Pillau, 96 S., mit lustigen Zeichnungen, kartoniert, **DM 6,80**
Sketche und spielbare Witze für bunte Abende und andere Feste. (0445) Von Hartmut Friedrich, 120 Seiten, 7 Zeichnungen, kartoniert, **DM 6,80**
Narren in der Bütt. (0216) Zusammengestellt von Th. Lücker, 112 Seiten, kartoniert, **DM 5,80**
Helau + Alaaf. Närrisches aus der Bütt. (0304) Von Erich Müller, 112 Seiten, kartoniert, **DM 6,80**
Helau + Alaaf 2. Neue Büttenreden (0477) Von Edmund Luft, 104 S., kartoniert, **DM 7,80**
Rings um den Karneval. Karnevalsscherze und Büttenreden. (0130) von Dr. Allos, 136 Seiten, kartoniert, **DM 6,80**
Die große Lachparade. (0188) Von E. Müller, 108 Seiten, kartoniert, **DM 6,80**
Damen in der Bütt. Scherze, Büttenreden, Sketsche (0354) Von Traudi Müller, 136 Seiten, kartoniert, **DM 6,80**

* Neuerscheinung. Preise waren bei Druckbeginn noch nicht endgültig festgelegt.

Spielen

Kartenspiele. (2001) Von Claus D. Grupp, 144 Seiten, kartoniert, **DM 7,80**
Neues Buch der Kartenspiele. (0095) Von K. Lichtwitz, 96 Seiten, kartoniert, **DM 5,80**
Spielen mit Rudi Carrell. 113 Spiele für Party und Familie (2014) Von Rudi Carrell, 160 Seiten mit 50 Abbildungen, gebunden, **DM 14,80**
Spieltechnik im Bridge. (2004) Von Victor Mollo/Nico Gardener, deutsche Adaption von Dirk Schröder, 216 Seiten, kartoniert, **DM 16,80**
Spielend Bridge lernen. (2012) Von Josef Weiss, 108 Seiten, kartoniert, **DM 7,80**
Besser Bridge spielen. Reiztechnik, Spielverlauf und Gegenspiel. (2026) Von Josef Weiss, 143 Seiten, mit vielen Diagrammen, kartoniert, **DM 14,80**
Das Skatspiel. (0206) Von K. Lehnhoff, bearbeitet von Alt-Skatmeister P. A. Höfges, 96 Seiten, kartoniert, **DM 5,80**
Alles über Skat (2005) Von Günter Kirschbach, 144 Seiten, kartoniert, **DM 7,80**
Rommé und Canasta in allen Variationen. (2025) Von Claus D. Grupp, 124 Seiten, 24 Zeichnungen, kartoniert, **DM 7,80**
Patiencen in Wort und Bild. (2003) Von Irmgard Wolter, 136 Seiten, kartoniert, **DM 7,80**
Schafkopf, Doppelkopf, Binokel, Cego, Gaigel, Jaß, Tarock und andere. (2015) Von Claus D. Grupp, 152 Seiten, kartoniert, **DM 8,80**
Backgammon für Anfänger und Könner. (2008) Von G. W. Fink und G. Fuchs, 116 Seiten, 41 Zeichnungen, kartoniert, **DM 9,80**
Dame. Das Brettspiel in allen Variationen (2028) Von Claus D. Grupp, 104 S., mit Diagrammen, kartoniert, **DM 9,80**
Gesellschaftsspiele für drinnen und draußen. (2006) Von Heinz Görz, 128 Seiten, kartoniert, **DM 6,80**
Würfelspiele. (2007) Von Friedrich Pruss, 112 Seiten, kartoniert, **DM 7,80**
Mini-Spiele für unterwegs und überall. (2016) Von Irmgard Wolter, 152 Seiten, kartoniert, **DM 9,80**
Spiele für Theke und Stammtisch. (2021) Von Claus D. Grupp, 104 Seiten, 27 Zeichnungen, kartoniert, **DM 6,80**
Kartentricks. (2010) Von T. A. Rosee, 80 Seiten, 13 Zeichnungen, kartoniert, **DM 5,80**

Neue Kartentricks (2027) Von Klaus Pankow, ca. 112 S., mit 20 Abbildungen, kart., **DM 6,80**
Zaubern. einfach – aber verblüffend (2018) Von Dieter Bouch, 84 Seiten mit Zeichnungen, kartoniert, **DM 5,80**
Zaubertricks. Das große Buch der Magie. (0282) Von Jochen Zmeck, 244 Seiten, 113 Abbildungen, kartoniert, **DM 14,80**
Falken-Handbuch Zaubern. Über 400 verblüffende Tricks. (4063) Von Friedrich Stutz, 368 S., über 1200 Zeichnungen, gebunden, mit vierfarbigem Schutzumschlag, **DM 29,80**
Roulette richtig gespielt. (0121) Von M. Jung, 96 Seiten, zahlreiche Tabellen, kartoniert, **DM 6,80**
Glücksspiele mit Kugeln, Würfeln und Karten. (2013) Von Claus D. Grupp, 116 Seiten, kartoniert, **DM 7,80**
Das japanische Brettspiel GO. (2020) Von Winfried Dörholt, 104 Seiten, 182 Diagramme, kartoniert, **DM 9,80**
Das Schachspiel. (0104) Von W. Wollenschläger, 72 Seiten, 65 Diagramme, kartoniert, **DM 5,80**
Neue Schacheröffnungen (0478) Von Theodor Schuster, 108 S., mit 100 Diagrammen, kartoniert, ca. **DM 8,80**
Schach für Fortgeschrittene. Taktik und Probleme des Schachspiels. (0219) Von R. Teschner, 96 Seiten, 85 Schachdiagramme, kartoniert, **DM 5,80**
Spielend Schach lernen. (2002) Von Theo Schuster, 128 Seiten, kartoniert, **DM 6,80**
Schach dem Weltmeister Karpow. (0433) Von Theodor Schuster, 136 Seiten, 19 Abbildungen und 83 Diagramme, kartoniert, **DM 12,80**
Schach. Das Handbuch für Anfänger und Könner (4051). Von Theo Schuster, 360 Seiten mit über 340 Diagrammen, gbd., mit Schutzumschlag, **DM 26,–**
Alles über Pokern. Regeln und Tricks. (2024) Von Claus D. Grupp, 120 Seiten, 29 Kartenbilder, kartoniert, **DM 6,80**
Wir spielen. Hunderte Spiele für einen und viele (4034) Von Heinz Görz, 430 Seiten mit 370 farbigen Zeichnungen, gbd., **DM 26,–**

* Neuerscheinung. Preise waren bei Druckbeginn noch nicht endgültig festgelegt.

Kinderbeschäftigung

Zeitgemäße Beschäftigung mit Kindern. (4025) Von Ingeborg Rathmann, 496 Seiten, 450 Abbildungen, 16 Farbtafeln, **DM 36,–**
Kinderfeste daheim und in Gruppen. (4033) Von Gerda Blecher, 240 Seiten, 320 Abbildungen, Balacroneinband, gbd., **DM 24,80**
Das bunte Rätselbuch für Kinder. (4065) Von Felicitas Buttig, 120 S., durchgehend vierfarb., mit über 100 Zeichnungen, Pbd., **DM 19,80**
Das farbige Kinderlexikon von A–Z. (4059) Herausgegeben von Felicitas Buttig, 392 Seiten, 386 farbige Abbildungen, Pappband, **DM 29,80**
Spiele für Kleinkinder. (2011) Von Dieter Kellermann, 80 Seiten, kartoniert, **DM 5,80**
Kinderspiele, die Spaß machen. (2009) Von Helen Müller-Stein, 112 Seiten, 28 Abbildungen, kartoniert, **DM 6,80**
Kindergeburtstag. Einladung – Vorbereitung – Ablauf. Mit vielen Spiel- und Beschäftigungsvorschlägen. (0287) Von Dr. Ilse Obrig, 104 Seiten, 40 Abbildungen, 11 Zeichnungen, 9 Lieder mit Noten, kartoniert, **DM 5,80**
Tipps und Tapps. Maschinenschreib-Fibel für Kinder. (0274) Von H. Kaus, 48 Seiten, farbige Abbildungen, kartoniert, **DM 4,80**
Lirum, Larum, Löffelstiel. Ein Kinder-Kochkurs. (5007) Von Ingeborg Becker, 64 Seiten mit Abbildungen, durchgehend vierfarbig, Spiralheftung, **DM 9,80**
Kinder lernen spielend kochen. (5096) Von Margrit Gutta, 64 Seiten, ca. 40 Farbfotos, Pappband, **DM 9,80***
Zeichnen lernen mit OSKAR. Kleines Tier-ABC von Affe–Zebra. (5054) Von OSKAR, 64 Seiten, 60 Abbildungen, durchgehend zweifarbig, kartoniert, **DM 5,80**

* Neuerscheinung. Preise waren bei Druckbeginn noch nicht endgültig festgelegt.

Rat & Wissen für die ganze Familie

Wie soll es heißen? (0211) Von Dr. Köhr, 88 Seiten, kartoniert, **DM 5,80**
Vorbereitung auf die Geburt. Schwangerschaftsgymnastik, Atmung, Rückbildungsgymnastik. (0251) Von Sabine Buchholz, 112 Seiten, 98 Fotos, kartoniert, **DM 6,80**
Wenn Sie ein Kind bekommen. (4003) Von Ursula Klamroth, 240 Seiten, 86 Fotos und 30 Zeichnungen, gebunden, mit vierfarbigem Schutzumschlag, **DM 19,80**
Sexualberatung. (0402) Von Dr. Marianne Röhl, 168 Seiten, 8 Farbtafeln und 17 Zeichnungen, Pappband, **DM 19,80**
Scheidung und Unterhalt nach dem neuen Eherecht. (0403) Von Rechtsanwalt H. T. Drewes, 104 Seiten mit Kosten- und Unterhaltstabellen, kartoniert, **DM 7,80**
Erbrecht und Testament. Mit Erbschaftssteuergesetz 1974. (0046) Von Dr. jur. H. Wandrey, 112 Seiten, kartoniert, **DM 6,80**